高等职业学校“十四五”规划土建类工学结合系列教材

工程造价软件应用

（第二版）

主　编　黄洁贞　蒋晓云　蒋艳芳
副主编　卢春燕　张红霞　袁　燕
李绪泽　梁　叙

华中科技大学出版社
中国·武汉

内 容 提 要

本书共分为17个任务，主要内容为一个完整项目（培训楼工程）的建筑、装饰工程的计量与计价，涉及内容有土方工程、混凝土工程（基础、柱、梁、板、楼梯、构造柱、阳台、栏板、挑檐、压顶、台阶、散水等）、钢筋工程、砌筑工程、屋面防水工程、保温隔热工程、楼地面工程、墙柱面工程、天棚工程、油漆涂料裱糊工程和门窗工程。

本书采用的软件是广联达BIM土建计量平台GTJ2021和广联达云计价平台GCCP6.0。

本书完全项目化，重操作、轻理论，可作为高等职业技术学院、高等专科学校及应用型本科的工程造价、建设工程管理、建筑工程技术和工程监理等专业的教材，也可供相关专业的工程技术人员自学使用。

图书在版编目(CIP)数据

工程造价软件应用/黄洁贞，蒋晓云，蒋艳芳主编. —2版. —武汉：华中科技大学出版社，2021.7（2023.6重印）
ISBN 978-7-5680-7407-0

Ⅰ.①工… Ⅱ.①黄… ②蒋… ③蒋… Ⅲ.①建筑工程-工程造价-应用软件-高等职业教育-教材
Ⅳ.①TU723.3-39

中国版本图书馆CIP数据核字(2021)第156252号

工程造价软件应用(第二版)
Gongcheng Zaojia Ruanjian Yingyong(Di-er Ban)

黄洁贞　蒋晓云　蒋艳芳　主编

策划编辑：金　紫
责任编辑：卢　苇
封面设计：原色设计
责任校对：刘　竣
责任监印：朱　玢
出版发行：华中科技大学出版社（中国·武汉）　电话：(027)81321913
武汉市东湖新技术开发区华工科技园　邮编：430223
录　　排：武汉楚海文化传播有限公司
印　　刷：武汉科源印刷设计有限公司
开　　本：787mm×1092mm　1/16
印　　张：13.25
字　　数：306千字
版　　次：2023年6月第2版第5次印刷
定　　价：48.00元

华中出版

前　言

“工程造价软件应用”是工程造价专业的一门专业核心课程，是工程造价电算化的体现，也是工程造价工作适应 BIM 技术应用的趋势。这门课程可以帮助学生掌握运用软件计算工程量的方法，对培养学生在专业技术方面的计算机应用能力，提高其综合素质以适应高度信息化、社会化的需要，具有重要的意义。

本书视角新颖、内容丰富，主要有以下几个特点。

一、全新的学生视角

本教材完全从学生的角度来编写，结合一个典型、完整的工程项目，“手把手”教会学生如何使用软件计算项目的工程量及造价。学生无须熟记公式、程序，只需根据教材的演示来学习操作步骤，再通过多次练习，巩固学到的知识。

二、项目引领、任务驱动

本书选用了一个典型的完整项目 ——“培训楼工程”，按实际工作过程中的步骤，将项目分解为 17 个任务，带领学生一步步完成项目。书中标有【注意】的内容，表示提醒学生注意操作方法，并解释操作原理。标有【拓展】的内容，表示可以采用多种方法进行操作，或可以通过多种途径解决问题。本书选用的工程项目虽然规模小，但经过精心设计，常见的建筑构件、建筑形式都有所体现。

三、附送配套资源

为了更直观、更便于读者学习，本书附送配套的项目图纸，可通过扫描二维码下载。

本书有大量的软件截图及详细的分解步骤，在编写过程中，得到了广州城建职业学院广大师生的支持和帮助，在此感谢广州城建职业学院工程造价专业学生提出的诸多宝贵意见，以及参与编写的课程组老师的辛勤劳动。本书的任务 1 至任务 15 由黄洁贞编写，其余由蒋晓云编写，感谢蒋艳芳、卢春燕、张红霞、袁燕的辛苦截图并参与教材设计与讨论，也感谢广州市新誉工程咨询有限公司的李绪泽总经理和湖北国土资源职业学院的梁叙为本书提供的技术支持和内容审查工作。由于编者水平有限，本书不足之处敬请读者批评指正。

黄洁贞

2021 年 6 月

目　　录

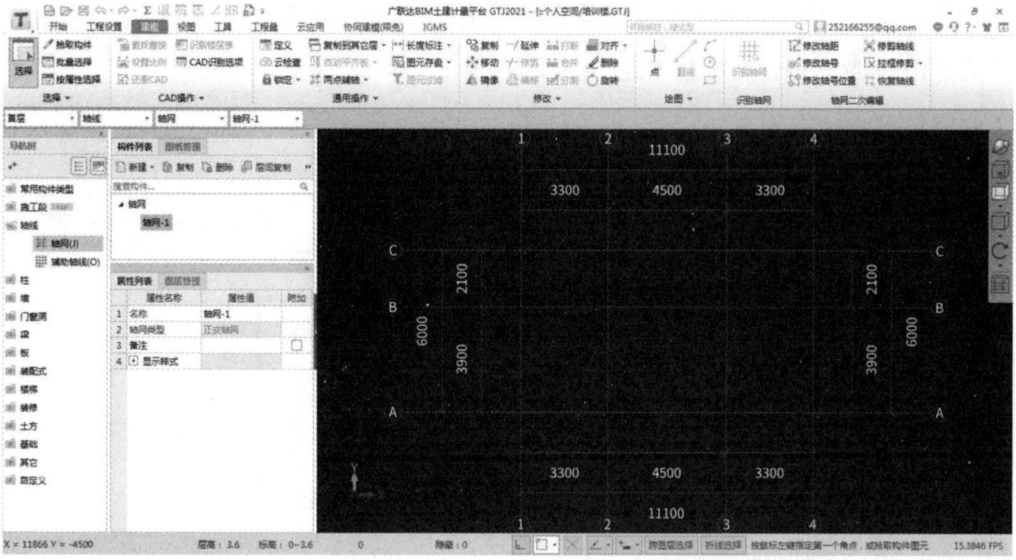

任务1　软件入门、建立轴网

能力目标

(1)能独立完成整套软件的安装及卸载,熟悉广联达软件;

(2)能进行项目建立、工程设置;

(3)能正确建立轴网,并进行相关修改。

知识目标

(1)掌握软件安装及卸载方法,熟悉软件的操作界面;

(2)掌握软件中各工程构件计算设置的修改方法;

(3)掌握轴网的建立方法及轴号、轴距等的修改方法。

1.1　广联达软件介绍

本书主要用到的软件为广联达 BIM 土建计量平台 GTJ2021 和广联达云计价平台 GCCP6.0。

广联达 BIM 土建计量平台 GTJ2021 利用大数据、BIM、云技术等,为国内工程造价领域的企业和从业者提供 BIM 土建计量产品,帮助客户解决项目全过程计量业务,持续提升工作效率。

广联达云计价平台 GCCP6.0 是一款专为建设工程造价领域全价值链客户提供数字化转型解决方案的产品,它利用“云+大数据+人工智能”技术,进一步提升计价软件的使用体验,通过新技术带来业务新模式的变化,让每一个工程项目价值更高。

1.1.1 广联达软件安装包下载

在浏览器中输入网址“https://www.fwxgx.com/softwares/list”,下载“计价软件”中的“GCCP6.0”与“BIM算量”中的“土建算量”,如图1.1.1所示。

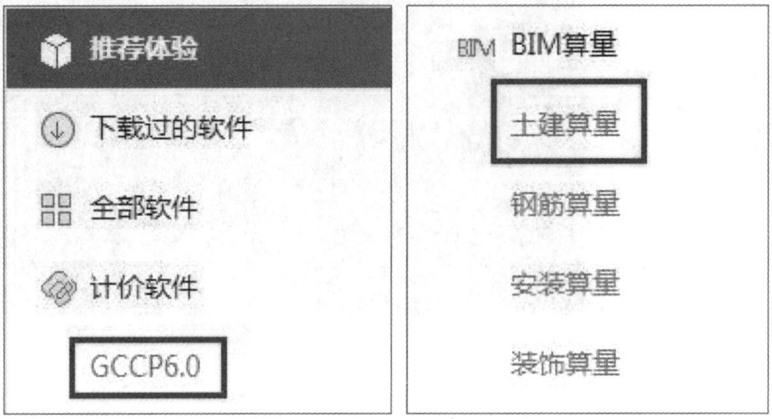

图 1.1.1

1.1.2 广联达算量软件安装及卸载

双击软件安装包,选择安装广联达BIM土建计量平台GTJ2021与钢筋16系平法规则(2016),点击“立即安装”,如图1.1.2所示。安装完成,如图1.1.3所示。

图 1.1.2

图 1.1.3

点击"立即卸载",可卸载广联达 BIM 土建计量平台 GTJ2021 与钢筋 16 系平法规则(2016),如图 1.1.4 所示。卸载完成,如图 1.1.5 所示。

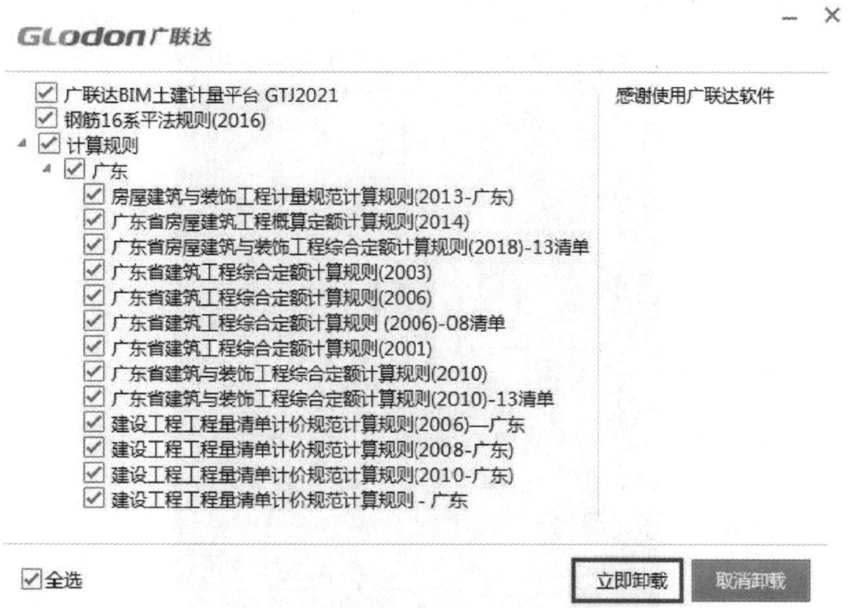

图 1.1.4

图 1.1.5

1.1.3 广联达算量软件启动

左键双击广联达 BIM 土建计量平台 GTJ2021 图标打开“登录”界面，如图 1.1.6 所示。创建账户后，填写账号与密码，可登录平台；也可以直接离线使用。进入“最近文件”界面，“课程学习”为教学视频，如图 1.1.7 所示。

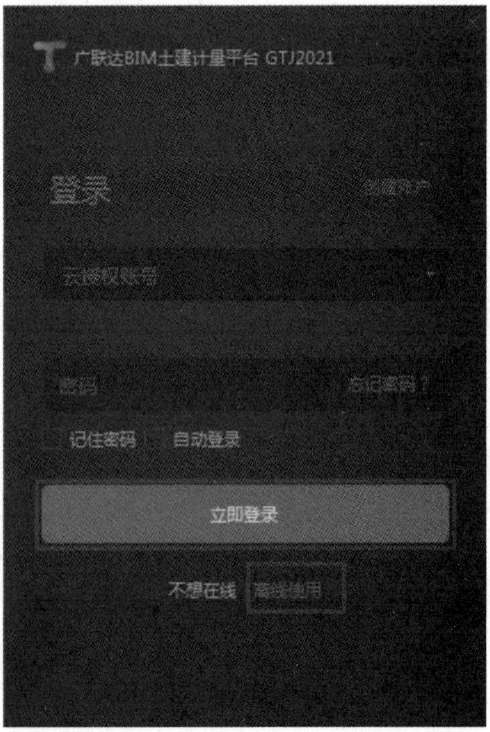

图 1.1.6

图 1.1.7

点击“新建工程”，进入“新建工程”界面，填写“工程名称”，选择“计算规则”“清单定额库”以及“钢筋规则”，如图 1.1.8 所示。

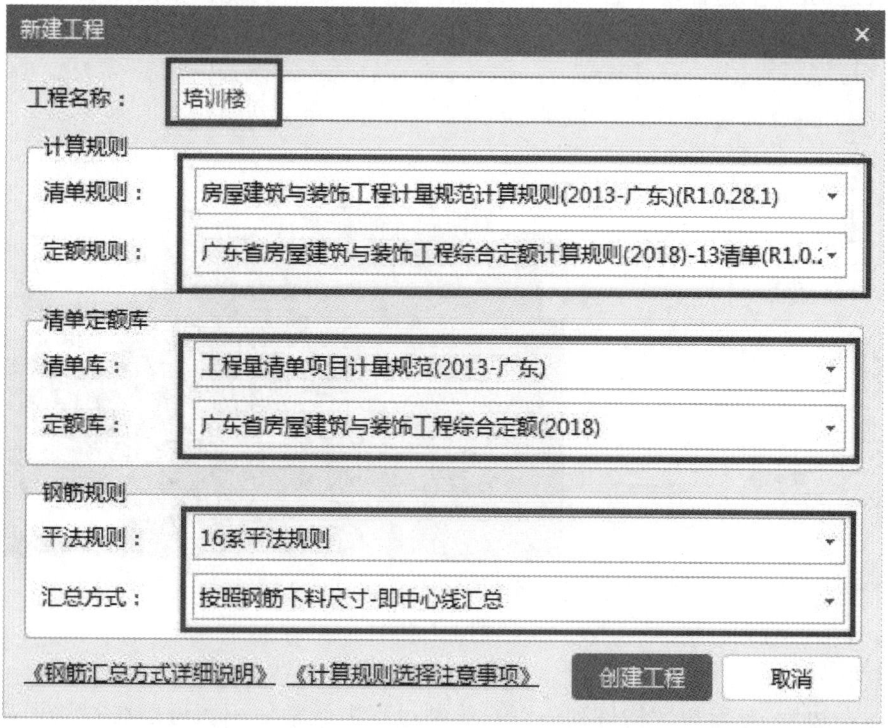

图 1.1.8

点击“创建工程”，进入广联达 BIM 土建计量平台 GTJ2021 软件绘图界面，默认“工程设置”选项卡，如图 1.1.9 所示。

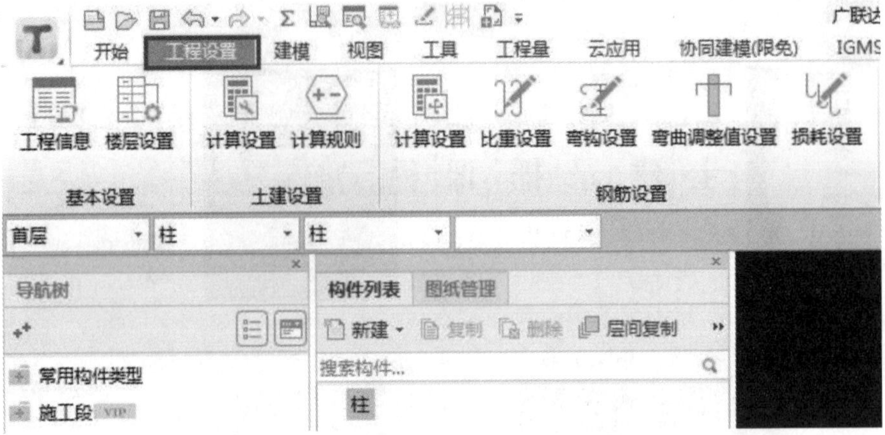

图 1.1.9

1.1.4 广联达算量软件界面介绍

1. 绘图界面功能

广联达 BIM 土建计量平台 GTJ2021 软件绘图界面各功能区如图 1.1.10 所示。

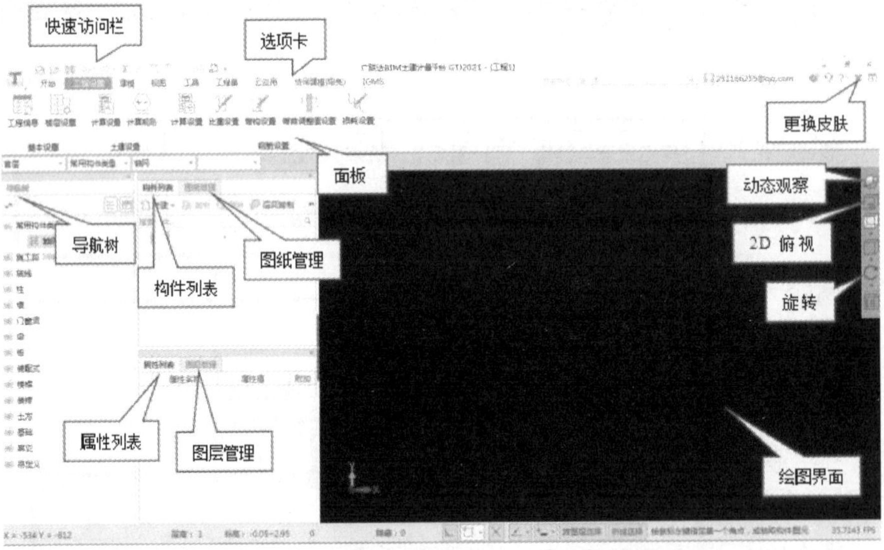

图 1.1.10

(1)导航树。

界面左边为“导航树”“构件列表”等,绘制过程中经常使用。可以在“视图”选项卡中的“用户面板”中找到对应命令,点击命令可切换隐藏与显示状态,点击“恢复默认”即能恢复到默认界面,如图 1.1.11 所示。

(2)动态观察。

点击界面右边悬浮栏中的“动态观察”按钮或“视图”选项卡“通用操作”面板中的“动态观察”命令可快速切换查看模型的二维和三维效果,如图 1.1.12 所示。在绘图界面按住鼠标左键拖动鼠标，绘图界面构件图元会随着鼠标的移动而旋转，按鼠标右键可退出该功能。

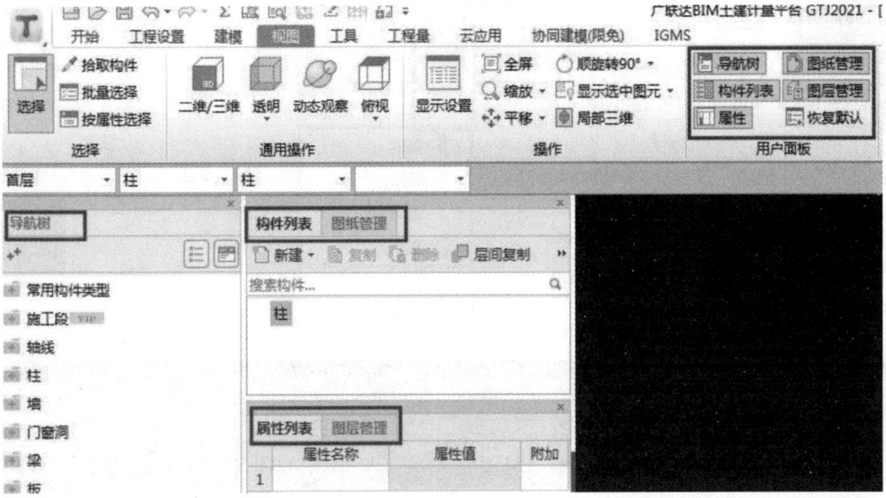

图 1.1.11

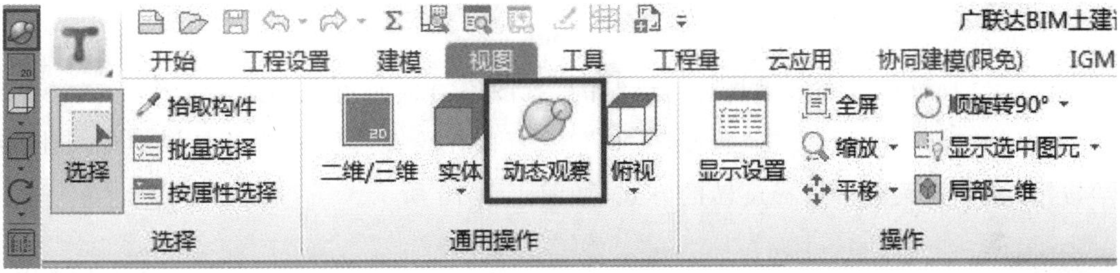

图 1.1.12

(3)二维/三维。

点击“二维/三维”，可使模型在二维和三维之间视图切换。如果此时模型是二维视图，模型会切换成上一次记忆的三维视图；如果此时模型是三维视图，则会切换成二维俯视图，如图 1.1.13 所示。

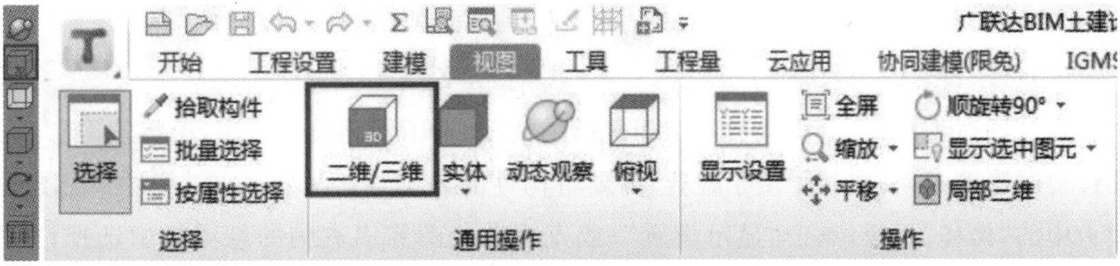

图 1.1.13

当在某个显示状态下不能清晰看到图元情况时，可切换到其他显示状态来查看。在“视图”选项卡中的“通用操作”面板，点击“二维/三维”；或直接在绘图界面右侧的悬浮栏中选择所要查看的状态，如图 1.1.14 所示。各种状态如图 1.1.15 所示。

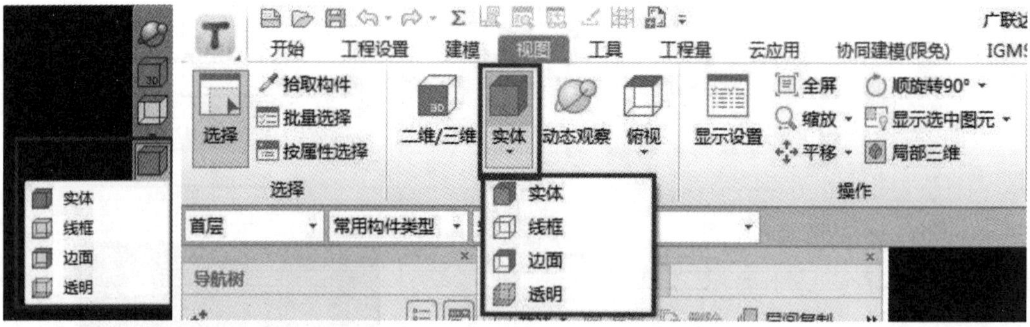

图 1.1.14

图 1.1.15

(4)屏幕旋转。

进行梁的原位标注时,梁是竖向绘制的,看图不方便时可采用旋转命令。在"视图"选项卡中的"操作"面板,点击"顺旋转 90°";或直接在绘图界面右侧的悬浮栏中点击"旋转"按钮,在下拉菜单中选择旋转的方式,如图 1.1.16 所示。

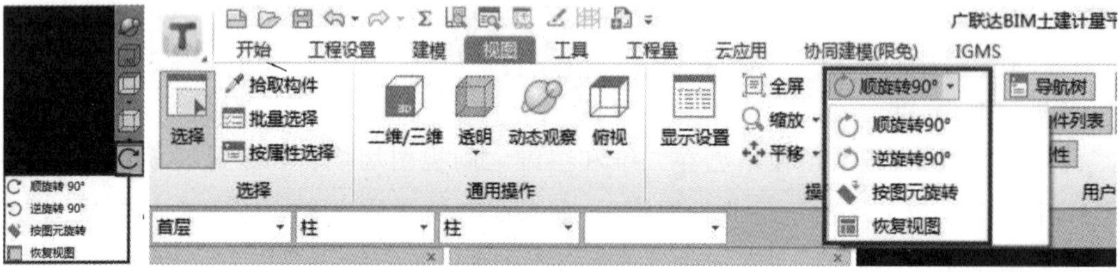

图 1.1.16

(5)显示设置。

在绘图过程中,针对构件数量多而复杂的情况,为了提高绘图效率,可将不需参照的构件暂时隐藏起来;或为了便于检查,需要将构件的名称直接显示到图上。在"视图"选项卡中的"操作"面板,点击"显示设置";或直接在绘图界面右侧的悬浮栏中选择,如图 1.1.17 所示。弹出的"显示设置"窗口包含"图元显示"和"楼层显示",如图 1.1.18 所示。点击"图元显示"页签,通过勾选或取消勾选"显示图元"和"显示名称"两列复选框,可以控制当前楼层中对应构件和构件名称是否显示。

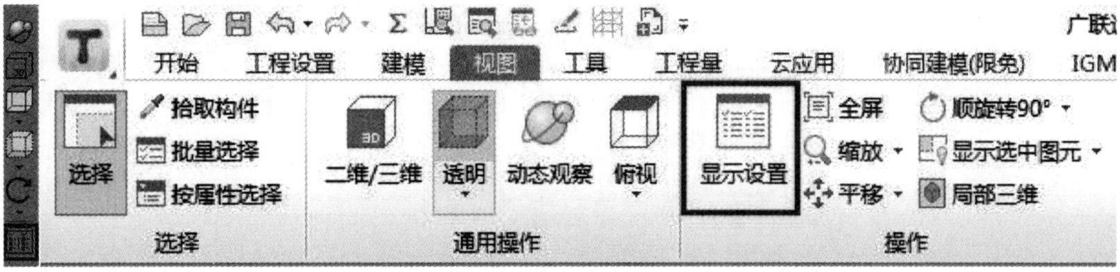

图 1.1.17

图 1.1.18

【注意】在绘制过程中,“导航树”中的每个构件右侧括号中的字母为其快捷键,可通过按键盘上的对应字母来快速隐藏或显示构件。如墙的快捷键为“Q”,按键盘上的“Q”即可切换墙体的隐藏与显示状态。

绘制过程中可根据需要选择显示的楼层,当选择“自定义楼层”时,可以在楼层的列表中选择需要显示的楼层,如图 1.1.19 所示。

图 1.1.19

2. 文件管理功能

点击软件左上角的 ,弹出“新建工程”“打开”等命令,如图 1.1.20 所示。

图 1.1.20

(1)合并工程。

在实际投标阶段,往往工程大、内容多、时间紧,需要多人协同作业,最后将工程进行合并。例如,甲完成 1# 单体文件,乙完成 2# 单体文件,最后将多个单体文件进行合并,形成一个完整的工程文件;或者分工绘制不同楼层、不同构件文件,最后合并在一起。可通过点击“合并工程”,选择需要合并的楼层及构件,如图 1.1.21 所示。

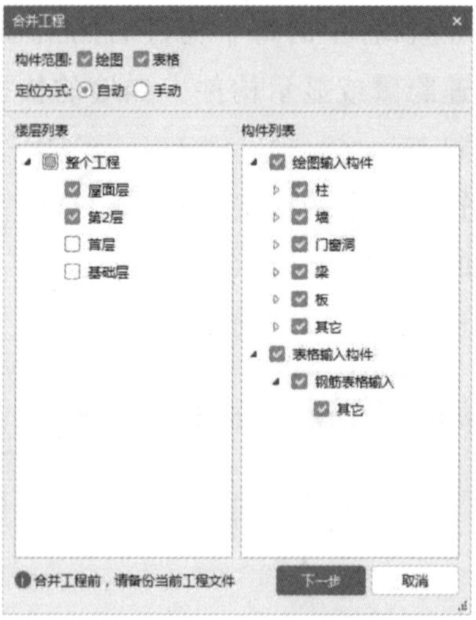

图 1.1.21

(2)导入导出。

点击“导入”,选择合适的格式导入文件,如图 1.1.22 所示。点击“导出”,选择合适的格式导出文件,如图 1.1.23 所示。选择“导出工程”,可修改新建时所选择的计算规则、清单定额库及钢筋规则,如图 1.1.24 所示。

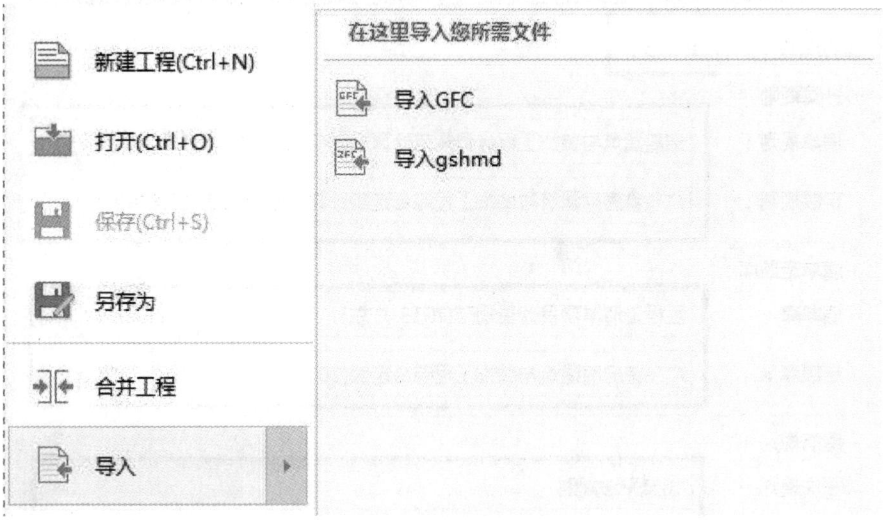

图 1.1.22

【注意】重新选择计算规则、清单定额库及钢筋规则后，原来所选的计算规则、清单定额库及钢筋规则将被清空。

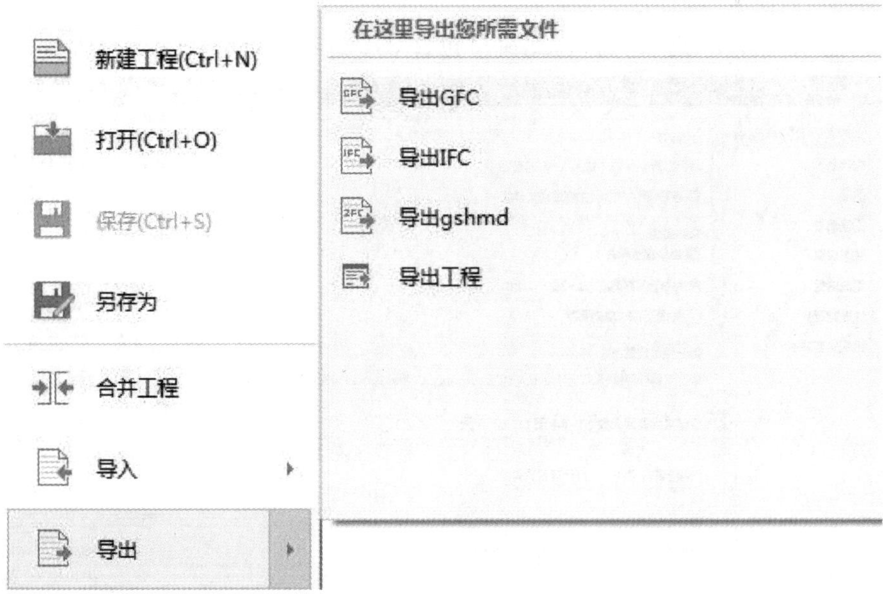

图 1.1.23

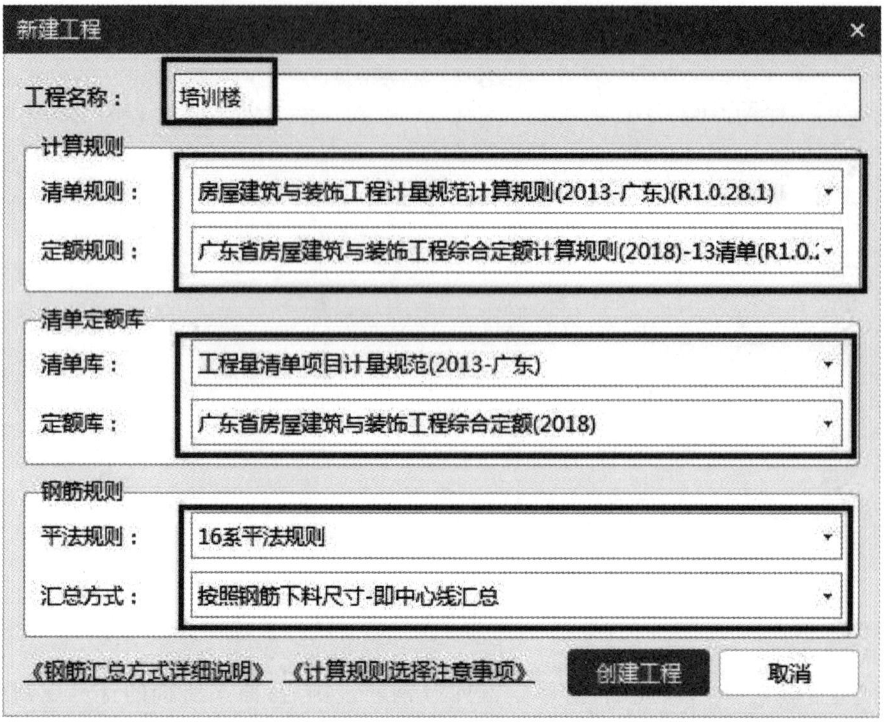

图 1.1.24

(3)选项。

点击“选项”,弹出“选项”窗口,此窗口包含 8 个选项卡,如图 1.1.25 所示。

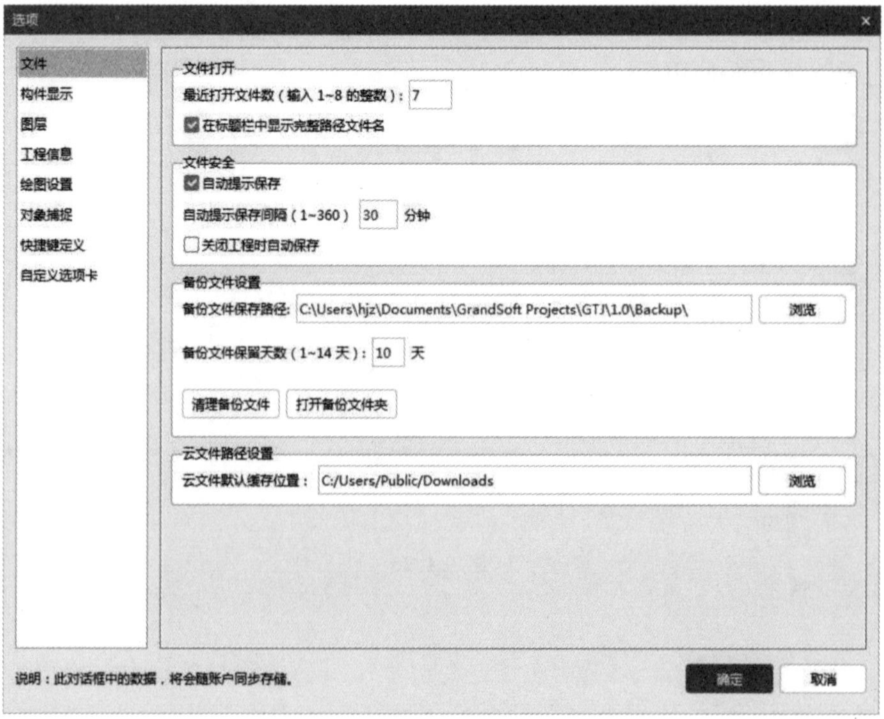

图 1.1.25

1.2　工程设置

(1)工程信息。

点击“基本设置”面板中的“工程信息”,进入“工程信息”界面,填写“抗震等级”(影响钢筋的默认锚固搭接长度,进而影响钢筋工程量的计算)、“室外地坪相对±0.000 标高(mm)”(影响外墙装修工程量和基础土方工程量的计算),如图 1.2.1 所示。在该界面输入的内容都会与报表中相应的信息联动。

工程信息

工程信息　计算规则　编制信息　自定义

	属性名称	属性值
12	地下面积(m²):	(0)
13	人防工程:	无人防
14	檐高(m):	35
15	结构类型:	框架结构
16	基础形式:	筏形基础
17	⊟ 建筑结构等级参数:	
18	抗震设防类别:	
19	抗震等级:	三级抗震
20	⊟ 地震参数:	
21	设防烈度:	8
22	基本地震加速度(g):	
23	设计地震分组:	
24	环境类别:	
25	⊟ 施工信息:	
26	钢筋接头形式:	
27	室外地坪相对±0.000标高(m):	-0.45
28	基础埋深(m):	

图 1.2.1

单击“计算规则”,进入“计算规则”界面,修改“钢筋报表”,如图 1.2.2 所示。

工程信息

工程信息　计算规则　编制信息　自定义

	属性名称	属性值
1	清单规则:	房屋建筑与装饰工程计量规范计算规则(2013-广东)(R1.0.28.1)
2	定额规则:	广东省房屋建筑与装饰工程综合定额计算规则(2018)-13清单(R1.0.28.1)
3	平法规则:	16系平法规则
4	清单库:	工程量清单项目计量规范(2013-广东)
5	定额库:	广东省房屋建筑与装饰工程综合定额(2018)
6	钢筋损耗:	不计算损耗
7	钢筋报表:	广东(2018)
8	钢筋汇总方式:	按照钢筋下料尺寸-即中心线汇总

图 1.2.2

(2)楼层设置。

点击“基本设置”面板中的“楼层设置”,进入“楼层设置”界面,如图 1.2.3 所示。可以在该界面对当前项目的单项工程的楼层、混凝土强度和锚固搭接进行设置。

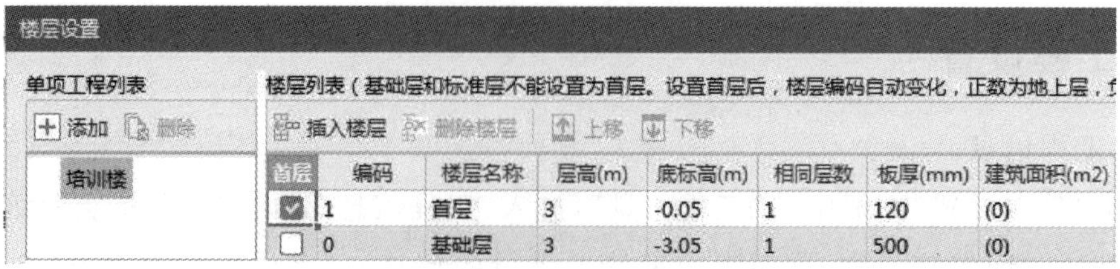
楼层设置

单项工程列表

添加 删除

培训楼

楼层列表（基础层和标准层不能设置为首层。设置首层后，楼层编码自动变化，正数为地上层，负

插入楼层 删除楼层 上移 下移

首层	编码	楼层名称	层高(m)	底标高(m)	相同层数	板厚(mm)	建筑面积(m2)
☑	1	首层	3	-0.05	1	120	(0)
☐	0	基础层	3	-3.05	1	500	(0)

图 1.2.3

点击“插入楼层”进行楼层添加，选中基础层后，可以插入地下室层；选中首层后，可以插入地上层。点击“删除楼层”可以删除当前选中的楼层，但是不能删除首层、基础层和建模中的楼层。点击“上移”或“下移”，可以把选中的楼层上移或者下移一个楼层。如果有标准层，可以输入层数，软件会自动修改编码，标高会自动累加。如图 1.2.4 所示。

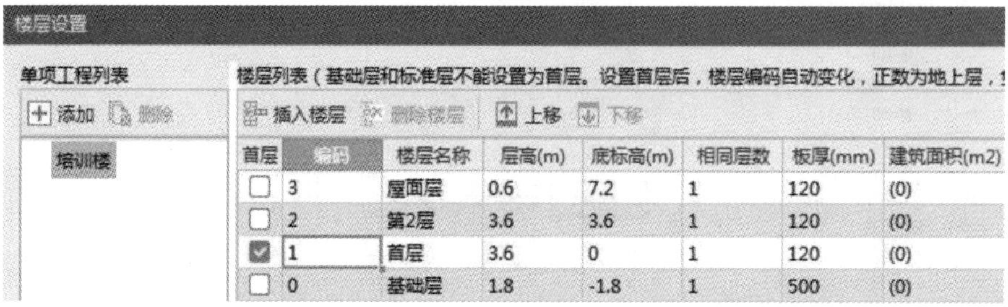
楼层设置

单项工程列表

添加 删除

培训楼

楼层列表（基础层和标准层不能设置为首层。设置首层后，楼层编码自动变化，正数为地上层，负

插入楼层 删除楼层 上移 下移

首层	编码	楼层名称	层高(m)	底标高(m)	相同层数	板厚(mm)	建筑面积(m2)
☐	3	屋面层	0.6	7.2	1	120	(0)
☐	2	第2层	3.6	3.6	1	120	(0)
☑	1	首层	3.6	0	1	120	(0)
☐	0	基础层	1.8	-1.8	1	500	(0)

图 1.2.4

点击“混凝土强度等级”列，按图纸修改混凝土强度等级，如图 1.2.5 所示。

楼层混凝土强度和锚固搭接设置（培训楼 首层, 0.00 ~ 3.60 m）

	混凝土强度等级	混凝土类型	砂浆标号	砂浆类型	锚固 HPB235(A) ...	锚固 HRB335(B) ...	锚固 HRB400(C) ...
垫层	C15	混凝土20石	M7.5	水泥砂浆	(39)	(38/42)	(40/44)
基础	C30	混凝土20石	M7.5	水泥砂浆	(32)	(30/34)	(37/41)
基础梁 / 承台梁	C30	混凝土20石			(32)	(30/34)	(37/41)
柱	C25	混凝土20石	M7.5	水泥砂浆	(36)	(35/38)	(42/46)
剪力墙	C25	混凝土20石			(36)	(35/38)	(42/46)
人防门框墙	C25	混凝土20石			(36)	(35/38)	(42/46)
暗柱	C25	混凝土20石			(36)	(35/38)	(42/46)
端柱	C25	混凝土20石			(36)	(35/38)	(42/46)
墙梁	C25	混凝土20石			(36)	(35/38)	(42/46)
框架梁	C25	混凝土20石			(36)	(35/38)	(42/46)
非框架梁	C25	混凝土20石			(34)	(33/36)	(40/44)
现浇板	C25	混凝土20石			(34)	(33/36)	(40/44)
楼梯	C25	混凝土20石			(34)	(33/36)	(40/44)
构造柱	C25	混凝土20石			(36)	(35/38)	(42/46)
圈梁 / 过梁	C25	混凝土20石			(36)	(35/38)	(42/46)
砌体墙柱	C25	S6-S8防水...	M7.5	水泥砂浆	(34)	(33/36)	(40/44)
其它	C25	混凝土20石	M7.5	水泥砂浆	(34)	(33/36)	(40/44)
叠合板(预制底板	C25	混凝土20石			(34)	(33/36)	(40/44)

图 1.2.5

(3)土建设置。

工程中土建部分相关的计算设置被修改后,软件将按修改后的计算方法进行计算,如图 1.2.6 所示。软件已将各构件的计算方法根据各地的清单及定额计算规则要求正确设置,一般无须调整。

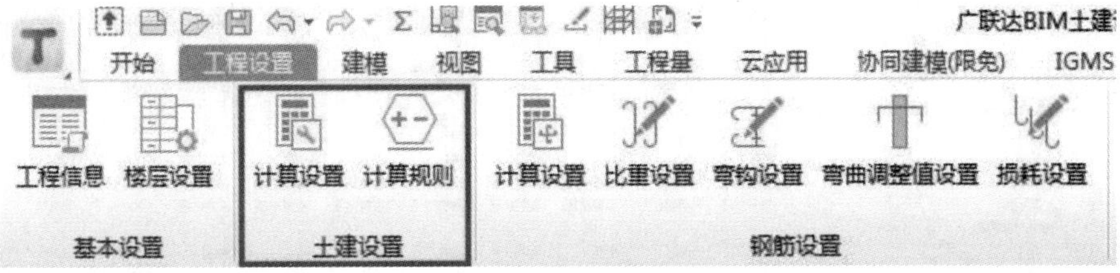

图 1.2.6

(4)钢筋设置。

在"钢筋设置"面板中,点击"计算设置",如图 1.2.7 所示。

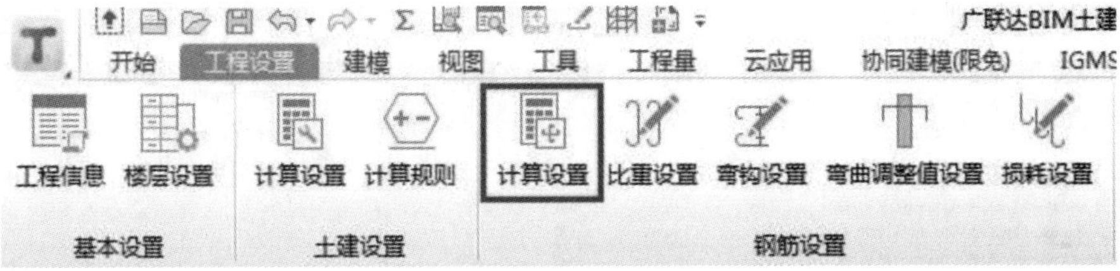

图 1.2.7

在"计算规则"中,修改"板"中的"分布钢筋配置",如图 1.2.8 所示。

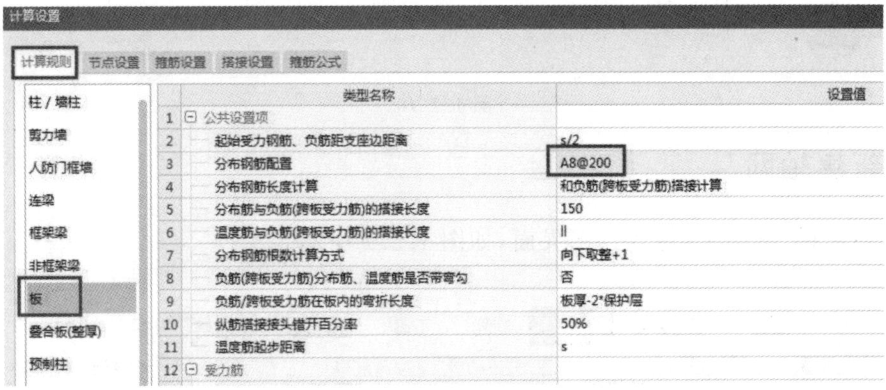

图 1.2.8

在"搭接设置"中,根据图纸进行修改,如图 1.2.9 所示。

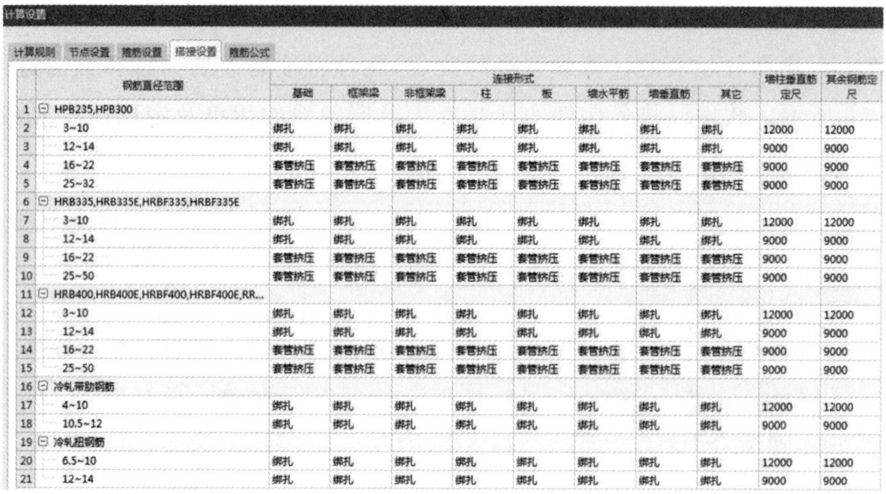

	钢筋直径范围	连接形式								墙柱垂直筋定尺	其余钢筋定尺
		基础	框架梁	非框架梁	柱	板	墙水平筋	墙垂直筋	其它		
1	HPB235,HPB300										
2	3~10	绑扎	绑扎	绑扎	绑扎	绑扎	绑扎	绑扎	绑扎	12000	12000
3	12~14	绑扎	绑扎	绑扎	绑扎	绑扎	绑扎	绑扎	绑扎	9000	9000
4	16~22	套管挤压	套管挤压	套管挤压	套管挤压	套管挤压	套管挤压	套管挤压	套管挤压	9000	9000
5	25~32	套管挤压	套管挤压	套管挤压	套管挤压	套管挤压	套管挤压	套管挤压	套管挤压	9000	9000
6	HRB335,HRB335E,HRBF335,HRBF335E										
7	3~10	绑扎	绑扎	绑扎	绑扎	绑扎	绑扎	绑扎	绑扎	12000	12000
8	12~14	绑扎	绑扎	绑扎	绑扎	绑扎	绑扎	绑扎	绑扎	9000	9000
9	16~22	套管挤压	套管挤压	套管挤压	套管挤压	套管挤压	套管挤压	套管挤压	套管挤压	9000	9000
10	25~50	套管挤压	套管挤压	套管挤压	套管挤压	套管挤压	套管挤压	套管挤压	套管挤压	9000	9000
11	HRB400,HRB400E,HRBF400,HRBF400E,RR...										
12	3~10	绑扎	绑扎	绑扎	绑扎	绑扎	绑扎	绑扎	绑扎	12000	12000
13	12~14	绑扎	绑扎	绑扎	绑扎	绑扎	绑扎	绑扎	绑扎	9000	9000
14	16~22	套管挤压	套管挤压	套管挤压	套管挤压	套管挤压	套管挤压	套管挤压	套管挤压	9000	9000
15	25~50	套管挤压	套管挤压	套管挤压	套管挤压	套管挤压	套管挤压	套管挤压	套管挤压	9000	9000
16	冷轧带肋钢筋										
17	4~10	绑扎	绑扎	绑扎	绑扎	绑扎	绑扎	绑扎	绑扎	12000	12000
18	10.5~12	绑扎	绑扎	绑扎	绑扎	绑扎	绑扎	绑扎	绑扎	9000	9000
19	冷轧扭钢筋										
20	6.5~10	绑扎	绑扎	绑扎	绑扎	绑扎	绑扎	绑扎	绑扎	12000	12000
21	12~14	绑扎	绑扎	绑扎	绑扎	绑扎	绑扎	绑扎	绑扎	9000	9000

图 1.2.9

在“钢筋设置”面板中，点击“弯钩设置”，选择“图元抗震考虑”，修改“箍筋弯钩平直段”，如图 1.2.10 所示。

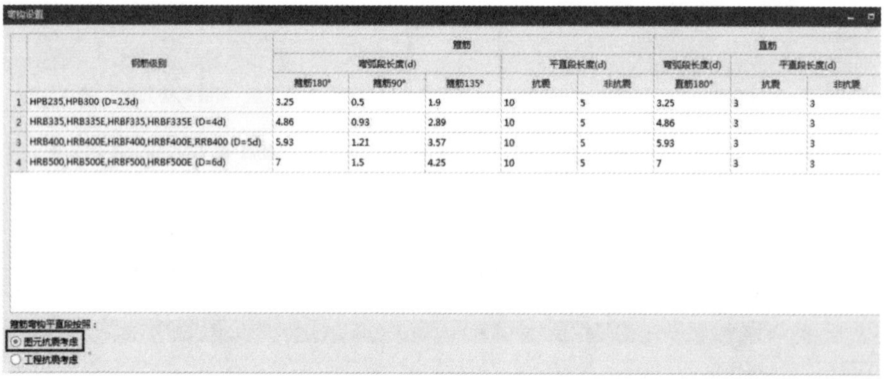

	钢筋级别	箍筋					直筋		
		弯弧段长度(d)			平直段长度(d)		弯弧段长度(d)	平直段长度(d)	
		箍筋180°	箍筋90°	箍筋135°	抗震	非抗震	直筋180°	抗震	非抗震
1	HPB235,HPB300 (D=2.5d)	3.25	0.5	1.9	10	5	3.25	3	3
2	HRB335,HRB335E,HRBF335,HRBF335E (D=4d)	4.86	0.93	2.89	10	5	4.86	3	3
3	HRB400,HRB400E,HRBF400,HRBF400E,RRB400 (D=5d)	5.93	1.21	3.57	10	5	5.93	3	3
4	HRB500,HRB500E,HRBF500,HRBF500E (D=6d)	7	1.5	4.25	10	5	7	3	3

图 1.2.10

1.3 新建轴网

点击“建模”选项卡，进入绘图界面，如图 1.3.1 所示。

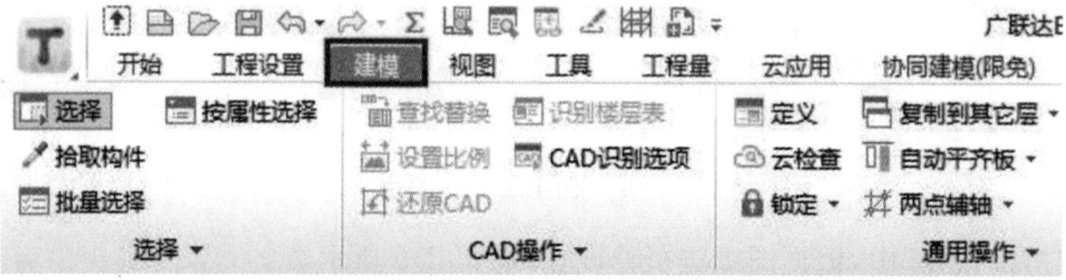

图 1.3.1

双击“导航树”中的“轴网”进入轴网定义界面，左键单击“构件列表”中的“新建”，根据图纸，选择“新建正交轴网”，新建“轴网-1”如图 1.3.2 所示。

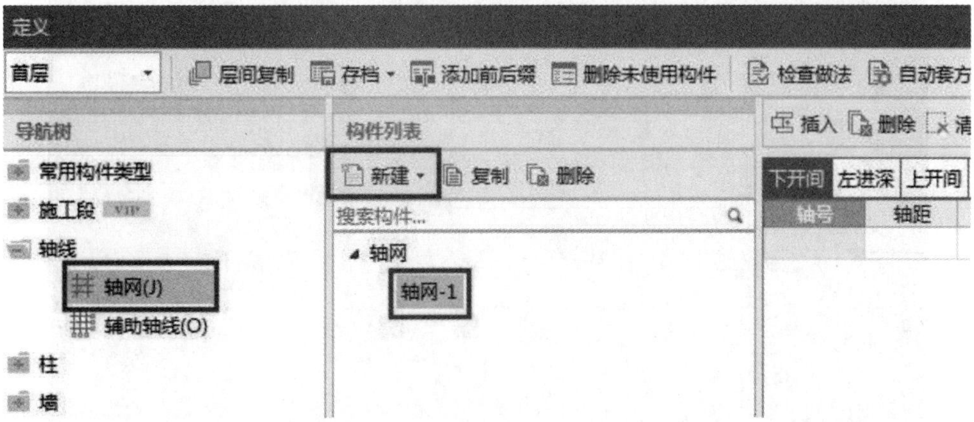

图 1.3.2

选择“下开间”或“左进深”，双击“常用值(mm)”中的数据，在轴距中输入数字，或在“添加”栏中输入轴距，按图纸进行轴距设置，如图 1.3.3 所示。

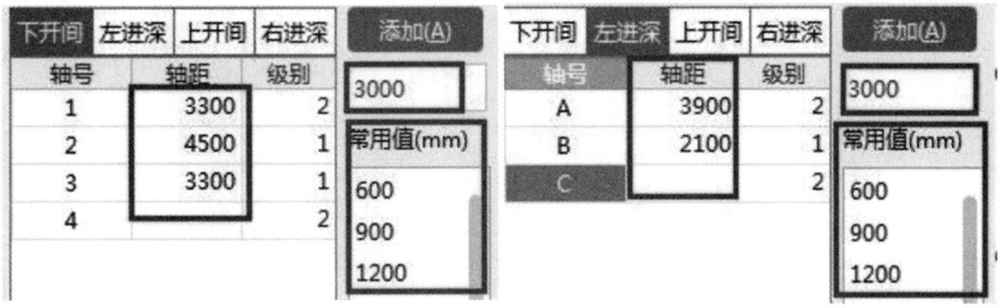

图 1.3.3

关闭定义界面，进入绘图界面，此时会弹出“请输入角度”提示框，如图 1.3.4 所示。

图 1.3.4

如果轴网需要旋转，输入需要旋转的角度；如不需旋转，则单击“确定”绘制轴网，如图 1.3.5 所示。

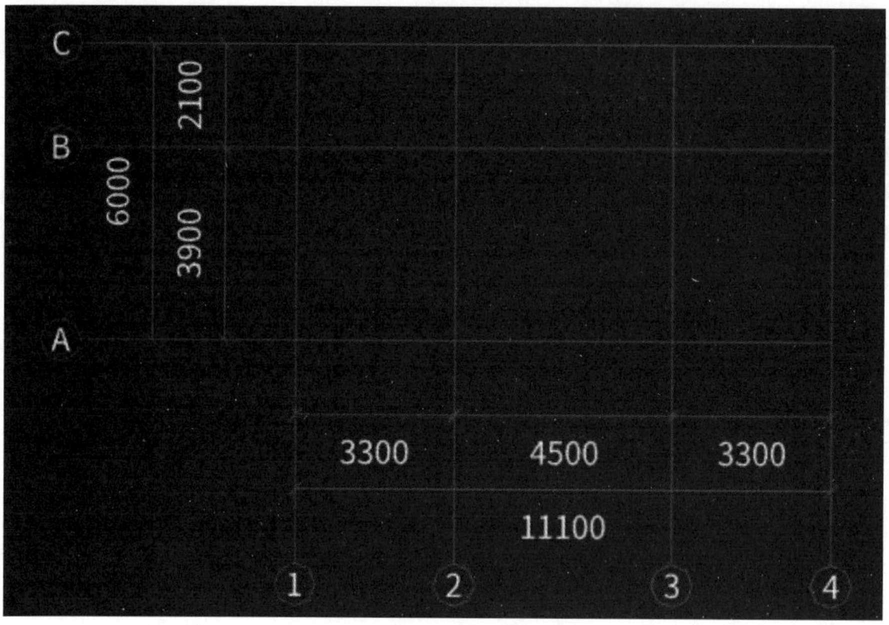

图 1.3.5

在"轴网二次编辑"面板中,点击"修改轴号位置",修改轴网标注,如图 1.3.6 所示。

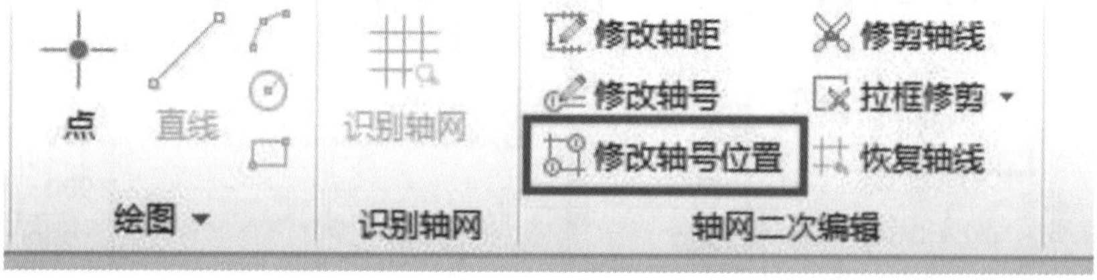

图 1.3.6

根据提示,框选轴网,右键单击,在"修改轴号位置"提示框中,选择"两端标注",如图 1.3.7 所示。点击"确定",此时,轴网完成两端标注设置,如图 1.3.8 所示。

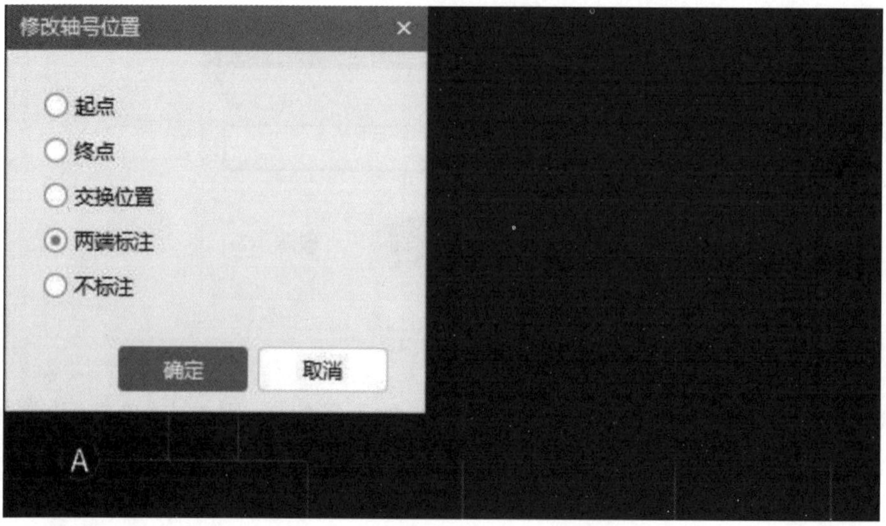

图 1.3.7

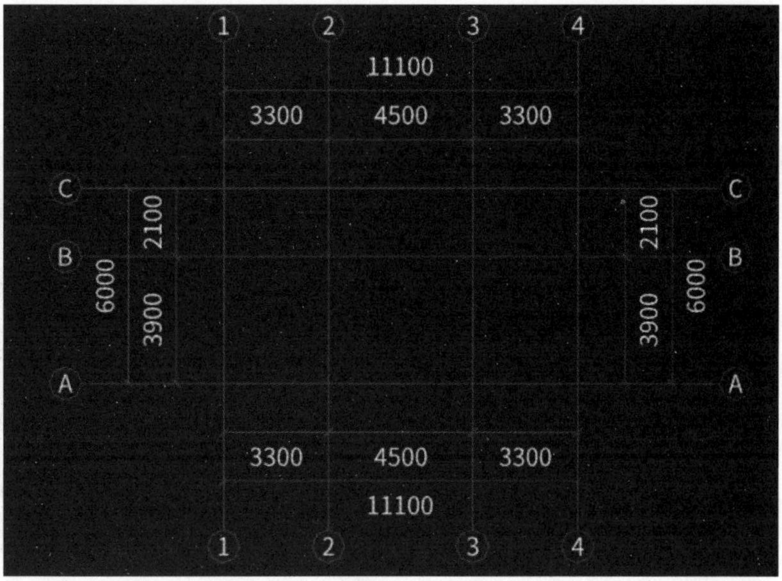

图 1.3.8

在快速访问栏中点击“保存”按钮，如图 1.3.9 所示。保存到个人空间，如图 1.3.10 所示，下次使用时只需登录账号，在“云文件”中找到相应文件，点击打开即可。

图 1.3.9

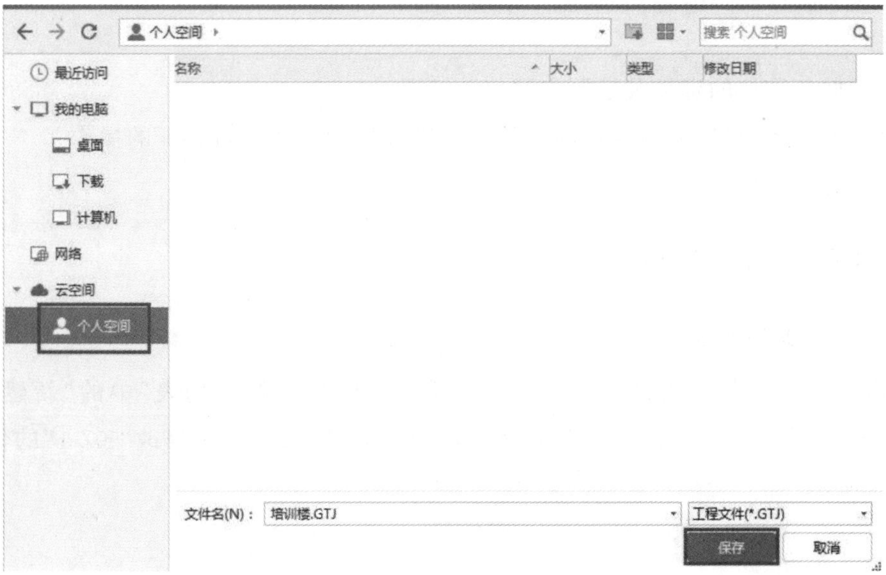

图 1.3.10

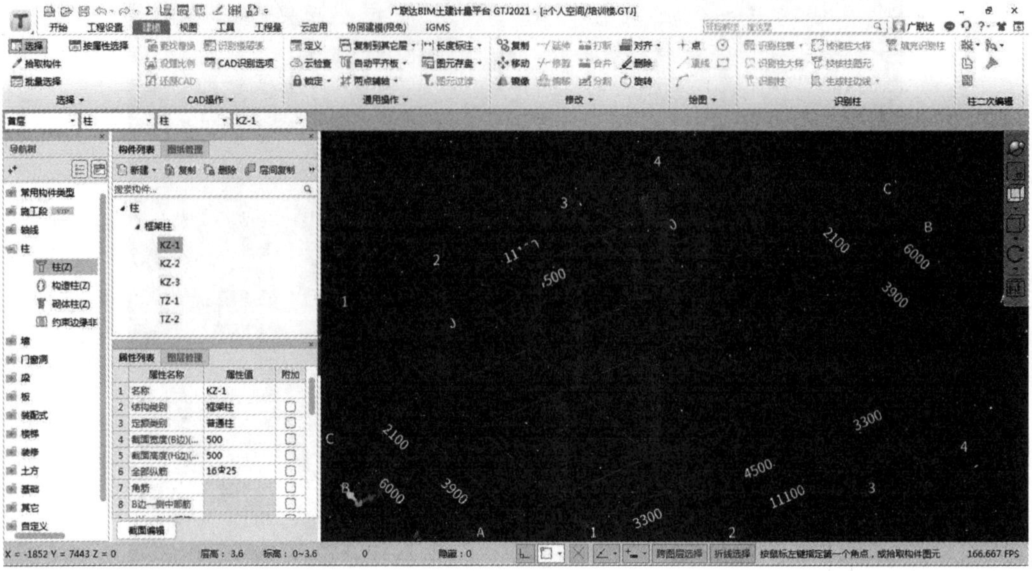

任务 2　柱的定义、绘制及工程量计算

能力目标

（1）能定义并绘制柱；

（2）能根据图纸构件做法正确套用清单；

（3）能汇总计算柱的工程量。

知识目标

（1）掌握各种柱的定义及绘制方法；

（2）掌握实体项目、措施项目的清单列项以及填写主要项目特征的操作；

（3）掌握楼层校核及汇总计算工程量的操作。

2.1　首层柱的定义及绘制

2.1.1　定义首层柱

双击“导航树”中的“柱”进入柱定义界面，左键单击“构件列表”中的“新建”，新建“KZ-1”，在“构件列表”下方的“属性列表”或右侧的“截面编辑”中修改“KZ-1”的信息，如图 2.1.1 所示。

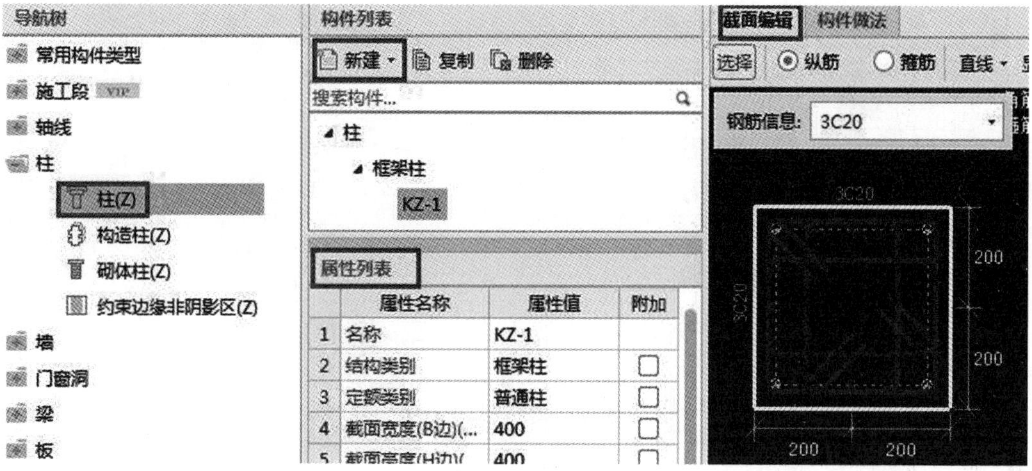

图 2.1.1

根据图纸，填写“KZ-1”的信息，如图 2.1.2 所示。

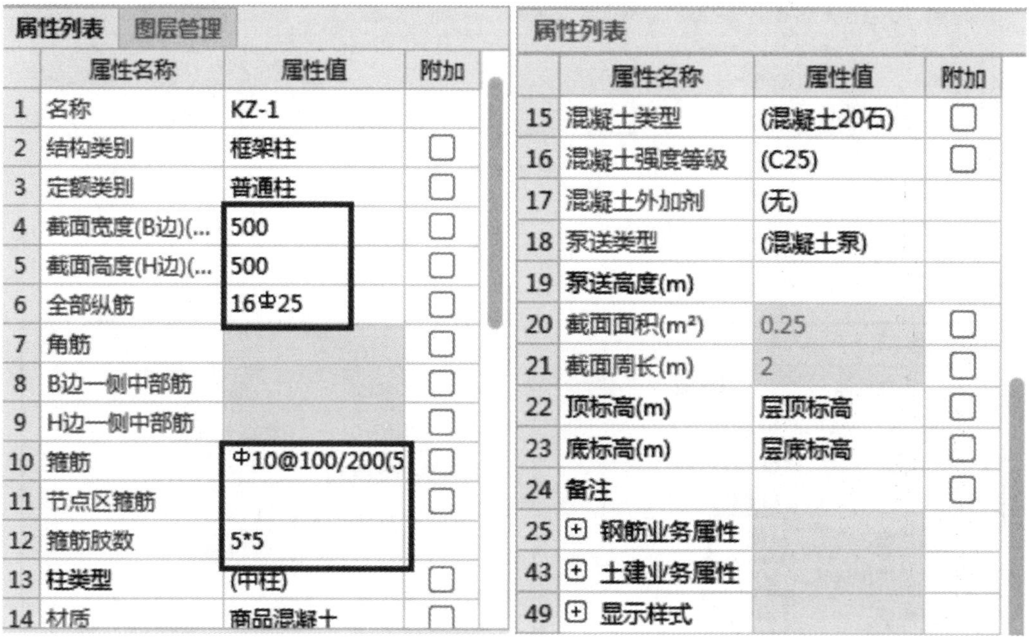

属性列表　图层管理

	属性名称	属性值	附加
1	名称	KZ-1	
2	结构类别	框架柱	☐
3	定额类别	普通柱	☐
4	截面宽度(B边)(...	500	☐
5	截面高度(H边)(...	500	☐
6	全部纵筋	16Φ25	☐
7	角筋		☐
8	B边一侧中部筋		☐
9	H边一侧中部筋		☐
10	箍筋	Φ10@100/200(5	☐
11	节点区箍筋		☐
12	箍筋肢数	5*5	
13	柱类型	(中柱)	☐
14	材质	商品混凝土	☐

属性列表

	属性名称	属性值	附加
15	混凝土类型	(混凝土20石)	☐
16	混凝土强度等级	(C25)	☐
17	混凝土外加剂	(无)	
18	泵送类型	(混凝土泵)	
19	泵送高度(m)		
20	截面面积(m²)	0.25	☐
21	截面周长(m)	2	☐
22	顶标高(m)	层顶标高	☐
23	底标高(m)	层底标高	☐
24	备注		☐
25	⊞ 钢筋业务属性		
43	⊞ 土建业务属性		
49	⊞ 显示样式		

图 2.1.2

点击“截面编辑”右侧的“构件做法”，在“查询匹配清单”中点击“按构件类型过滤”，选择柱的实体项目清单和措施项目清单，如图 2.1.3 所示。

图 2.1.3

检查所选清单的工程量表达式是否正确,填写项目特征,如图 2.1.4 所示。

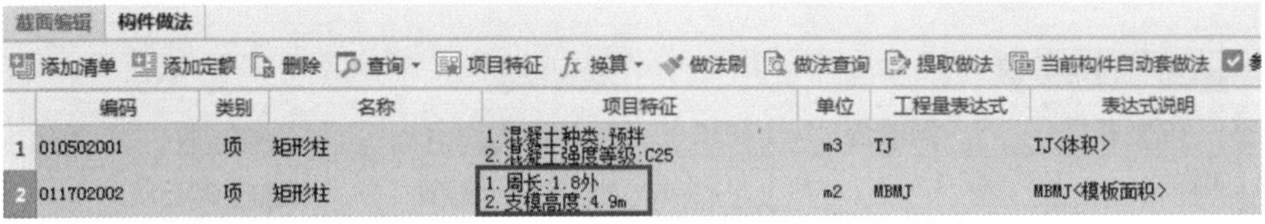

图 2.1.4

复制“KZ-1”为“KZ-2”,修改“属性列表”中的信息,如图 2.1.5 所示;修改清单项目特征,如图 2.1.6 所示。

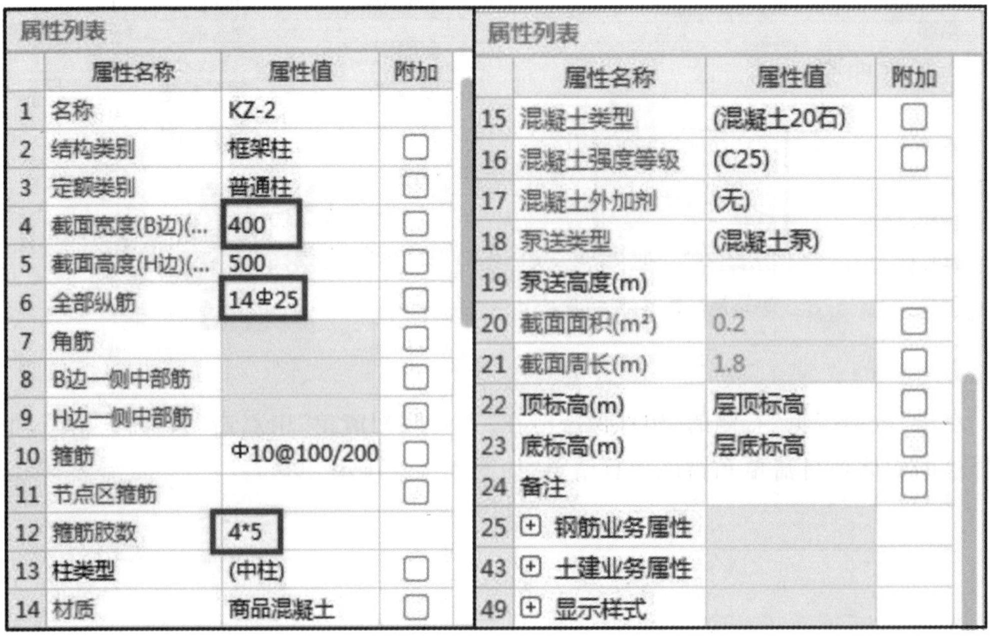

图 2.1.5

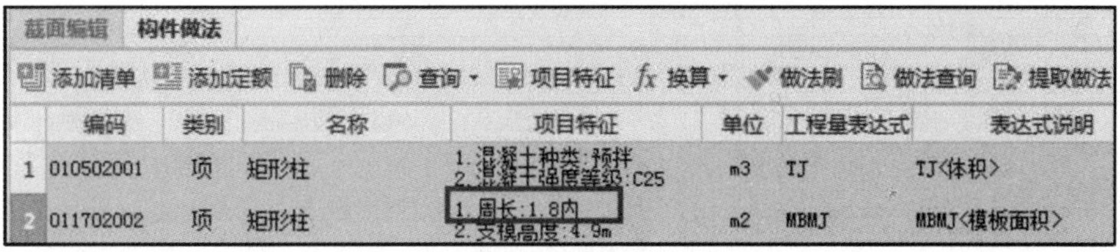

截面编辑　构件做法

添加清单　添加定额　删除　查询　项目特征　换算　做法刷　做法查询　提取做法

	编码	类别	名称	项目特征	单位	工程量表达式	表达式说明
1	010502001	项	矩形柱	1.混凝土种类:预拌 2.混凝土强度等级:C25	m3	TJ	TJ<体积>
2	011702002	项	矩形柱	1.周长:1.8内 2.支模高度:4.9m	m2	MBMJ	MBMJ<模板面积>

图 2.1.6

复制“KZ-2”为“KZ-3”，修改“属性列表”中的信息，如图 2.1.7 所示；清单项目内容不变，不修改。

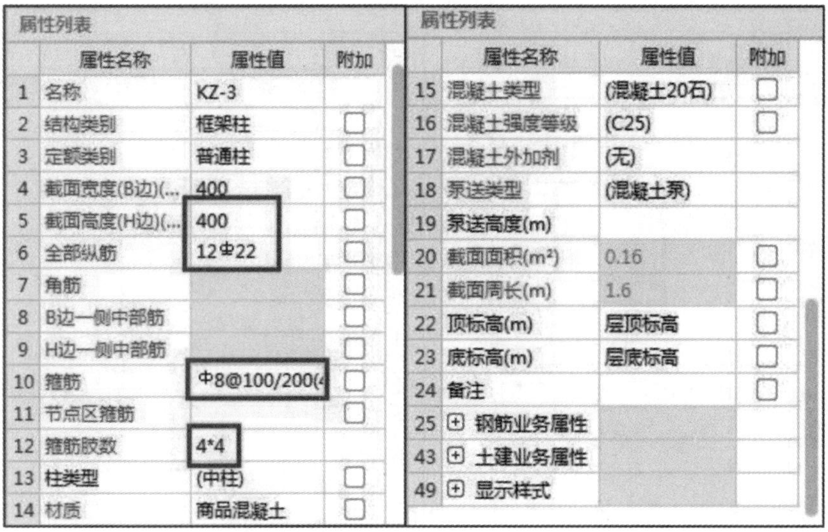

属性列表

	属性名称	属性值	附加
1	名称	KZ-3	
2	结构类别	框架柱	☐
3	定额类别	普通柱	☐
4	截面宽度(B边)(...	400	☐
5	截面高度(H边)(...	400	☐
6	全部纵筋	12⌀22	☐
7	角筋		☐
8	B边一侧中部筋		☐
9	H边一侧中部筋		☐
10	箍筋	⌀8@100/200(4	☐
11	节点区箍筋		☐
12	箍筋肢数	4*4	
13	柱类型	(中柱)	☐
14	材质	商品混凝土	☐
15	混凝土类型	(混凝土20石)	☐
16	混凝土强度等级	(C25)	☐
17	混凝土外加剂	(无)	
18	泵送类型	(混凝土泵)	
19	泵送高度(m)		
20	截面面积(m²)	0.16	☐
21	截面周长(m)	1.6	☐
22	顶标高(m)	层顶标高	☐
23	底标高(m)	层底标高	☐
24	备注		☐
25	⊞ 钢筋业务属性		
43	⊞ 土建业务属性		
49	⊞ 显示样式		

图 2.1.7

复制“KZ-3”为“TZ-1”，修改“属性列表”中的信息，如图 2.1.8 所示；修改清单项目特征，如图 2.1.9 所示。

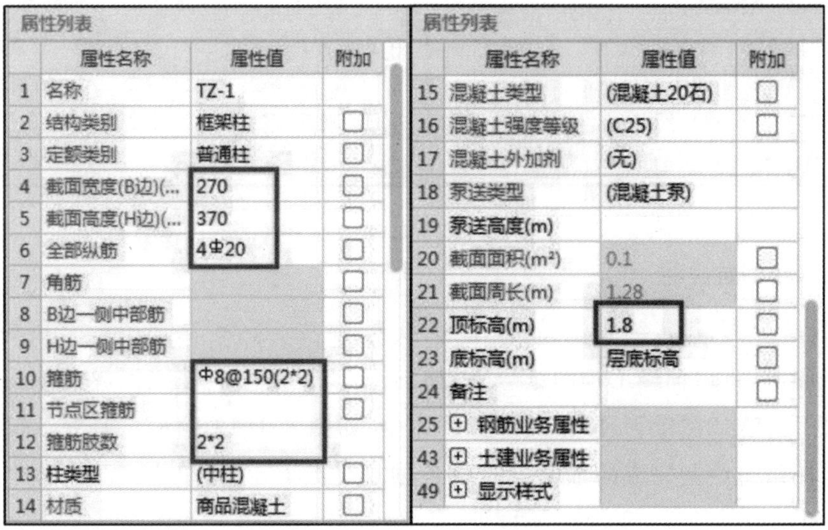

属性列表

	属性名称	属性值	附加
1	名称	TZ-1	
2	结构类别	框架柱	☐
3	定额类别	普通柱	☐
4	截面宽度(B边)(...	270	☐
5	截面高度(H边)(...	370	☐
6	全部纵筋	4⌀20	☐
7	角筋		☐
8	B边一侧中部筋		☐
9	H边一侧中部筋		☐
10	箍筋	⌀8@150(2*2)	☐
11	节点区箍筋		☐
12	箍筋肢数	2*2	
13	柱类型	(中柱)	☐
14	材质	商品混凝土	☐
15	混凝土类型	(混凝土20石)	☐
16	混凝土强度等级	(C25)	☐
17	混凝土外加剂	(无)	
18	泵送类型	(混凝土泵)	
19	泵送高度(m)		
20	截面面积(m²)	0.1	☐
21	截面周长(m)	1.28	☐
22	顶标高(m)	1.8	☐
23	底标高(m)	层底标高	☐
24	备注		☐
25	⊞ 钢筋业务属性		
43	⊞ 土建业务属性		
49	⊞ 显示样式		

图 2.1.8

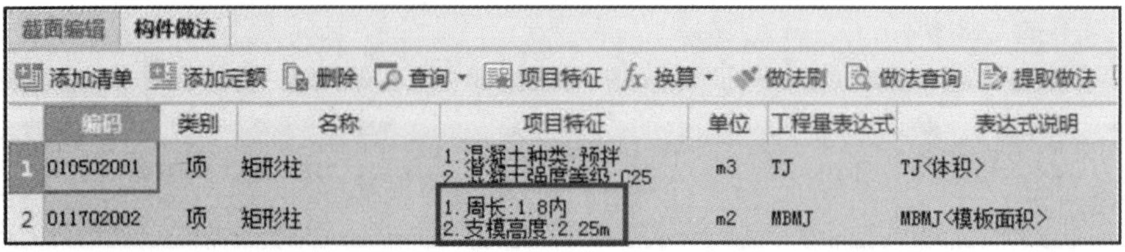

图 2.1.9

复制“TZ-1”为“TZ-2”,修改“属性列表”中的信息,如图 2.1.10 所示;修改清单项目特征,如图 2.1.11 所示。

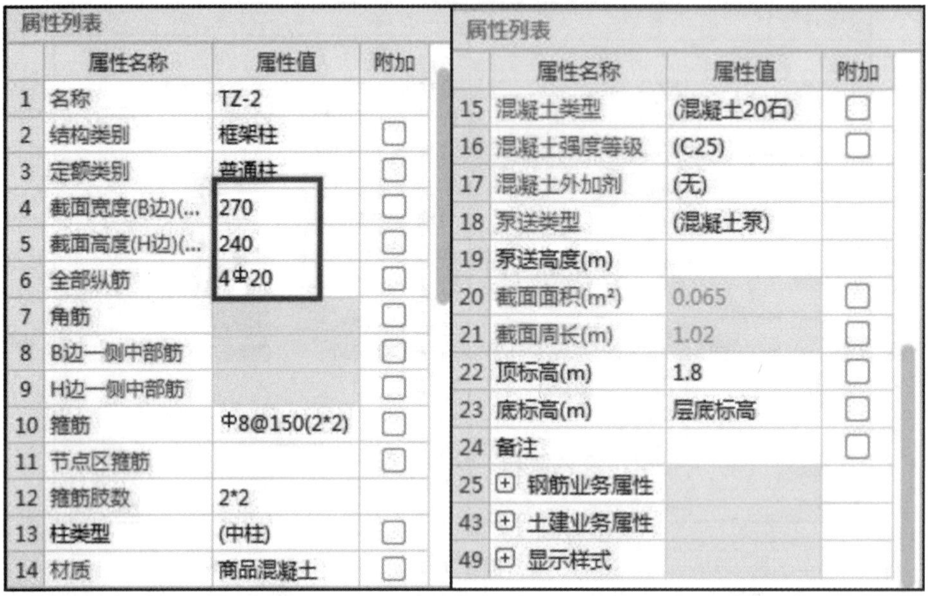

图 2.1.10

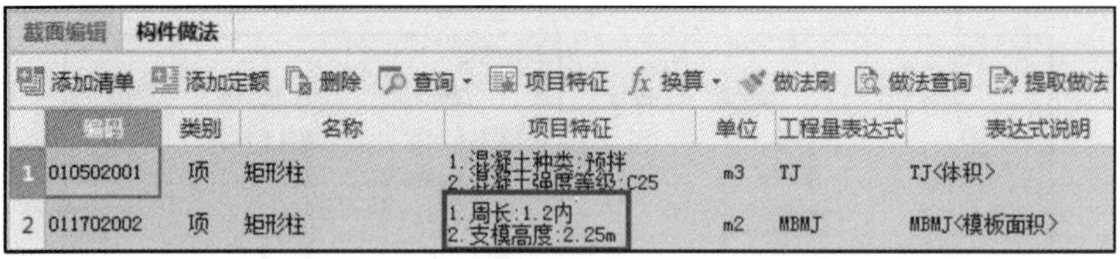

图 2.1.11

2.1.2 绘制首层柱

关闭定义界面,进入绘制柱界面,在“图纸管理”中,选择“添加图纸”,找到图纸对应位置,双击图纸,将培训楼工程图纸导入,如图 2.1.12 所示。在绘图界面中,找到“柱定位及配筋图”,点击“图纸管理”中的“定位”命令,如图 2.1.13 所示。捕捉 1 轴和 C 轴相交点,拖曳图纸至绘制完成的轴网 1 轴和 C 轴相交点上,左键单击,完成图纸定位,如图 2.1.14 所示。

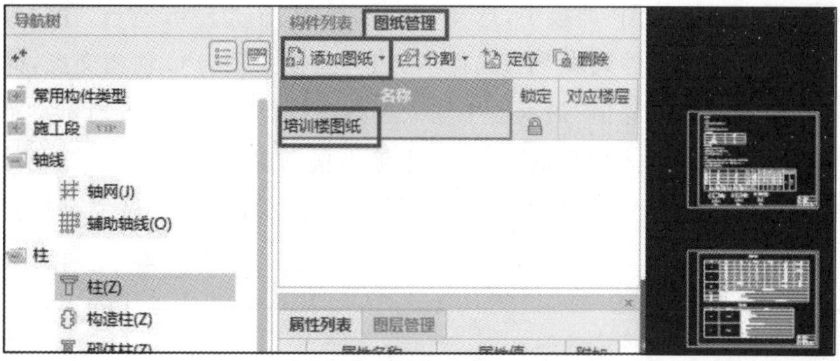

图 2.1.12

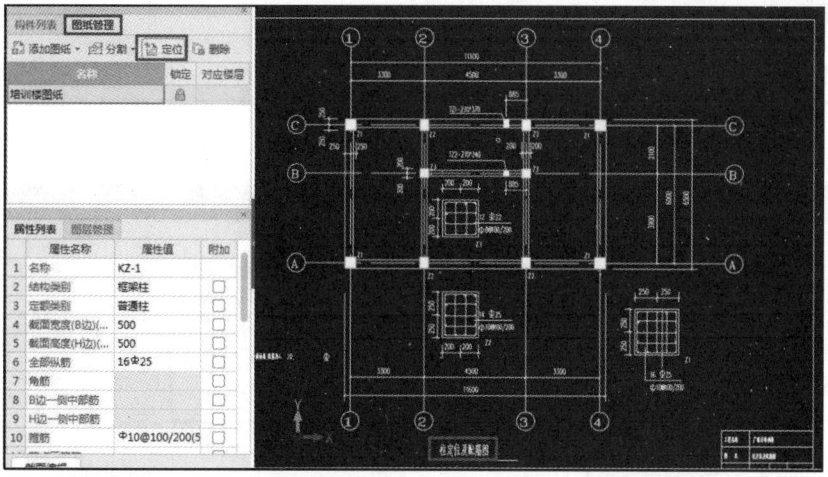

图 2.1.13

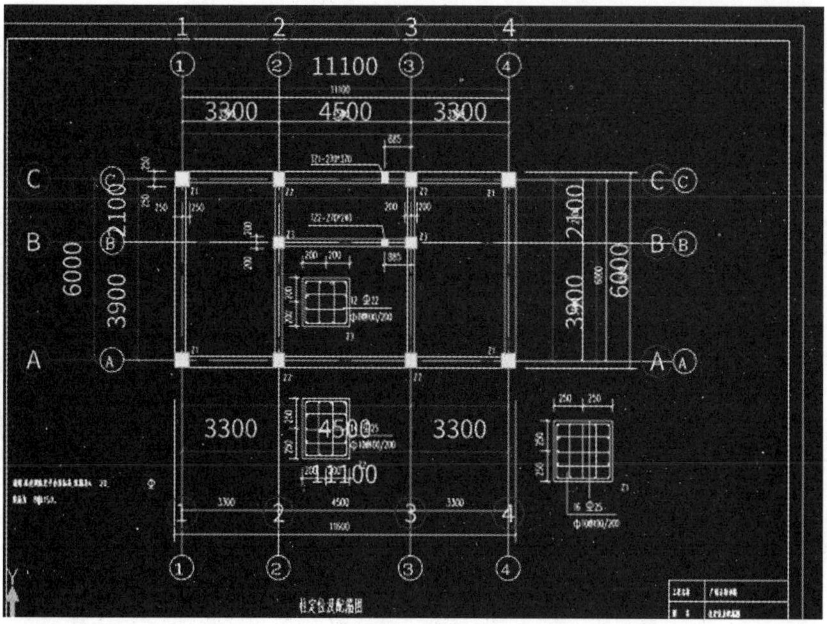

图 2.1.14

根据定位图纸,在“绘图”面板中,选择“点”命令,如图 2.1.15 所示,在对应位置左键单击,绘制框架柱。在“构件列表”中,选择“TZ-1”,捕捉 3 轴与 C 轴相交点,同时按键盘上的“Shift”,在“请输入偏移值”提示框中输入偏移参数,如图 2.1.16 所示。采用相同的方法绘制“TZ-2”,在“请输入偏移值”提示框中输入偏移参数,如图 2.1.17 所示。将“图层管理”中的“已提取的 CAD 图层”及“CAD 原始图层”关闭,即能显示绘制完成的框架柱,如图 2.1.18 所示。

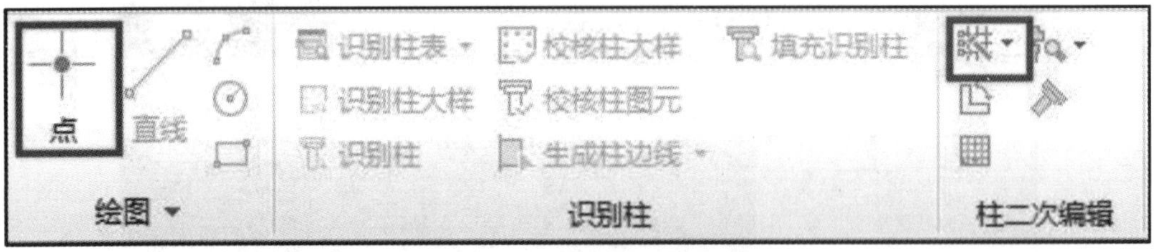

图 2.1.15

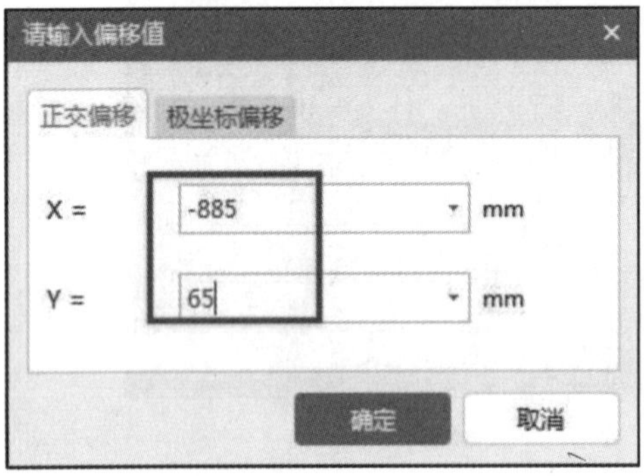

图 2.1.16

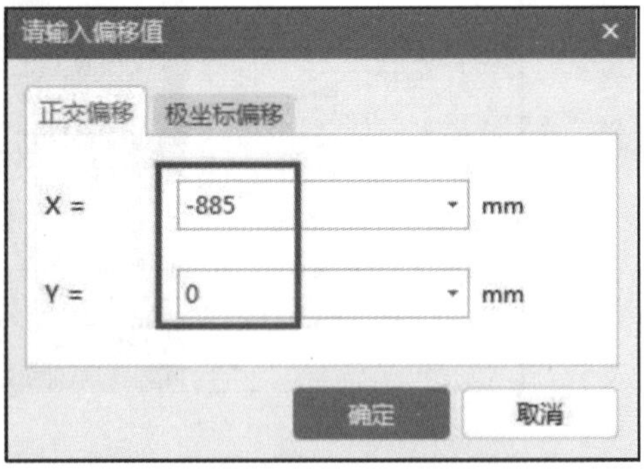

图 2.1.17

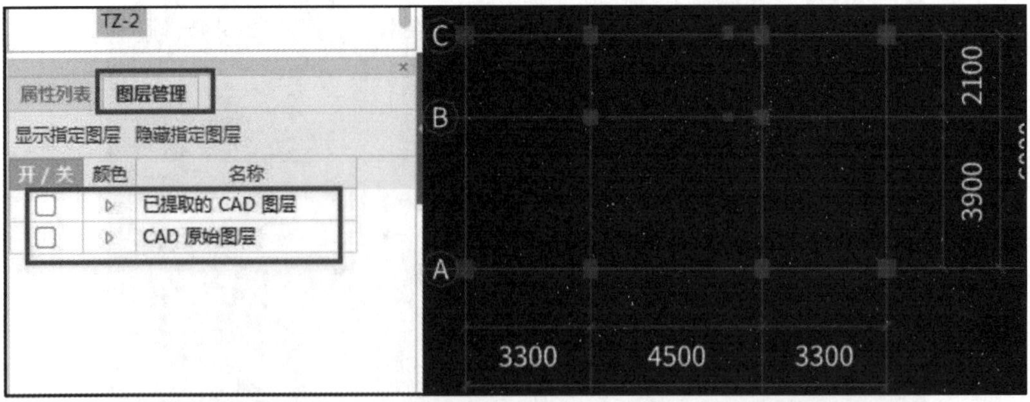

图 2.1.18

【拓展】绘制柱除了可以用“点”方法,还可以用“旋转点”“智能布置”“按墙位置绘制柱”等多种方法,请尝试用其他方法绘制柱。

2.2 其他层柱的定义及绘制

点击“选择”面板中的“批量选择”(快捷键为“F3”),如图 2.2.1 所示。在弹出的提示框中选择首层所有柱,如图 2.2.2 所示。在“通用操作”面板中,选择“复制到其它层”,如图 2.2.3 所示。在弹出的提示框中选择“第 2 层”与“基础层”,如图 2.2.4 所示,点击“确定”。在弹出的“复制图元冲突处理方式”提示框中选择“覆盖目标层同名构件所有属性”与“覆盖目标层同位置同类型图元”,如图 2.2.5 所示。

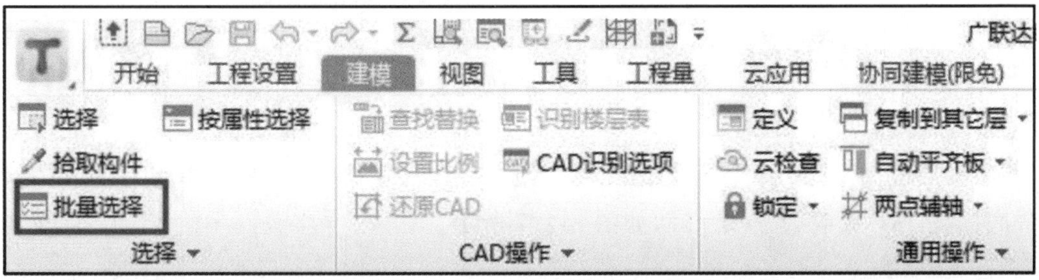

图 2.2.1

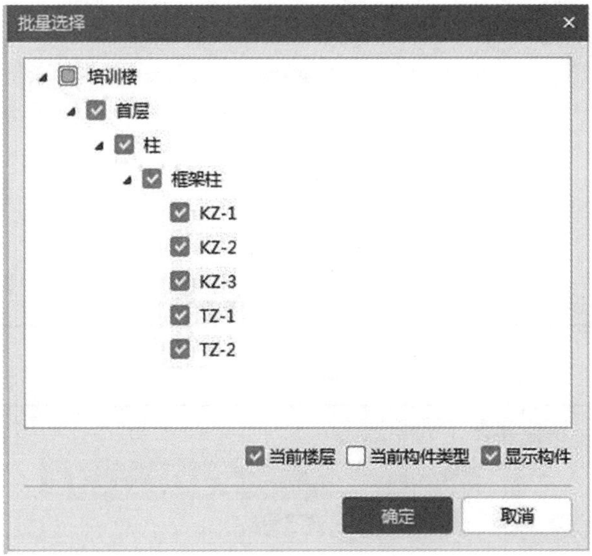

图 2.2.2

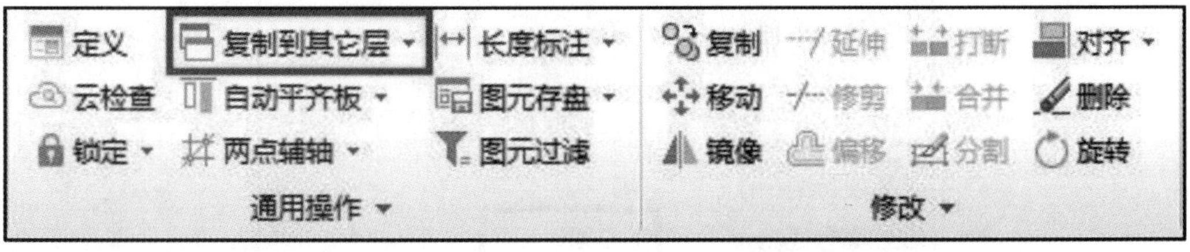

图 2.2.3

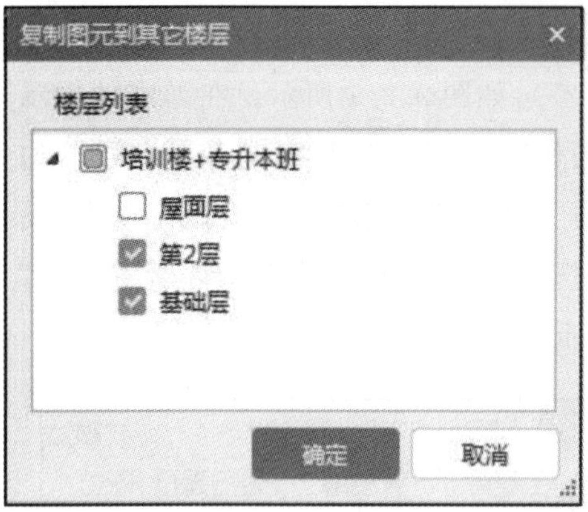

图 2.2.4

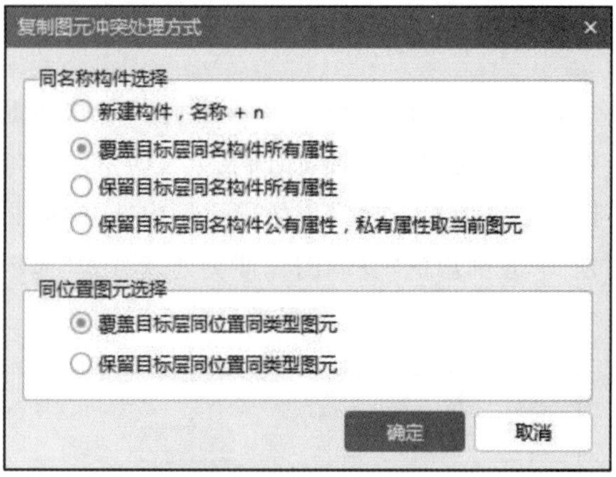

图 2.2.5

将楼层改为“基础层”，如图 2.2.6 所示。使用“批量选择”命令选择“TZ-1”“TZ-2”，将“底标高(m)”修改为“−0.45”，如图 2.2.7 所示。

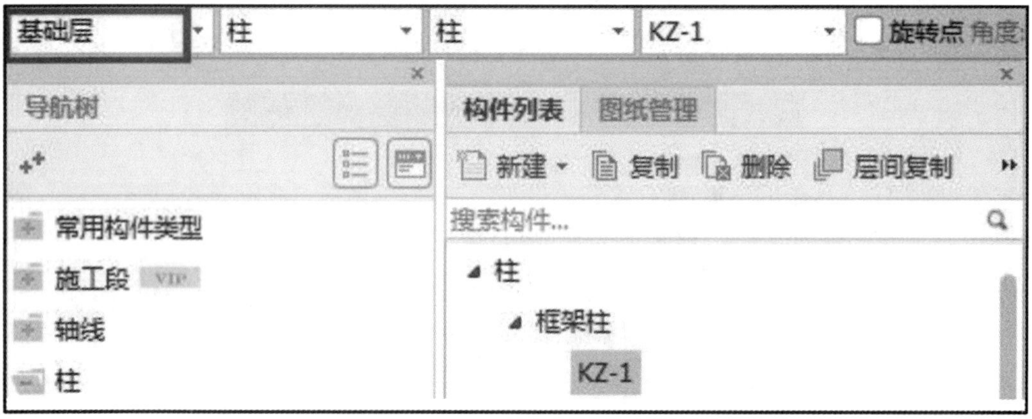

图 2.2.6

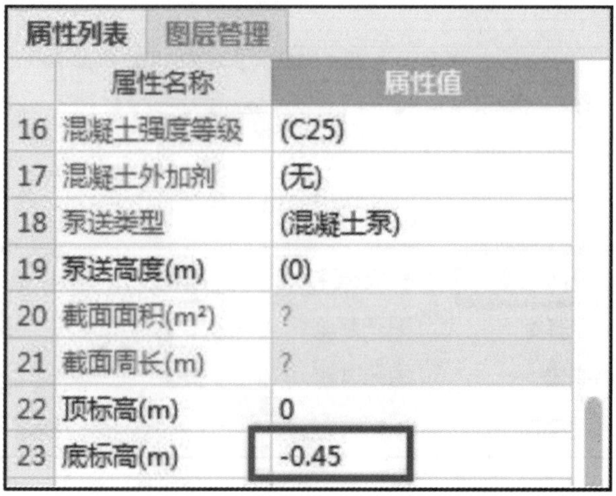

图 2.2.7

将楼层改为“第 2 层”，使用“批量选择”命令选择“TZ-1”“TZ-2”，按键盘上的“Delete”，删除“TZ-1”“TZ-2”。双击“柱”，进入柱定义界面，修改“KZ-1”“KZ-2”“KZ-3”项目特征，如图 2.2.8 所示。

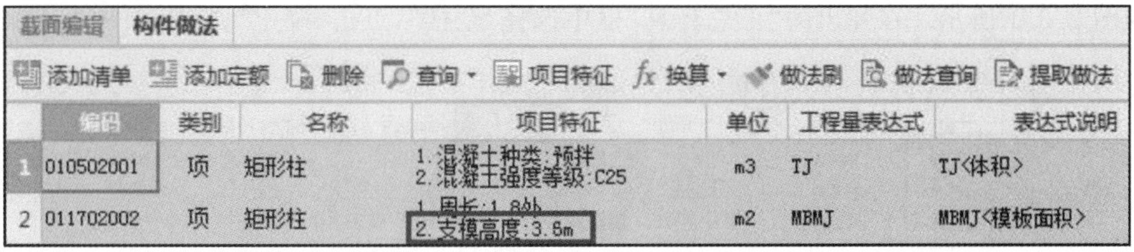
截面编辑 构件做法

添加清单 添加定额 删除 查询 项目特征 fx 换算 做法刷 做法查询 提取做法

	编码	类别	名称	项目特征	单位	工程量表达式	表达式说明
1	010502001	项	矩形柱	1.混凝土种类:预拌 2.混凝土强度等级:C25	m3	TJ	TJ<体积>
2	011702002	项	矩形柱	1.周长:1.8外 2.支模高度:3.6m	m2	MBMJ	MBMJ<模板面积>

图 2.2.8

使用“批量选择”命令选择“KZ-1”，将“柱类型”修改为“角柱”，选择“KZ-2”，将“柱类型”修改为“边柱-B”，如图 2.2.9 所示。

属性列表 图层管理

	属性名称	属性值
10	箍筋	Φ10@100/200(5*5)
11	节点区箍筋	
12	箍筋肢数	5*5
13	柱类型	角柱
14	材质	商品混凝土
15	混凝土类型	(混凝土20石)
16	混凝土强度等级	(C25)

属性列表 图层管理

	属性名称	属性值
10	箍筋	Φ10@100/200(4*5)
11	节点区箍筋	
12	箍筋肢数	4*5
13	柱类型	边柱-B
14	材质	商品混凝土
15	混凝土类型	(混凝土20石)
16	混凝土强度等级	(C25)

图 2.2.9

点击绘图界面右侧的“动态观察”按钮，拖曳图元，显示三维效果，如图 2.2.10 所示。如需切换为二维效果，点击“2D 俯视”按钮即可。

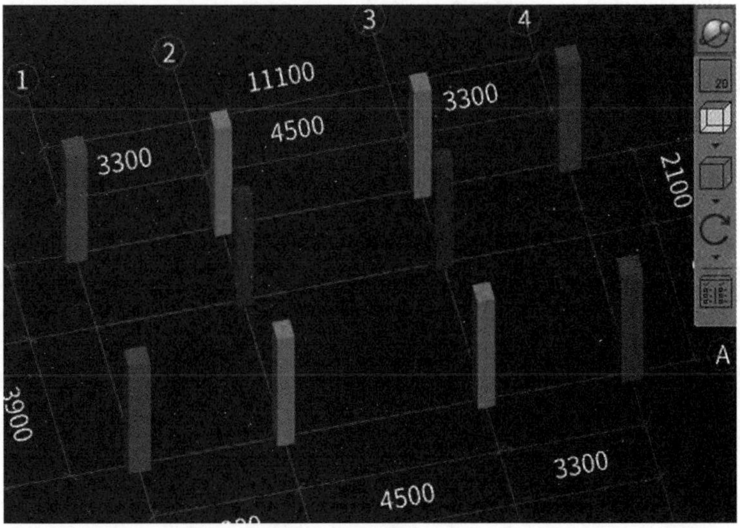

图 2.2.10

2.3 柱工程量计算

点击访问栏中的“汇总计算”按钮，或“工程量”选项卡“汇总”面板中的“汇总计算”，如图 2.3.1 所示。在弹出的“汇总计算”框中选择“全楼”，点击“确定”，如图 2.3.2 所示。

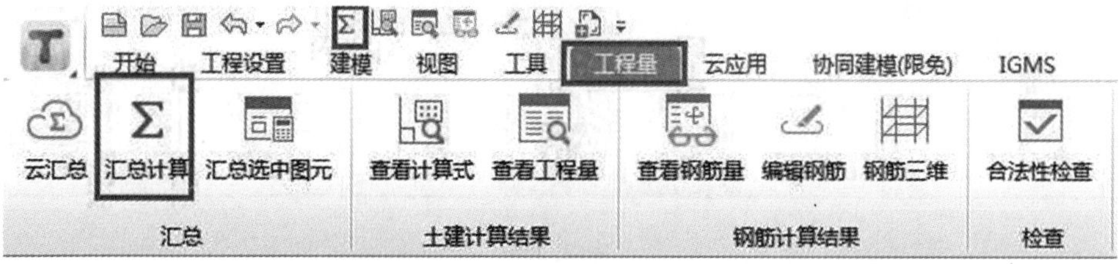

图 2.3.1

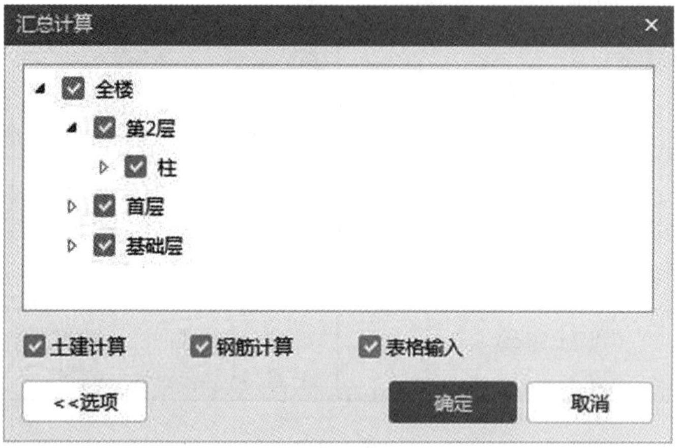

图 2.3.2

【拓展】如只需计算某一构件的工程量，则用鼠标左键点击该构件，在“工程量”选项卡“汇总”面板中点击“汇总选中图元”，如图 2.3.3 所示。

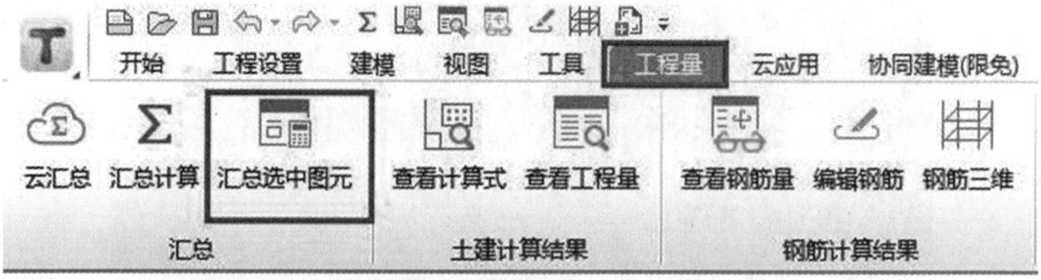

图 2.3.3

“工程量”选项卡还包括“土建计算结果”面板与“钢筋计算结果”面板，其中，“土建计算结果”用于计算柱的混凝土、模板等工程量；“钢筋计算结果”用于计算柱的钢筋工程量。

2.3.1　土建计算结果

(1)查看计算式。

“查看计算式”用于查看柱的混凝土、模板等计算过程。选择 1 轴与 C 轴相交处的“KZ-1”,点击“查看计算式”,如图 2.3.4 所示。点击下方的“查看计算规则”,显示计算过程规则,如图 2.3.5 所示。点击“查看三维扣减图”,显示三维的构件相交的扣减规则。

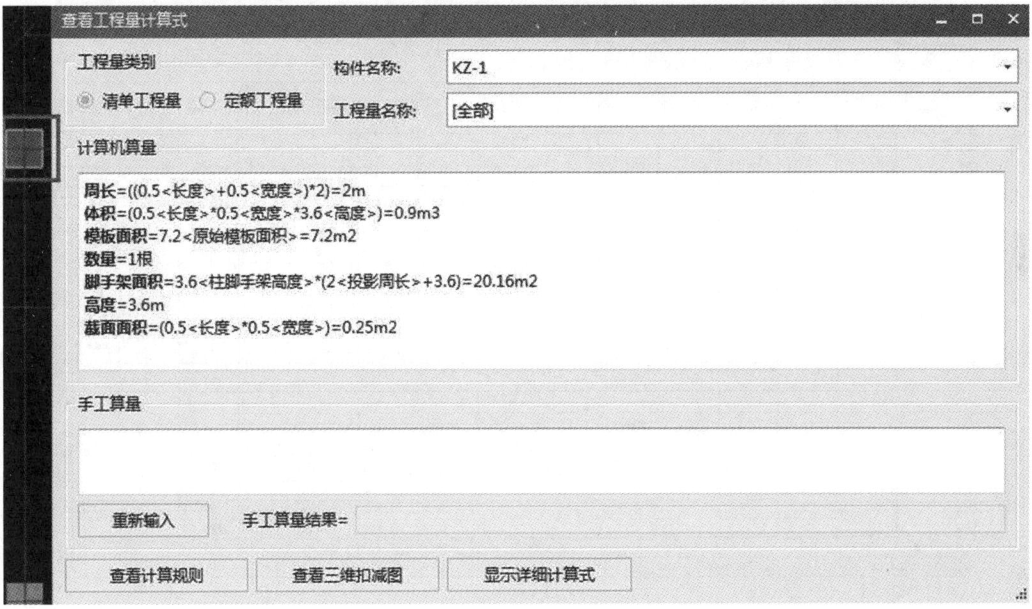

图 2.3.4

图 2.3.5

(2)查看工程量。

"查看工程量"既可用于查看某一构件的工程量,也可用于查看全部构件的工程量。框选所有柱(或批量选择所有柱),点击"查看工程量",在弹出的"查看构件图元工程量"窗口中,选择"构件工程量",显示的相关工程量名称较多,还可以切换"清单工程量"与"定额工程量",如图 2.3.6 所示;选择"做法工程量",只显示在定义界面中的构件做法的清单与定额工程量,如图 2.3.7 所示。

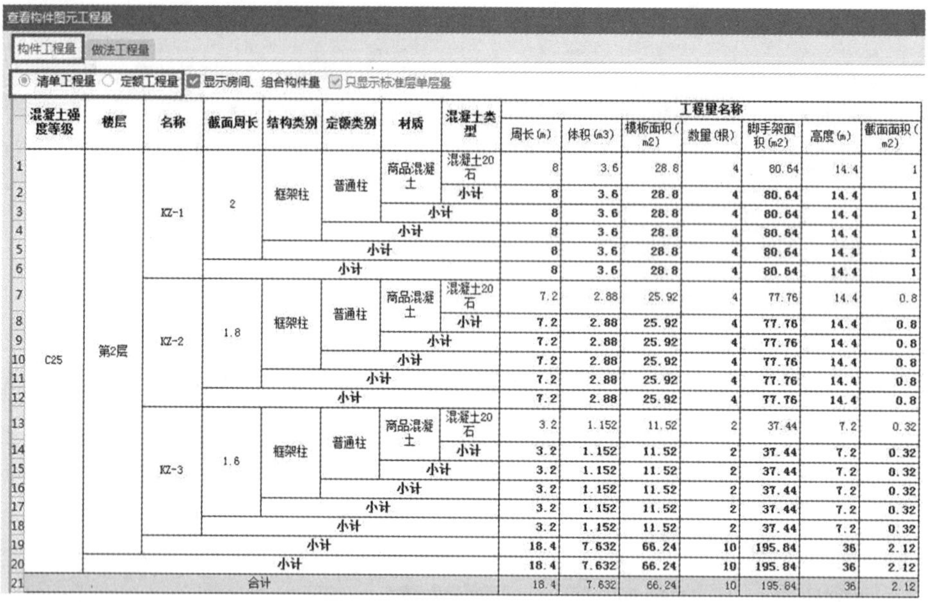

	混凝土强度等级	楼层	名称	截面周长	结构类别	定额类别	材质	混凝土类型	工程量名称 周长(m)	体积(m3)	模板面积(m2)	数量(根)	脚手架面积(m2)	高度(m)	截面面积(m2)
1	C25	第2层	KZ-1	2	框架柱	普通柱	商品混凝土	混凝土20石	8	3.6	28.8	4	80.64	14.4	1
2								小计	8	3.6	28.8	4	80.64	14.4	1
3							小计		8	3.6	28.8	4	80.64	14.4	1
4						小计			8	3.6	28.8	4	80.64	14.4	1
5					小计				8	3.6	28.8	4	80.64	14.4	1
6				小计					8	3.6	28.8	4	80.64	14.4	1
7			KZ-2	1.8	框架柱	普通柱	商品混凝土	混凝土20石	7.2	2.88	25.92	4	77.76	14.4	0.8
8								小计	7.2	2.88	25.92	4	77.76	14.4	0.8
9							小计		7.2	2.88	25.92	4	77.76	14.4	0.8
10						小计			7.2	2.88	25.92	4	77.76	14.4	0.8
11					小计				7.2	2.88	25.92	4	77.76	14.4	0.8
12				小计					7.2	2.88	25.92	4	77.76	14.4	0.8
13			KZ-3	1.6	框架柱	普通柱	商品混凝土	混凝土20石	3.2	1.152	11.52	2	37.44	7.2	0.32
14								小计	3.2	1.152	11.52	2	37.44	7.2	0.32
15							小计		3.2	1.152	11.52	2	37.44	7.2	0.32
16						小计			3.2	1.152	11.52	2	37.44	7.2	0.32
17					小计				3.2	1.152	11.52	2	37.44	7.2	0.32
18				小计					3.2	1.152	11.52	2	37.44	7.2	0.32
19			小计						18.4	7.632	66.24	10	195.84	36	2.12
20		小计							18.4	7.632	66.24	10	195.84	36	2.12
21	合计								18.4	7.632	66.24	10	195.84	36	2.12

图 2.3.6

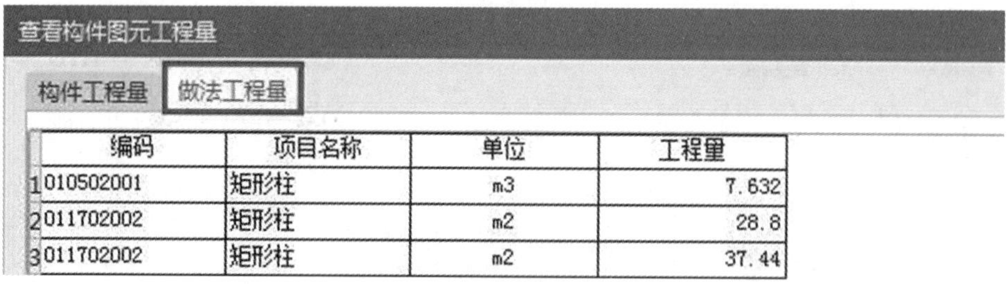

	编码	项目名称	单位	工程量
1	010502001	矩形柱	m3	7.632
2	011702002	矩形柱	m2	28.8
3	011702002	矩形柱	m2	37.44

图 2.3.7

2.3.2 钢筋计算结果

(1)查看钢筋量。

"查看钢筋量"既可用于查看某一构件的钢筋工程量,也可用于查看全部构件的钢筋工程量。框选所有柱(或批量选择所有柱),点击"查看钢筋量",如图 2.3.8 所示。如需保存,点击"导出到 Excel"。

(2)编辑钢筋。

点击"编辑钢筋",选择 1 轴与 C 轴相交处的"KZ-1",即可查看"KZ-1"钢筋计算明细,如图 2.3.9 所示,如计算结果有偏差,可以直接在"编辑钢筋"表格中修改。

(3)钢筋三维。

选择 1 轴与 C 轴相交处的“KZ-1”,点击“钢筋三维”,即可查看“KZ-1”钢筋三维布置图,如图 2.3.10 所示。通过拖曳,可以全方位查看当前构件的三维显示效果。在三维显示状态下,点击某根钢筋,即可显示钢筋的长度公式。通过选择“钢筋显示控制面板”中的钢筋类型,可以控制当前构件的三维显示钢筋种类。

查看钢筋量

导出到Excel

钢筋总重量(Kg):2114.234

	楼层名称	构件名称	钢筋总重量(kg)	HPB300			HRB335		
				8	10	合计	22	25	合计
1	第2层	KZ-1[48]	250.637		94.325	94.325		156.312	156.312
2		KZ-1[49]	250.637		94.325	94.325		156.312	156.312
3		KZ-1[50]	250.637		94.325	94.325		156.312	156.312
4		KZ-1[51]	250.637		94.325	94.325		156.312	156.312
5		KZ-2[44]	212.798		76.025	76.025		136.773	136.773
6		KZ-2[45]	212.798		76.025	76.025		136.773	136.773
7		KZ-2[46]	212.798		76.025	76.025		136.773	136.773
8		KZ-2[47]	212.798		76.025	76.025		136.773	136.773
9		KZ-3[42]	130.247	37.625		37.625	92.622		92.622
10		KZ-3[43]	130.247	37.625		37.625	92.622		92.622
11		合计:	2114.234	75.25	681.4	756.65	185.244	1172.34	1357.584

图 2.3.8

编辑钢筋

插入　删除　缩尺配筋　钢筋信息　钢筋图库　其他　单构件钢筋总重(kg):250.637

	筋号	直径(mm)	级别	图号	图形	计算公式	公式描述	弯曲调整	长度	根数	搭接	损耗(%)	单重(kg)	总重(kg)	钢筋归类	搭接形式
1	角筋.1	25	Φ	1	2975	3600-600-25	层高-本层的露出长度-保护层	(0)	2975	4	1	0	11.454	45.816	直筋	套管挤压
2	B边纵筋.1	25	Φ	1	2100	3600-1475-25	层高-本层的露出长度-保护层	(0)	2100	4	1	0	8.085	32.34	直筋	套管挤压
3	B边纵筋.2	25	Φ	1	2975	3600-600-25	层高-本层的露出长度-保护层	(0)	2975	2	1	0	11.454	22.908	直筋	套管挤压
4	H边纵筋.1	25	Φ	1	2100	3600-1475-25	层高-本层的露出长度-保护层	(0)	2100	4	1	0	8.085	32.34	直筋	套管挤压
5	H边纵筋.2	25	Φ	1	2975	3600-600-25	层高-本层的露出长度-保护层	(0)	2975	2	1	0	11.454	22.908	直筋	套管挤压
6	箍筋.1	10	Φ	195	450　450	2*(450+450)+2*(11.9*d)		53	1985	25	0	0	1.225	30.625	箍筋	绑扎
7	箍筋.2	10	Φ	195	146　450	2*(450+146)+2*(11.9*d)		53	1377	50	0	0	0.85	42.5	箍筋	绑扎

图 2.3.9

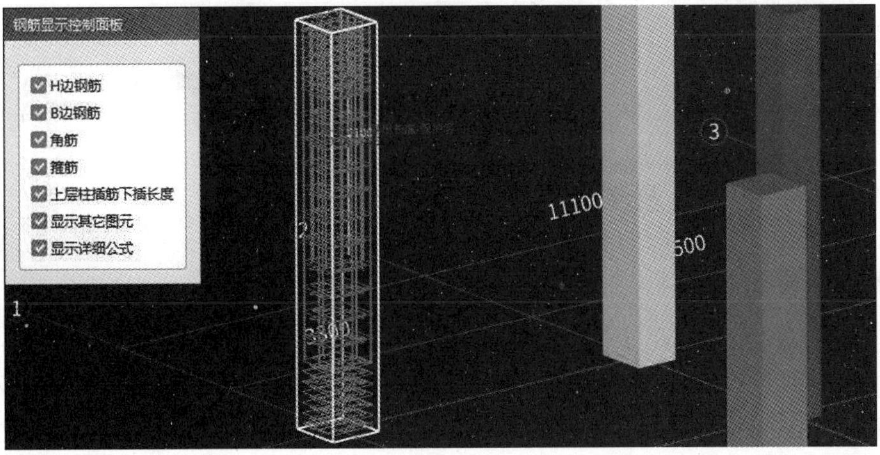

图 2.3.10

2.3.3　查看计算报表

点击“工程量”选项卡“报表”面板中的“查看报表”，如图 2.3.11 所示。报表类型众多，其中柱工程量主要查看“钢筋报表量”中的“钢筋定额表”及“接头定额表”(如图2.3.12所示)，以及“土建报表量”中的“清单汇总表”(如图 2.3.13 所示)。

图 2.3.11

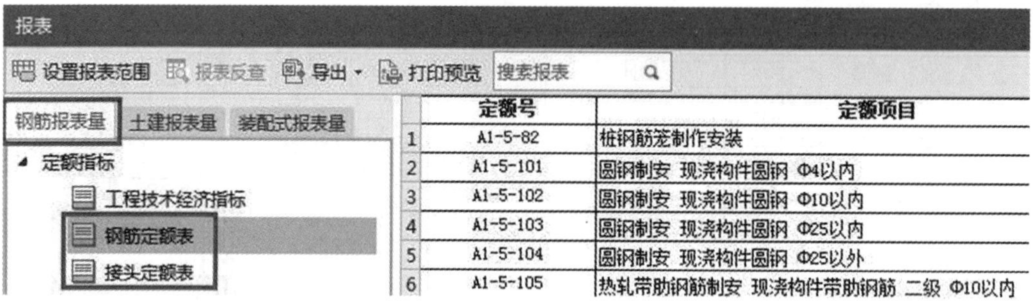

图 2.3.12

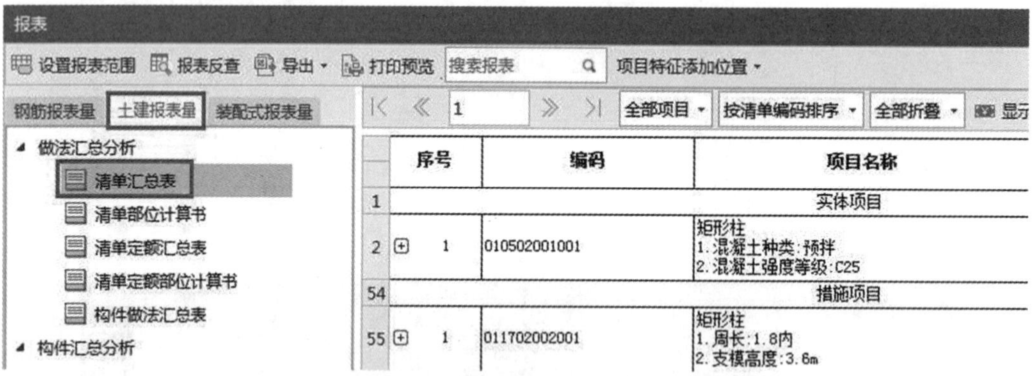

图 2.3.13

2.4　构造柱的定义及绘制

2.4.1　定义构造柱

将楼层修改为“屋面层”，如图 2.4.1 所示。双击“导航树”中的“构造柱”进入构造柱定义界面，左键单击“构件列表”中的“新建”，再单击“新建矩形构造柱”，新建“GZ-1”，在“构件列表”下方的“属性列表”或右侧的“截面编辑”中修改“GZ-1”的信息，如图2.4.2所示。

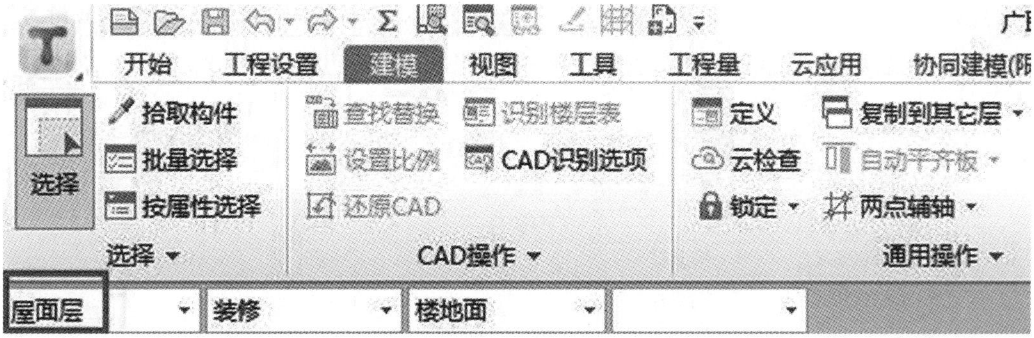

图 2.4.1

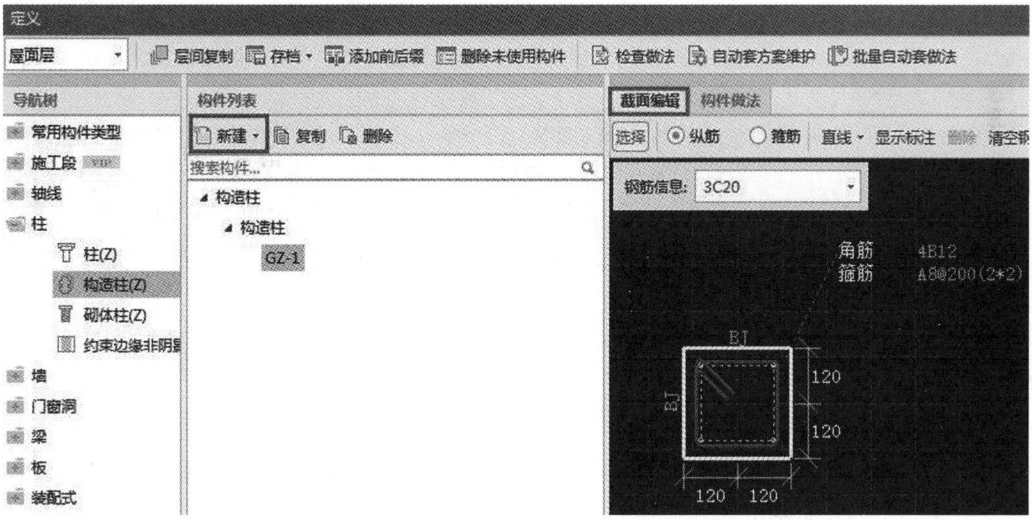

图 2.4.2

根据图纸，填写“GZ-1”的信息，如图 2.4.3 所示。

属性列表

	属性名称	属性值	附加
1	名称	GZ-1	
2	类别	构造柱	☐
3	截面宽度(B边)(...	240	☐
4	截面高度(H边)(...	240	☐
5	马牙槎设置	带马牙槎	☐
6	马牙槎宽度(mm)	60	☐
7	全部纵筋	4⌀12	☐
8	角筋		☐
9	B边一侧中部筋		☐
10	H边一侧中部筋		☐
11	箍筋	⌀8@200(2*2)	☐
12	箍筋肢数	2*2	
13	材质	商品混凝土	☐

属性列表

	属性名称	属性值	附加
14	混凝土类型	(混凝土20石)	☐
15	混凝土强度等级	(C25)	☐
16	混凝土外加剂	(无)	
17	泵送类型	(混凝土泵)	
18	泵送高度(m)		
19	截面周长(m)	0.96	☐
20	截面面积(m²)	0.058	☐
21	顶标高(m)	7.74	☐
22	底标高(m)	层底标高	☐
23	备注		☐
24	⊞ 钢筋业务属性		
38	⊞ 土建业务属性		
44	⊞ 显示样式		

图 2.4.3

点击“截面编辑”右侧的“构件做法”，在“查询匹配清单”中点击“按构件类型过滤”，选择构造柱的实体项目清单和措施项目清单，如图 2.4.4 所示。

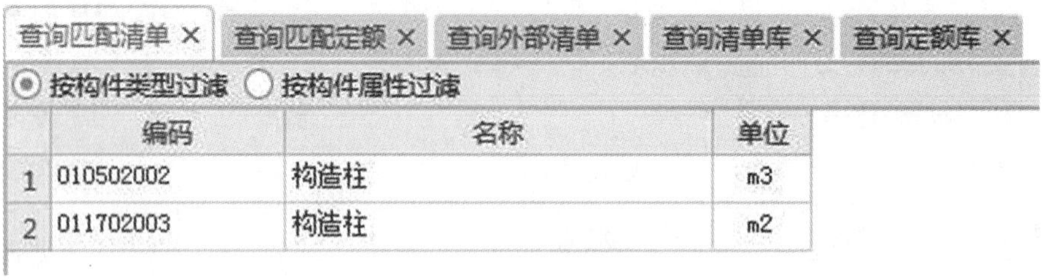

	编码	名称	单位
1	010502002	构造柱	m3
2	011702003	构造柱	m2

图 2.4.4

检查所选清单的工程量表达式是否正确，填写项目特征，如图 2.4.5 所示。

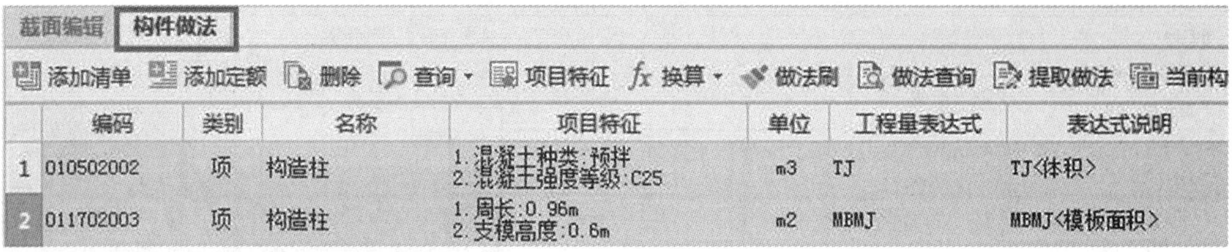

	编码	类别	名称	项目特征	单位	工程量表达式	表达式说明
1	010502002	项	构造柱	1. 混凝土种类：预拌 2. 混凝土强度等级：C25	m3	TJ	TJ<体积>
2	011702003	项	构造柱	1. 周长：0.96m 2. 支模高度：0.6m	m2	MBMJ	MBMJ<模板面积>

图 2.4.5

2.4.2 绘制构造柱

在绘图界面中，找到“屋顶平面图”，点击“图纸管理”中的“定位”命令，如图 2.4.6 所示。捕捉 1 轴和 C 轴相交点，拖曳图纸至绘制完成的轴网 1 轴和 C 轴相交点上，左键单击，完成图纸定位，如图 2.4.7 所示。

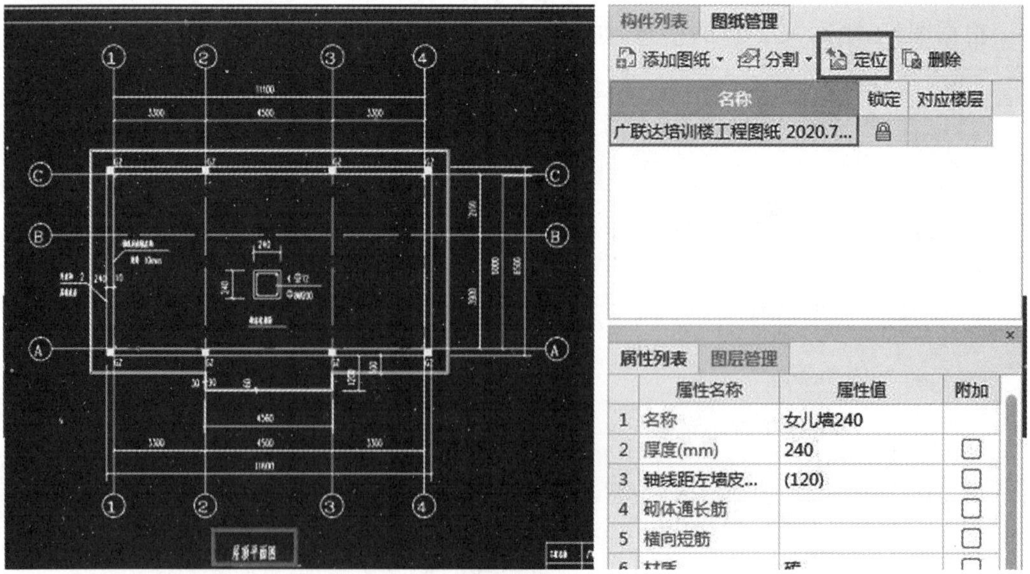

图 2.4.6

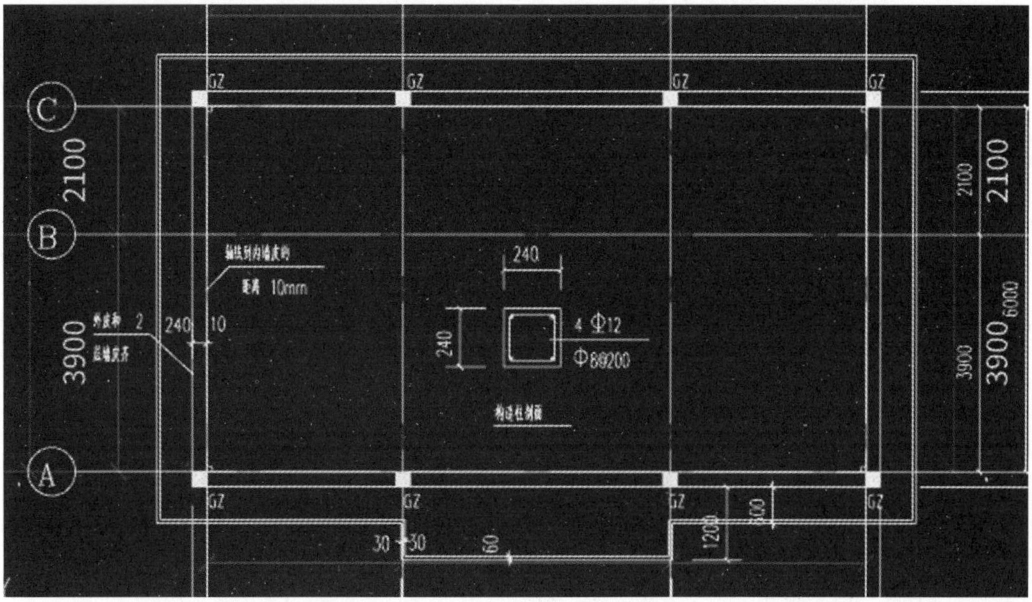

图 2.4.7

根据定位图纸，在“绘图”面板中，选择“点”命令，如图 2.4.8 所示，在对应位置左键单击绘制构造柱。将“图层管理”中的“已提取的 CAD 图层”及“CAD 原始图层”关闭，即能显示绘制完成的构造柱，如图 2.4.9 所示。

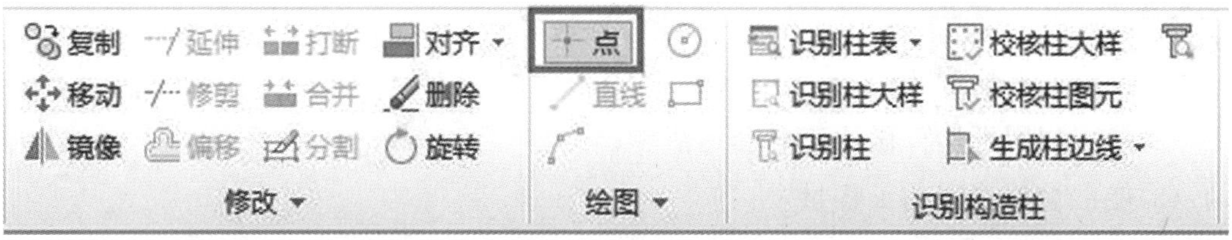

图 2.4.8

图 2.4.9

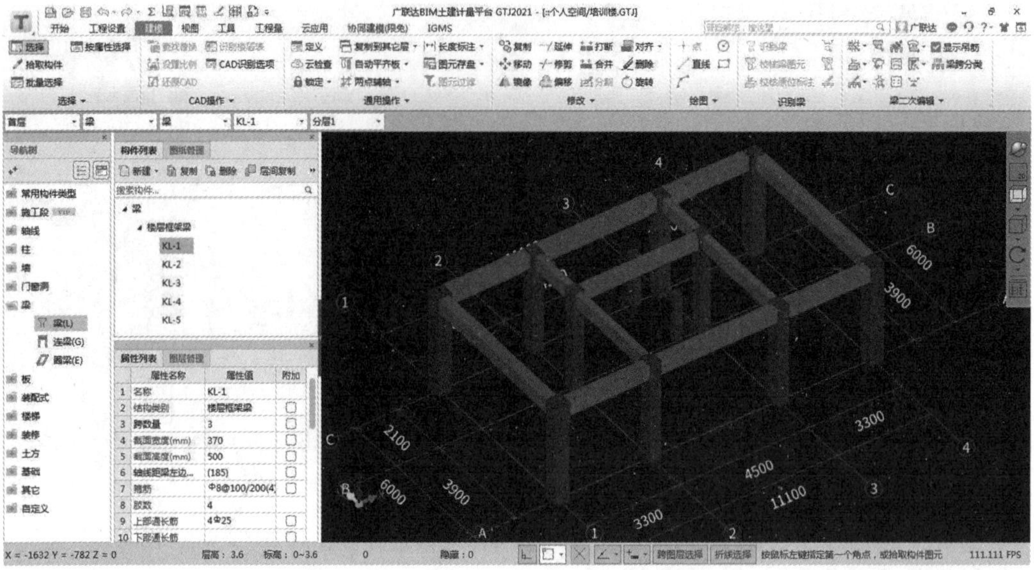

任务3　梁的定义、绘制及工程量计算

能力目标

(1)能定义并绘制梁;

(2)能根据图纸构件做法正确套用清单;

(3)能汇总计算梁的工程量。

知识目标

(1)掌握各种梁的定义及绘制方法;

(2)掌握实体项目、措施项目的清单列项以及填写主要项目特征的操作;

(3)掌握楼层校核及汇总计算工程量的操作。

3.1　首层梁的定义及绘制

3.1.1　定义首层梁

双击“导航树”中的“梁”进入梁定义界面,左键单击“构件列表”中的“新建”,再单击“新建矩形梁”,新建“KL-1”,如图 3.1.1 所示。

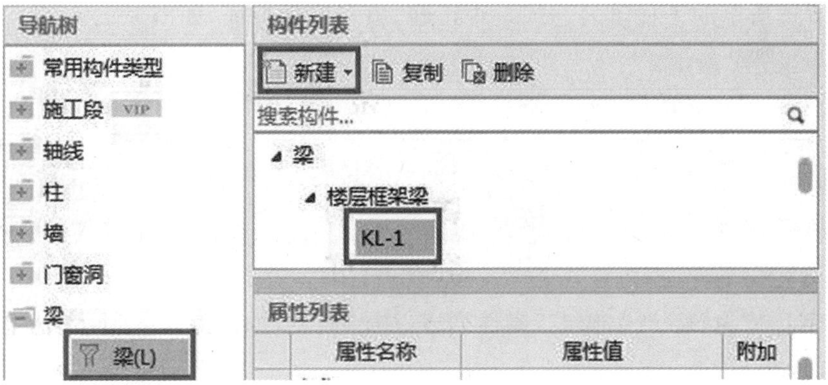

图 3.1.1

根据图纸，在“构件列表”下方的“属性列表”中修改“KL-1”的信息，如图 3.1.2 所示。

	属性名称	属性值	附加
1	名称	KL-1	
2	结构类别	楼层框架梁	☐
3	跨数量	3	☐
4	截面宽度(mm)	370	☐
5	截面高度(mm)	500	☐
6	轴线距梁左边...	(185)	☐
7	箍筋	Φ8@100/200(4)	☐
8	肢数	4	
9	上部通长筋	4Φ25	☐
10	下部通长筋		☐
11	侧面构造或受...		☐
12	拉筋		☐
13	定额类别	有梁板	☐
14	材质	商品混凝土	☐
15	混凝土类型	(混凝土20石)	☐
16	混凝土强度等级	(C25)	☐
17	混凝土外加剂	(无)	
18	泵送类型	(混凝土泵)	
19	泵送高度(m)		
20	截面周长(m)	1.74	☐
21	截面面积(m²)	0.185	☐
22	起点顶标高(m)	层顶标高	☐
23	终点顶标高(m)	层顶标高	☐
24	备注		☐
25	⊕ 钢筋业务属性		
35	⊕ 土建业务属性		
43	⊕ 显示样式		

图 3.1.2

点击“构件做法”，在“查询匹配清单”中点击“按构件类型过滤”，选择梁的实体项目清单和措施项目清单，如图 3.1.3 所示。

查询匹配清单 ×　查询匹配定额 ×　查询外部清单 ×　查询清单库 ×　查询定额库 ×

◉ 按构件类型过滤　○ 按构件属性过滤

	编码	名称	单位
1	010503002	矩形梁	m3
2	010503003	异形梁	m3
3	010503006	弧形、拱形梁	m3
4	010510001	矩形梁	m3
5	010510002	异形梁	m3
6	010510004	拱形梁	m3
7	010510005	鱼腹式吊车梁	m3
8	010510006	其他梁	m3
9	011702006	矩形梁	m2
10	011702007	异形梁	m2
11	011702010	弧形、拱形梁	m2

图 3.1.3

检查所选清单的工程量表达式是否正确，填写项目特征，如图 3.1.4 所示。

箍筋组合示意图　构件做法

添加清单　添加定额　删除　查询 ·　项目特征　fx 换算 ·　做法刷　做法查询　提取做法

	编码	类别	名称	项目特征	单位	工程量表达式	表达式说明
1	010505001	项	有梁板	1.混凝土种类:预拌 2.混凝土强度等级:C25	m3	TJ	TJ<体积>
2	011702006	项	矩形梁	1.支撑高度:3.6m 2.梁宽:25cm以外	m2	MBMJ	MBMJ<模板面积>

图 3.1.4

复制“KL-1”为“KL-2”，修改“属性列表”中的信息，如图 3.1.5 所示；清单项目内容不变，不修改。

属性列表

	属性名称	属性值	附加
1	名称	KL-2	
2	结构类别	楼层框架梁	☐
3	跨数量	1	☐
4	截面宽度(mm)	370	☐
5	截面高度(mm)	500	☐
6	轴线距梁左边...	(185)	☐
7	箍筋	Φ8@100/200(4)	☐
8	胶数	4	
9	上部通长筋	4Φ25	☐
10	下部通长筋	4Φ25	☐
11	侧面构造或受...		☐
12	拉筋		☐
13	定额类别	有梁板	☐
14	材质	商品混凝土	☐
15	混凝土类型	(混凝土20石)	☐
16	混凝土强度等级	(C25)	☐
17	混凝土外加剂	(无)	
18	泵送类型	(混凝土泵)	
19	泵送高度(m)		
20	截面周长(m)	1.74	☐
21	截面面积(m²)	0.185	☐
22	起点顶标高(m)	层顶标高	☐
23	终点顶标高(m)	层顶标高	☐
24	备注		☐
25	⊞ 钢筋业务属性		
35	⊞ 土建业务属性		
43	⊞ 显示样式		

图 3.1.5

复制“KL-2”为“KL-3”，修改“属性列表”中的信息，如图 3.1.6 所示；清单项目内容不变，不修改。

属性列表

	属性名称	属性值	附加
1	名称	KL-3	
2	结构类别	楼层框架梁	☐
3	跨数量	3	☐
4	截面宽度(mm)	370	☐
5	截面高度(mm)	500	☐
6	轴线距梁左边...	(185)	☐
7	箍筋	Φ8@100/200(4)	☐
8	胶数	4	
9	上部通长筋	2Φ25+(2Φ12)	☐
10	下部通长筋		☐
11	侧面构造或受...		☐
12	拉筋		☐
13	定额类别	有梁板	☐
14	材质	商品混凝土	☐
15	混凝土类型	(混凝土20石)	☐
16	混凝土强度等级	(C25)	☐
17	混凝土外加剂	(无)	
18	泵送类型	(混凝土泵)	
19	泵送高度(m)		
20	截面周长(m)	1.74	☐
21	截面面积(m²)	0.185	☐
22	起点顶标高(m)	层顶标高	☐
23	终点顶标高(m)	层顶标高	☐
24	备注		☐
25	⊞ 钢筋业务属性		
35	⊞ 土建业务属性		
43	⊞ 显示样式		

图 3.1.6

复制“KL-3”为“KL-4”，修改“属性列表”中的信息，如图 3.1.7 所示；修改清单项目特征，如图 3.1.8 所示。

属性列表

	属性名称	属性值	附加
1	名称	KL-4	
2	结构类别	楼层框架梁	☐
3	跨数量	2	☐
4	截面宽度(mm)	240	☐
5	截面高度(mm)	500	☐
6	轴线距梁左边...	(120)	☐
7	箍筋	Φ8@100/200(2)	☐
8	肢数	2	
9	上部通长筋	2Φ22	☐
10	下部通长筋		☐
11	侧面构造或受...		☐
12	拉筋		☐
13	定额类别	有梁板	☐
14	材质	商品混凝土	☐

属性列表

	属性名称	属性值	附加
15	混凝土类型	(混凝土20石)	☐
16	混凝土强度等级	(C25)	☐
17	混凝土外加剂	(无)	
18	泵送类型	(混凝土泵)	
19	泵送高度(m)		
20	截面周长(m)	1.48	☐
21	截面面积(m²)	0.12	☐
22	起点顶标高(m)	层顶标高	☐
23	终点顶标高(m)	层顶标高	☐
24	备注		☐
25	⊕ 钢筋业务属性		
35	⊕ 土建业务属性		
43	⊕ 显示样式		

图 3.1.7

箍筋组合示意图　构件做法

添加清单　添加定额　删除　查询　项目特征　换算　做法刷　做法查询　提取做

	编码	类别	名称	项目特征	单位	工程量表达式	表达式说明
1	010505001	项	有梁板	1. 混凝土种类:预拌 2. 混凝土强度等级:C25	m3	TJ	TJ<体积>
2	011702006	项	矩形梁	1. 支撑高度:3.6m 2. 梁宽:25cm以内	m2	MBMJ	MBMJ<模板面积>

图 3.1.8

复制“KL-4”为“KL-5”，修改“属性列表”中的信息，如图 3.1.9 所示；清单项目内容不变，不修改。

属性列表

	属性名称	属性值	附加
1	名称	KL-5	
2	结构类别	楼层框架梁	☐
3	跨数量	1	☐
4	截面宽度(mm)	240	☐
5	截面高度(mm)	500	☐
6	轴线距梁左边...	(120)	☐
7	箍筋	Φ8@100/200(4)	☐
8	肢数	4	
9	上部通长筋	4Φ22	☐
10	下部通长筋	4Φ22	☐
11	侧面构造或受...		☐
12	拉筋		☐
13	定额类别	有梁板	☐
14	材质	商品混凝土	☐

属性列表

	属性名称	属性值	附加
15	混凝土类型	(混凝土20石)	☐
16	混凝土强度等级	(C25)	☐
17	混凝土外加剂	(无)	
18	泵送类型	(混凝土泵)	
19	泵送高度(m)		
20	截面周长(m)	1.48	☐
21	截面面积(m²)	0.12	☐
22	起点顶标高(m)	层顶标高	☐
23	终点顶标高(m)	层顶标高	☐
24	备注		☐
25	⊕ 钢筋业务属性		
35	⊕ 土建业务属性		
43	⊕ 显示样式		

图 3.1.9

3.1.2 绘制首层梁

关闭定义界面，进入绘制梁界面，在“图纸管理”中，双击培训楼工程图纸，在绘图界面中，找到“首层 梁配筋图”，点击“图纸管理”中的“定位”命令，捕捉1轴和C轴相交点，拖曳图纸至绘制完成的轴网1轴和C轴相交点上，左键单击，完成图纸定位，如图3.1.10所示。

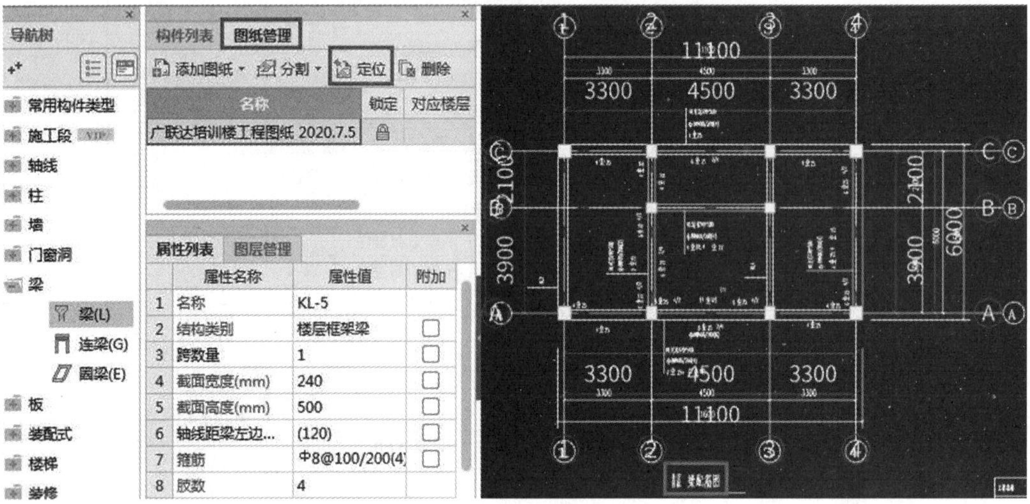

图 3.1.10

在“绘图”面板中，选择“直线”命令，如图3.1.11所示，在对应位置左键单击绘制框架梁。在“构件列表”中，选择“KL-1”，根据定位图纸，梁外边线与柱边线对齐，捕捉1轴与C轴相交处的KZ1左上角点为起点，按快捷键“F4”，改变梁插入点，当梁位置与图纸一致时，捕捉4轴与C轴相交处的KZ1右上角点，如图3.1.12所示。

用同样的绘制方法完成“KL-2”“KL-3”的绘制。

图 3.1.11

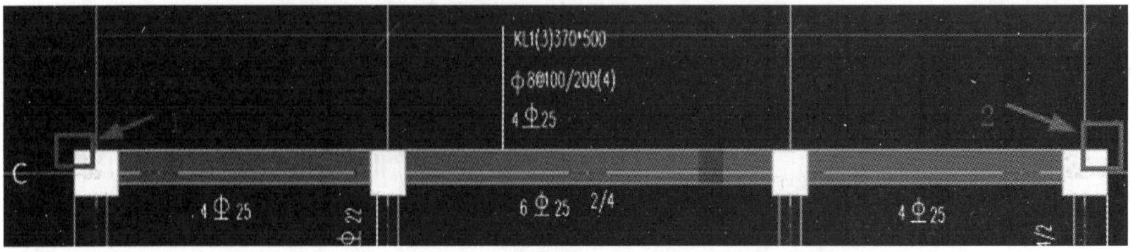

图 3.1.12

在“构件列表”中，选择“KL-4”，根据定位图纸，梁中心线与轴线对齐，捕捉 2 轴与 C 轴相交处的 KZ2 中心点为起点，再捕捉 2 轴与 A 轴相交处的 KZ2 中心点，如图 3.1.13 所示。

用同样的绘制方法完成“KL-5”的绘制，如图 3.1.14 所示。

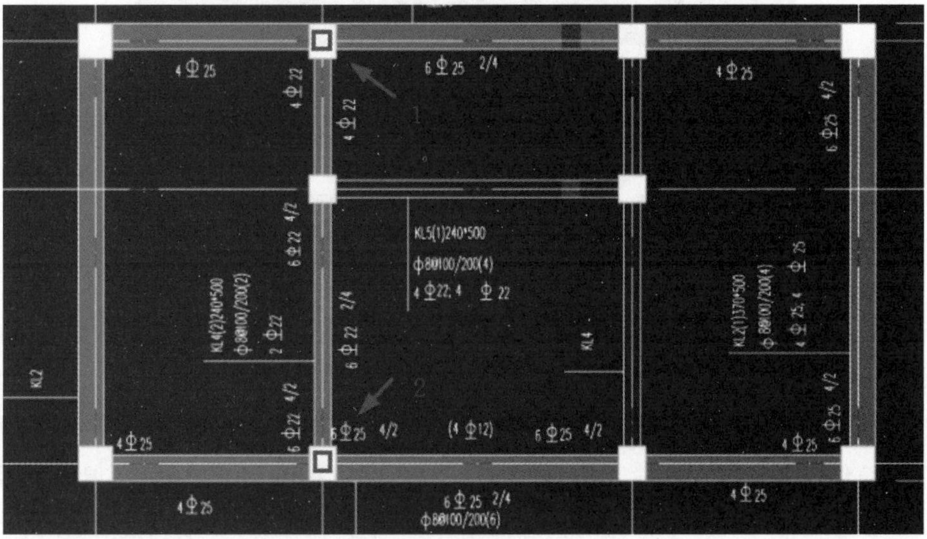

图 3.1.13

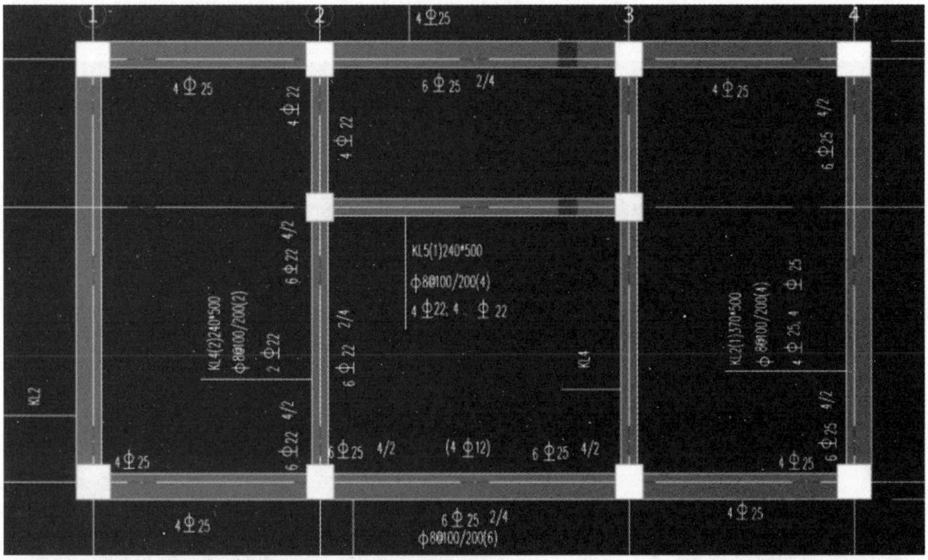

图 3.1.14

【拓展】绘制梁除了可以用“直线”方法，还可以用“矩形”“圆弧”“智能布置”等多种方法，请尝试用其他方法绘制梁。

3.1.3　首层梁原位标注

将 KL1 位置放大，如图 3.1.15 所示。从图中可以看出，KL1 原位标注中每一跨中都只有下部钢筋。点击“梁二次编辑”面板中的“原位标注”,如图 3.1.16 所示。

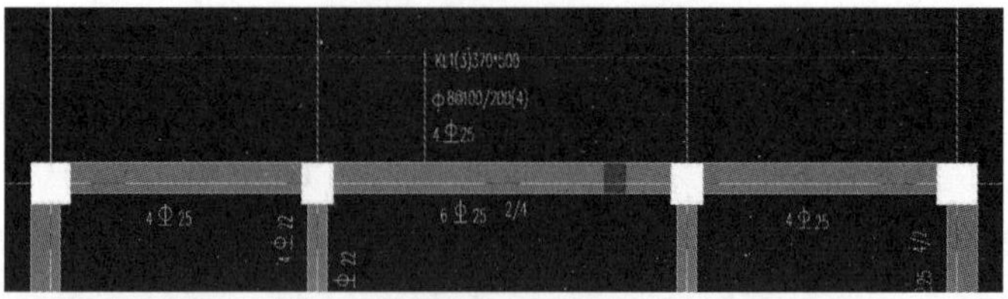

图 3.1.15

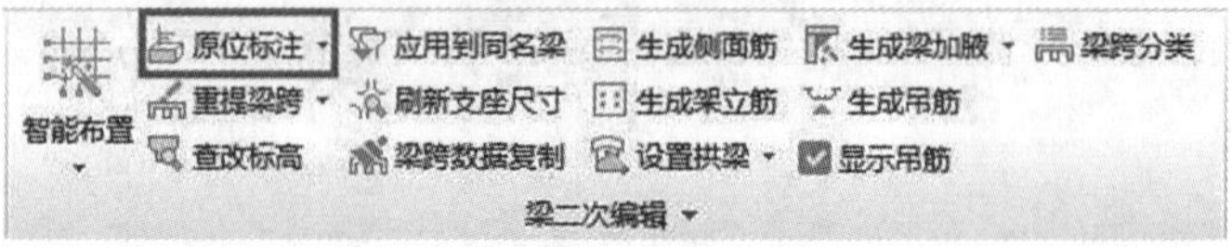

图 3.1.16

将弹出的“梁平法表格”关闭,点击 KL1,每一跨都有四个框可以输入信息,分别对应梁原位标注中的左支座负筋、中部钢筋、右支座负筋及下部钢筋,如图 3.1.17 所示。根据图纸,在对应位置输入钢筋信息,输入钢筋信息后,按键盘上的“Enter”,会自动进入下一个钢筋信息框。如只需输入单个钢筋信息框,将鼠标移至信息框内,鼠标变成小手形时按鼠标左键即可。在下部钢筋信息框中,点击下拉按钮,可以输入箍筋、截面尺寸等其他信息,如图 3.1.18 所示。KL1 原位标注输入完毕后,按鼠标右键,梁会变成绿色,此时可检查哪些梁输入了原位标注。

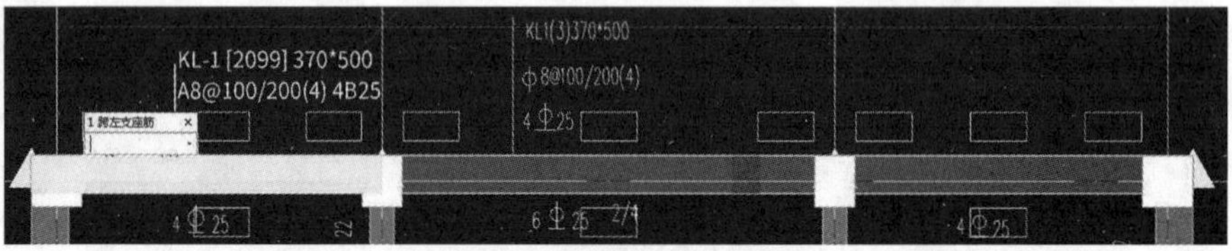

图 3.1.17

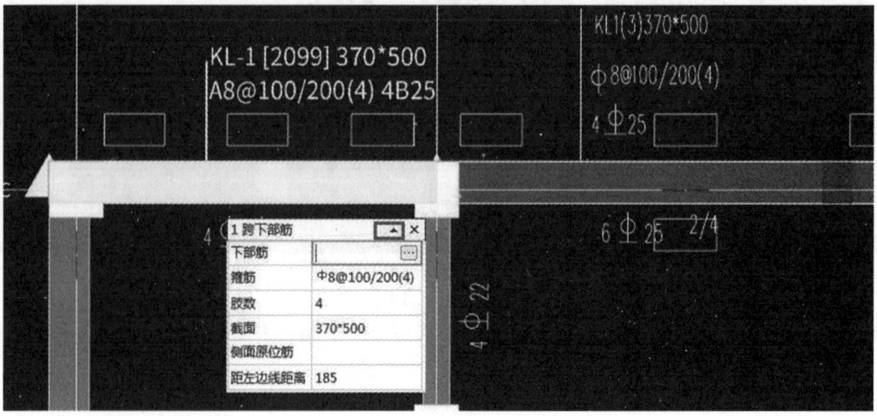

图 3.1.18

【注意】梁输入原位标注后,即提取了梁跨,表现为梁颜色变成绿色,在汇总计算时,才能计算梁中的钢筋质量，否则，汇总计算时会提醒“梁跨未提取”。

在图中，KL2 有两根，分别在 1 轴与 A～C 轴相交、在 4 轴与 A～C 轴相交，其中，在 1 轴与 A～C 轴相交的 KL2 只标注了名称与编号，将在 4 轴与 A～C 轴相交的 KL2 原位标注输入完成后，鼠标左键选择 4 轴与 A～C 轴相交的 KL2，按鼠标右键，在弹出的常用功能框中选择“应用到同名梁”，如图 3.1.19 所示。在绘图界面上方选择“所有同名称梁”，如图 3.1.20 所示。按鼠标右键，屏幕显示“1 道同名梁应用成功”，则两个位置上的 KL2 信息应用为一致，如图 3.1.21 所示。

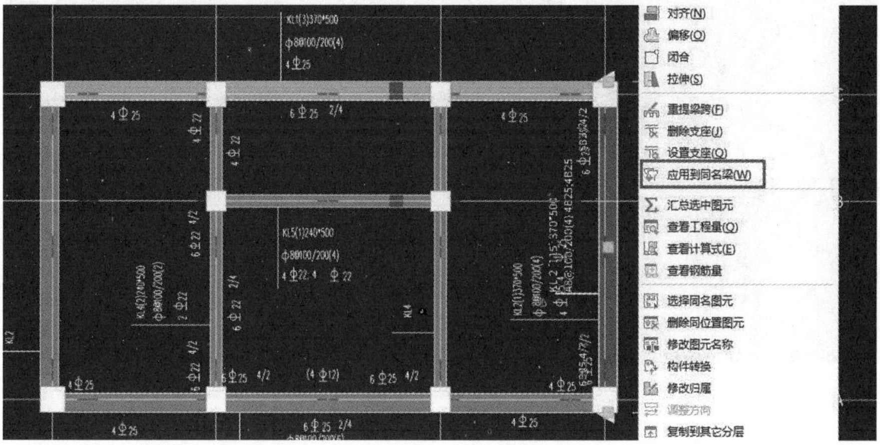

图 3.1.19

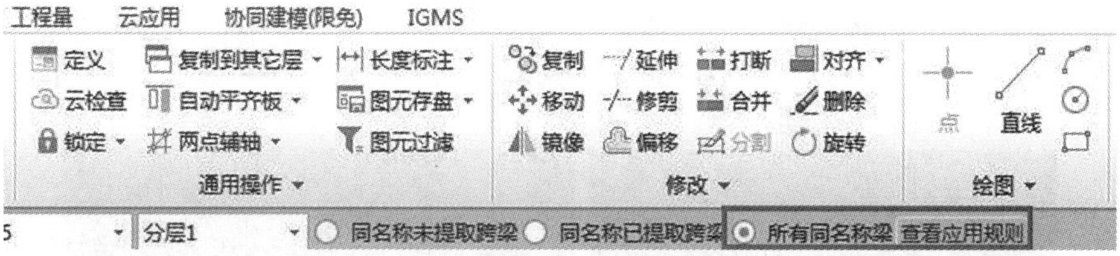

图 3.1.20

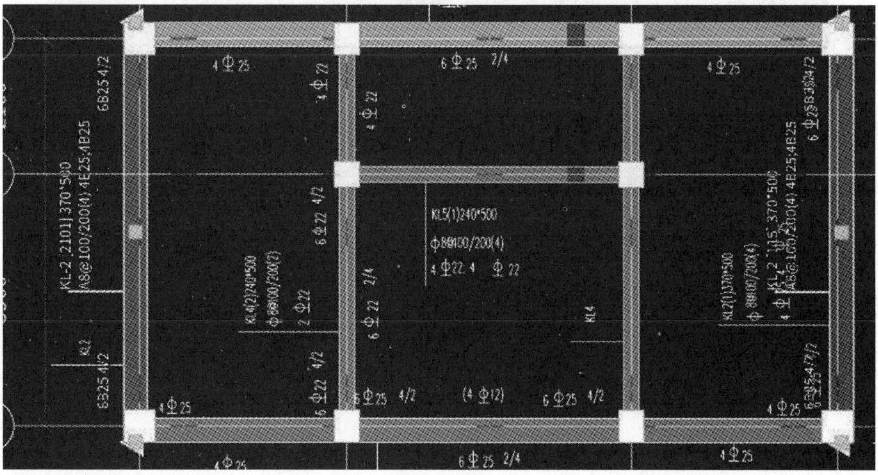

图 3.1.21

根据定位图纸，完成 KL3、KL4、KL5 原位标注。其中，需要将在 2 轴与 A～C 轴相交的 KL4 应用同名梁到在 3 轴与 A～C 轴相交的 KL4；KL5 没有原位标注，点击“原位标注”，选择 KL5，无须输入信息，按鼠标右键即可完成 KL5 原位标注，如图 3.1.22 所示。

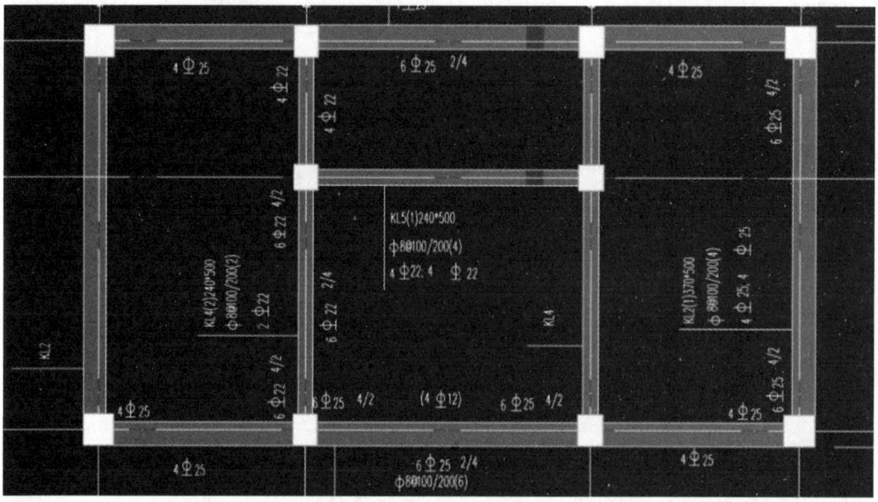

图 3.1.22

3.2 其他层梁的定义及绘制

通过对比图纸中的首层梁与二层梁，发现二层 KL1、KL2、KL3 与首层 KL1、KL2、KL3 梁高不一致，多了梁侧面纵筋，如图 3.2.1 所示，其余一致。

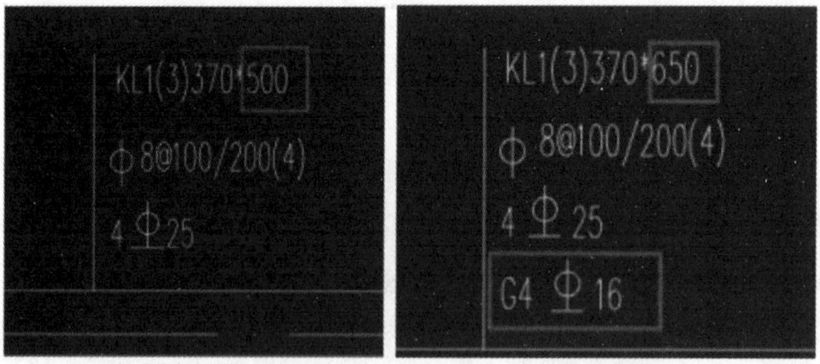

首层梁配筋图　　二层梁配筋图

图 3.2.1

点击“选择”面板中的“批量选择”(快捷键为“F3”)，如图 3.2.2 所示。在弹出的提示框中选择首层所有梁，如图 3.2.3 所示。在“通用操作”面板中，选择“复制到其它层”，如图 3.2.4 所示。在弹出的提示框中选择“第 2 层”，点击“确定”，弹出“复制图元冲突处理方式”，选择“覆盖目标层同名构件所有属性”与“覆盖目标层同位置同类型图元”，如图 3.2.5 所示。

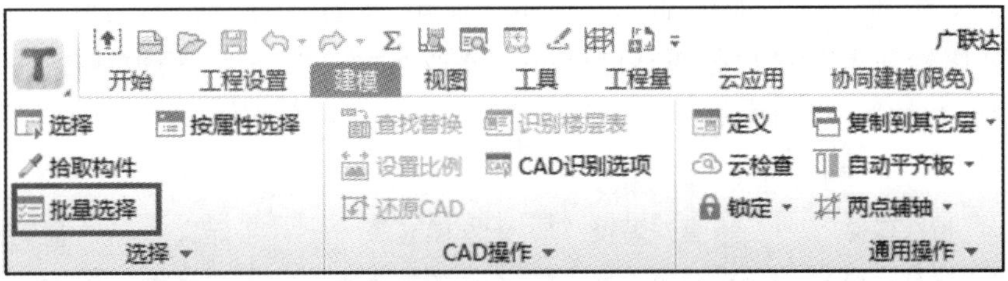

图 3.2.2

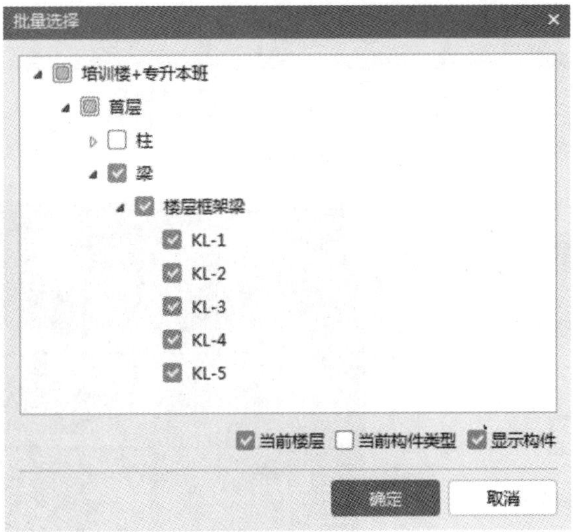

图 3.2.3

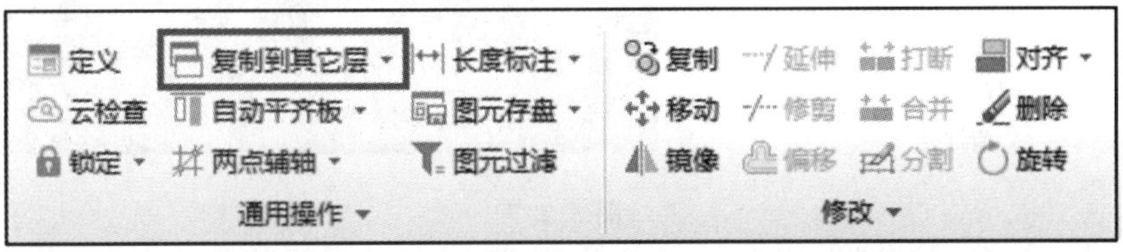

图 3.2.4

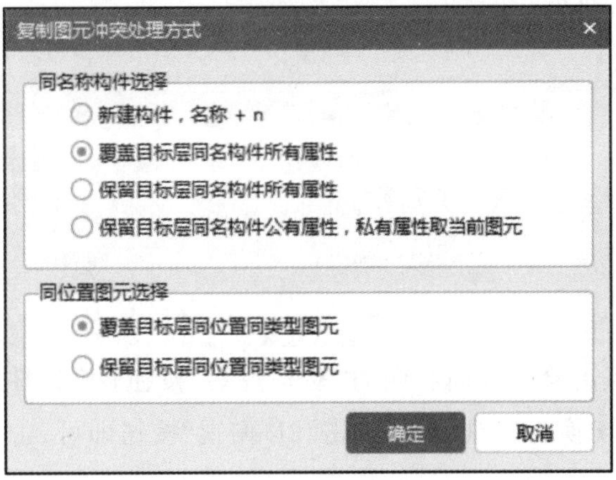

图 3.2.5

将楼层改为“第 2 层”,如图 3.2.6 所示。使用“批量选择”命令选择“KL-1”“KL-2”“KL-3”,将“属性列表”中的“截面高度(mm)”修改为“650”、“侧面构造或受扭钢筋”修改为“G4 Φ 16”,如图 3.2.7 所示。

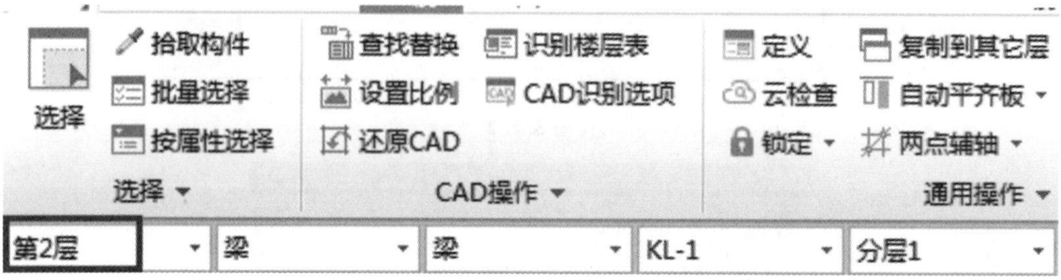

图 3.2.6

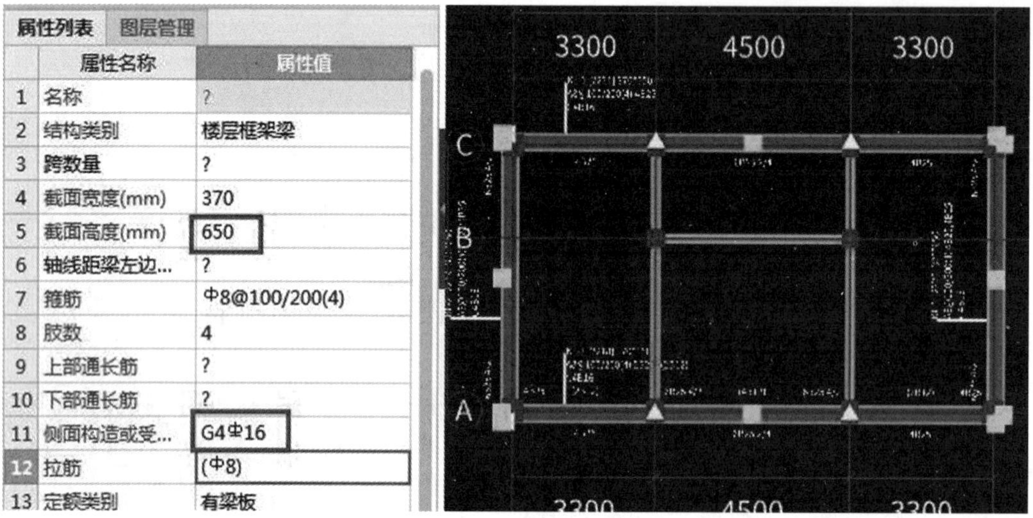

	属性名称	属性值
1	名称	?
2	结构类别	楼层框架梁
3	跨数量	?
4	截面宽度(mm)	370
5	截面高度(mm)	650
6	轴线距梁左边...	?
7	箍筋	Φ8@100/200(4)
8	肢数	4
9	上部通长筋	?
10	下部通长筋	?
11	侧面构造或受...	G4Φ16
12	拉筋	(Φ8)
13	定额类别	有梁板

图 3.2.7

双击“导航树”中的“梁”,进入梁定义界面,将所有梁项目特征中的“支撑高度”修改为 3.6 m,如图 3.2.8 所示。

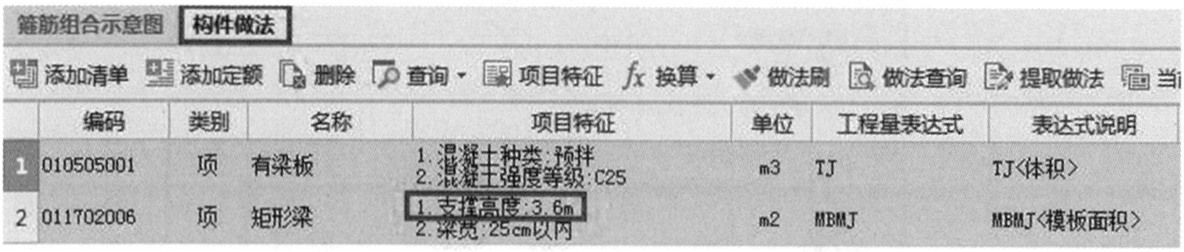

	编码	类别	名称	项目特征	单位	工程量表达式	表达式说明
1	010505001	项	有梁板	1. 混凝土种类:预拌 2. 混凝土强度等级:C25	m3	TJ	TJ<体积>
2	011702006	项	矩形梁	1. 支撑高度:3.6m 2. 梁宽:25cm以内	m2	MBMJ	MBMJ<模板面积>

图 3.2.8

关闭定义界面,点击绘图界面右侧的“动态观察”按钮,拖曳图元,显示三维效果,如图 3.2.9 所示。如需切换为二维效果,点击“2D 俯视”按钮即可。

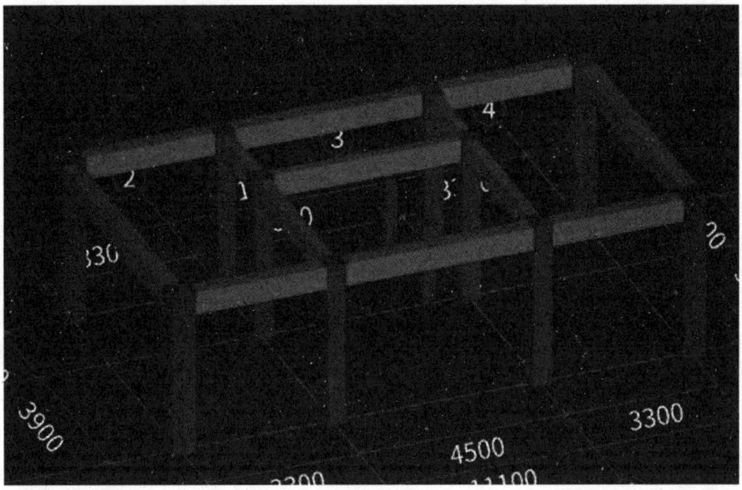

图 3.2.9

3.3　梁工程量计算

点击快速访问栏中的“汇总计算”按钮，或“工程量”选项卡“汇总”面板中的“汇总计算”，如图 3.3.1 所示。在弹出的“汇总计算”框中选择“全楼”，点击“确定”，如图 3.3.2 所示。

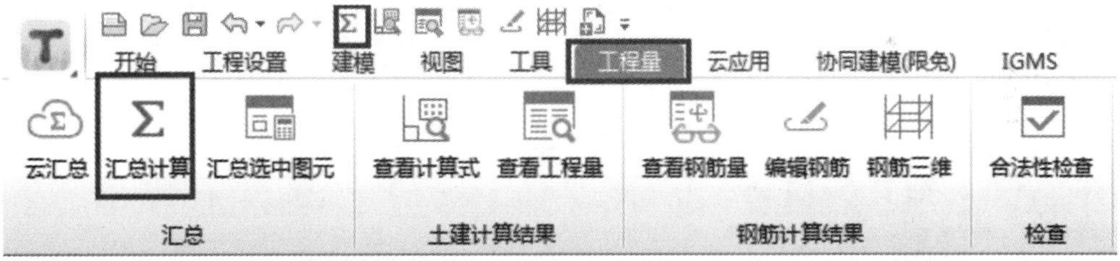

图 3.3.1

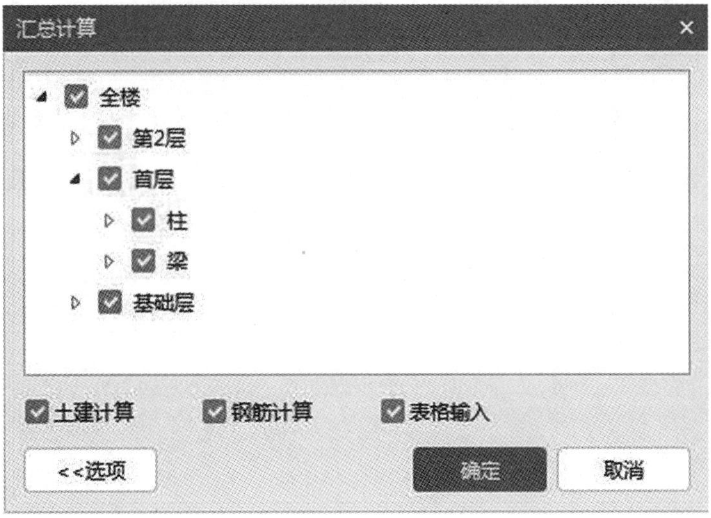

图 3.3.2

点击“工程量”选项卡“报表”面板中的“查看报表”，如图 3.3.3 所示。报表类型众多，其中梁工程量主要查看“钢筋报表量”中的“钢筋定额表”（如图 3.3.4 所示）及“接头定额表”（如图 3.3.5 所示），以及“土建报表量”中的“清单汇总表”（如图 3.3.6 所示）。

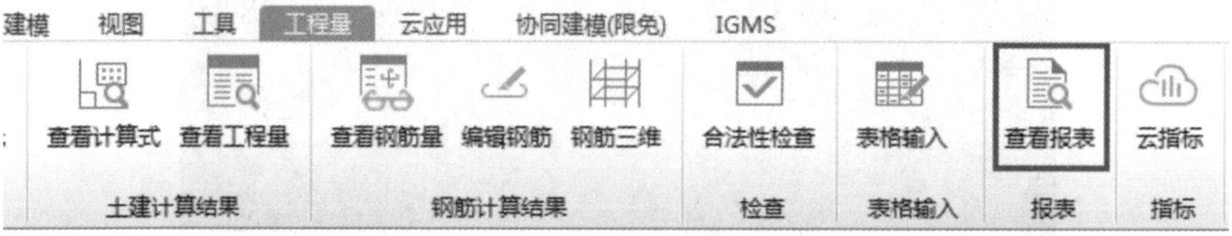

图 3.3.3

	定额号	定额项目	单位	钢筋量
1	A1-5-82	桩钢筋笼制作安装	t	
2	A1-5-101	圆钢制安 现浇构件圆钢 Φ4以内	t	
3	A1-5-102	圆钢制安 现浇构件圆钢 Φ10以内	t	
4	A1-5-103	圆钢制安 现浇构件圆钢 Φ25以内	t	
5	A1-5-104	圆钢制安 现浇构件圆钢 Φ25以外	t	
6	A1-5-105	热轧带肋钢筋制安 现浇构件带肋钢筋 二级 Φ10以内	t	
7	A1-5-105-1	热轧带肋钢筋制安 现浇构件带肋钢筋 三级 Φ10以内	t	
8	A1-5-106	热轧带肋钢筋制安 现浇构件带肋钢筋 二级 Φ25以内	t	8.453
9	A1-5-106-1	热轧带肋钢筋制安 现浇构件带肋钢筋 三级 Φ25以内	t	
10	A1-5-107	热轧带肋钢筋制安 现浇构件带肋钢筋 二级 Φ25以外	t	
11	A1-5-107-1	热轧带肋钢筋制安 现浇构件带肋钢筋 三级 Φ25以外	t	
12	A1-5-108	热轧带肋钢筋制安 现浇构件带肋钢筋 三级以上 Φ10以内	t	
13	A1-5-109	热轧带肋钢筋制安 现浇构件带肋钢筋 三级以上 Φ25以内	t	
14	A1-5-110	热轧带肋钢筋制安 现浇构件带肋钢筋 三级以上 Φ25以外	t	
15	A1-5-111	箍筋制安 现浇构件箍筋 圆钢 Φ10以内	t	2.984
16	A1-5-112	箍筋制安 现浇构件箍筋 圆钢 Φ10以外	t	

图 3.3.4

	定额号	定额项目	单位	数量
1	A1-5-130	钢筋接头 电渣压力焊接 Φ18以内	10个	
2	A1-5-131	钢筋接头 电渣压力焊接 Φ32以内	10个	
3	A1-5-132	钢筋接头 套筒直螺纹钢筋接头 Φ18以内	10个	
4	A1-5-133	钢筋接头 套筒直螺纹钢筋接头 Φ25以内	10个	
5	A1-5-134	钢筋接头 套筒直螺纹钢筋接头 Φ32以内	10个	
6	A1-5-135	钢筋接头 套筒直螺纹钢筋接头 Φ45以内	10个	
7	A1-5-136	钢筋接头 套筒锥型螺栓钢筋接头 Φ18以内	10个	
8	A1-5-137	钢筋接头 套筒锥型螺栓钢筋接头 Φ25以内	10个	
9	A1-5-138	钢筋接头 套筒锥型螺栓钢筋接头 Φ32以内	10个	
10	A1-5-139	钢筋接头 套筒锥型螺栓钢筋接头 Φ45以内	10个	
11	A1-5-140	钢筋接头 套筒冷挤压接头 Φ32内	10个	31.6
12	A1-5-141	钢筋接头 套筒冷挤压接头 Φ45内	10个	
13	软件补01	钢筋接头 电渣压力焊接 Φ32以上	10个	
14	软件补02	钢筋接头 套筒直螺纹钢筋接头 Φ45以上	10个	
15	软件补03	钢筋接头 套筒锥型螺栓钢筋接头 Φ45以上	10个	
16	软件补04	钢筋接头 套筒冷挤压接头 Φ45以上	10个	
17	软件补05	钢筋接头 单面焊	10个	
18	软件补06	钢筋接头 双面焊	10个	
19	软件补07	钢筋接头 对焊	10个	
20	软件补08	钢筋接头 锥螺纹（可调型）	10个	
21	软件补09	钢筋接头 气压焊	10个	

图 3.3.5

	序号	编码	项目名称	单位	工程量
1			实体项目		
2	1	010502001001	矩形柱 1.混凝土种类:预拌 2.混凝土强度等级:C25	m3	19.4506
54	2	010505001001	有梁板 1.混凝土种类:预拌 2.混凝土强度等级:C25	m3	16.4522
82			措施项目		
83	1	011702002001	矩形柱 1.周长:1.8外 2.支模高度:3.6m	m2	28.8
91	2	011702002002	矩形柱 1.周长:1.8内 2.支模高度:3.6m	m2	37.44
102	3	011702002003	矩形柱 1.周长:1.2内 2.支模高度:2.25m	m2	2.295
110	4	011702002004	矩形柱 1.周长:1.8内 2.支模高度:2.25m	m2	2.88
118	5	011702002005	矩形柱 1.周长:1.8内 2.支模高度:4.9m	m2	56.16
138	6	011702002006	矩形柱 1.周长:1.8外 2.支模高度:4.9m	m2	43.2
152	7	011702006001	矩形梁 1.支撑高度:3.6m 2.梁宽:25cm以外	m2	93.024
170	8	011702006002	矩形梁 1.支撑高度:3.6m 2.梁宽:25cm以内	m2	35.464

图 3.3.6

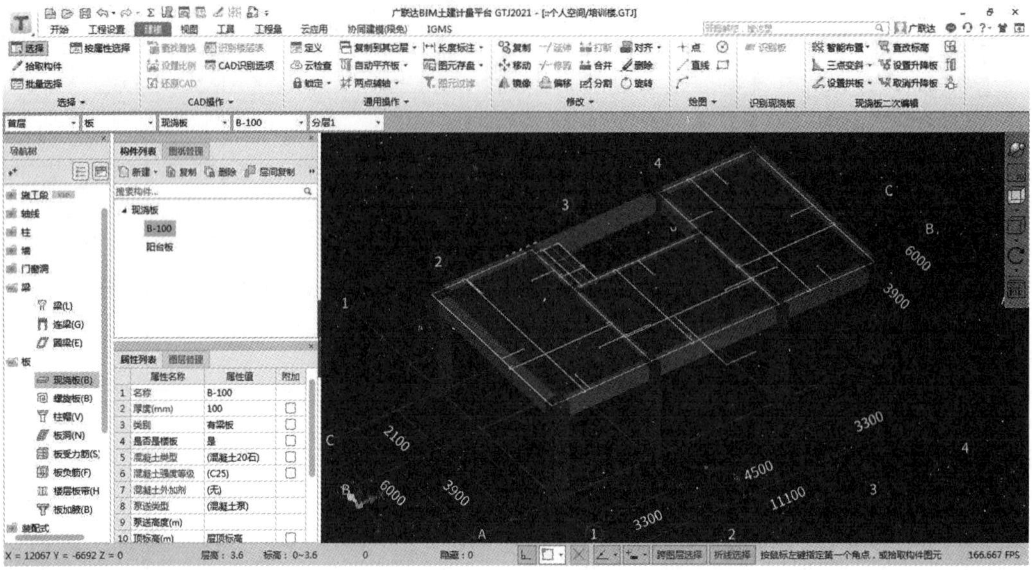

任务 4　板的定义、绘制及工程量计算

能力目标

(1)能定义并绘制板及钢筋；

(2)能根据图纸构件做法正确套用清单；

(3)能汇总计算板及钢筋的工程量。

知识目标

(1)掌握板及钢筋的定义及绘制方法；

(2)掌握实体项目、措施项目的清单列项以及填写主要项目特征的操作；

(3)掌握楼层校核及汇总计算工程量的操作。

4.1　首层板的定义及绘制

4.1.1　定义首层现浇板

双击“导航树”中的“现浇板”进入板定义界面，左键单击“构件列表”中的“新建”，再单击“新建现浇板”，如图 4.1.1 所示。

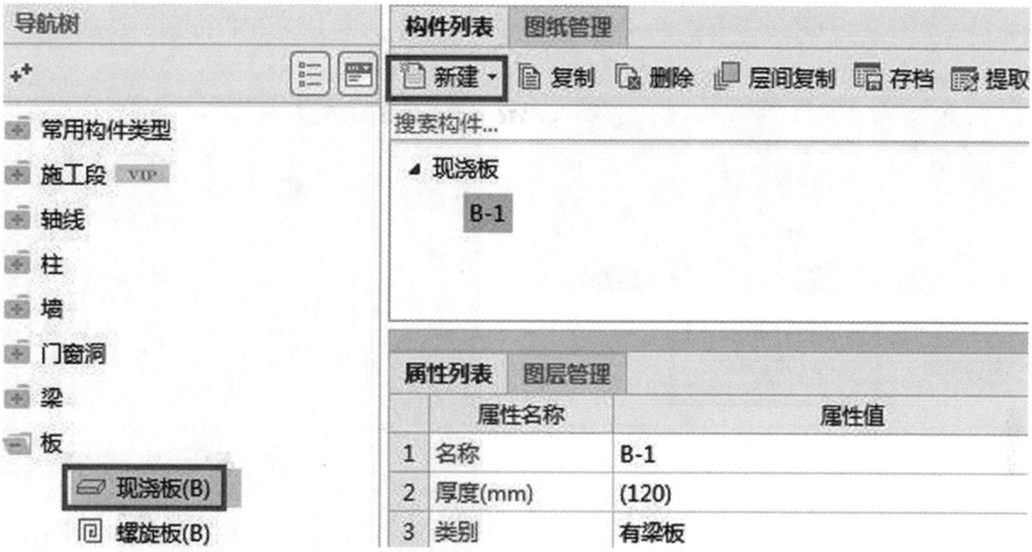

图 4.1.1

根据图纸，板厚均为 100 mm，板名称格式为“板类型-板厚”。在“构件列表”下方的“属性列表”中修改现浇板信息，如图 4.1.2 所示。根据图纸，选择马凳筋类型为Ⅰ型，输入马凳筋信息，默认间距为“1000 * 1000”，如图 4.1.3 所示。其中，L1 长度为板上部钢筋最长间距每边加 50 mm；L2 长度为板厚减去上下板保护层，再减去上下钢筋最大直径（此步可省略，不计算）；L3 长度为板下部钢筋最长间距每边加 50 mm。

图 4.1.2

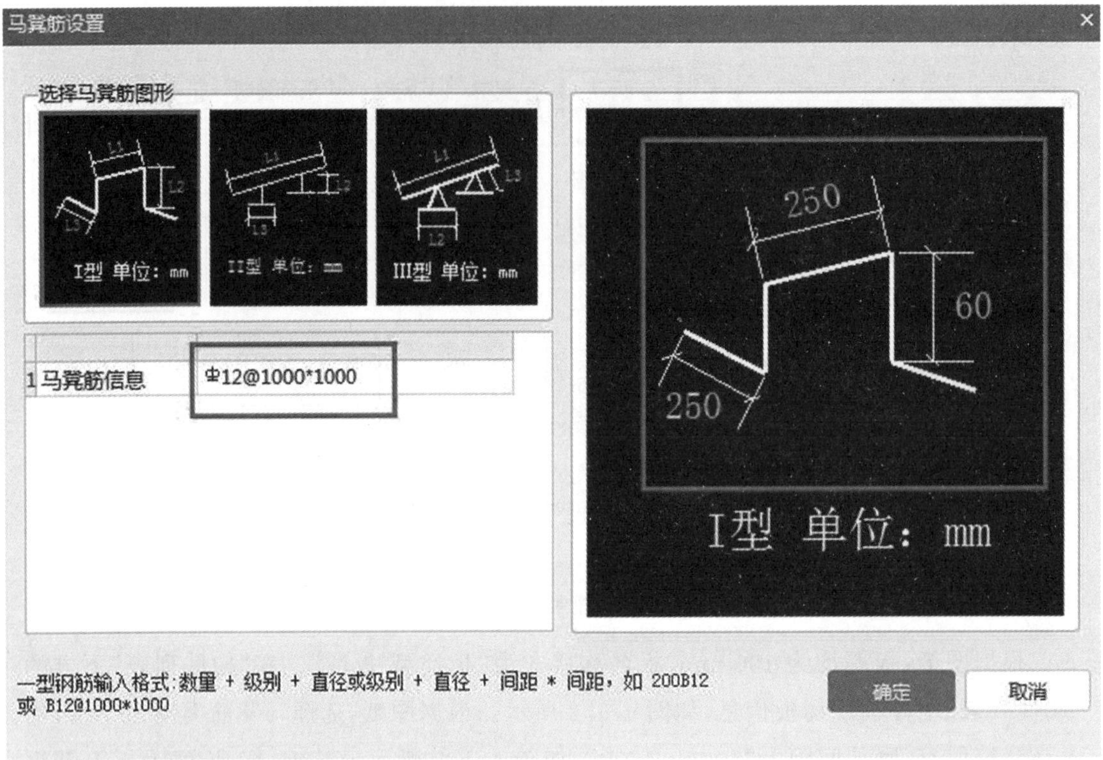

图 4.1.3

点击“构件做法”,在“查询匹配清单”中选择板的混凝土项目清单和模板措施项目清单,检查所选清单的工程量表达式是否正确,填写项目特征,如图 4.1.4 所示。

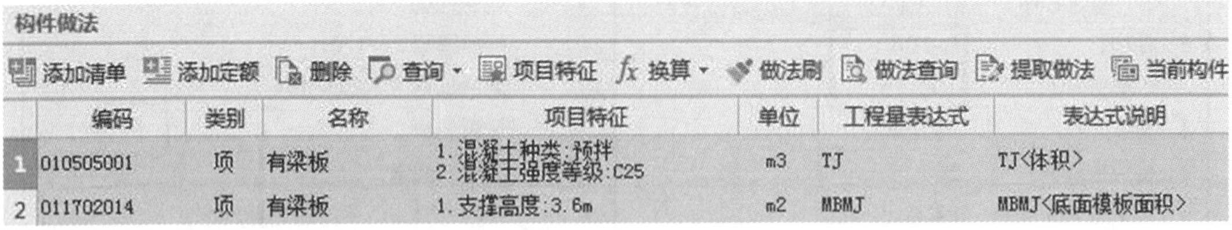

	编码	类别	名称	项目特征	单位	工程量表达式	表达式说明
1	010505001	项	有梁板	1.混凝土种类:预拌 2.混凝土强度等级:C25	m3	TJ	TJ<体积>
2	011702014	项	有梁板	1.支撑高度:3.6m	m2	MBMJ	MBMJ<底面模板面积>

图 4.1.4

复制“B-100”为“B-楼梯间板”,不修改信息,如图 4.1.5 所示。

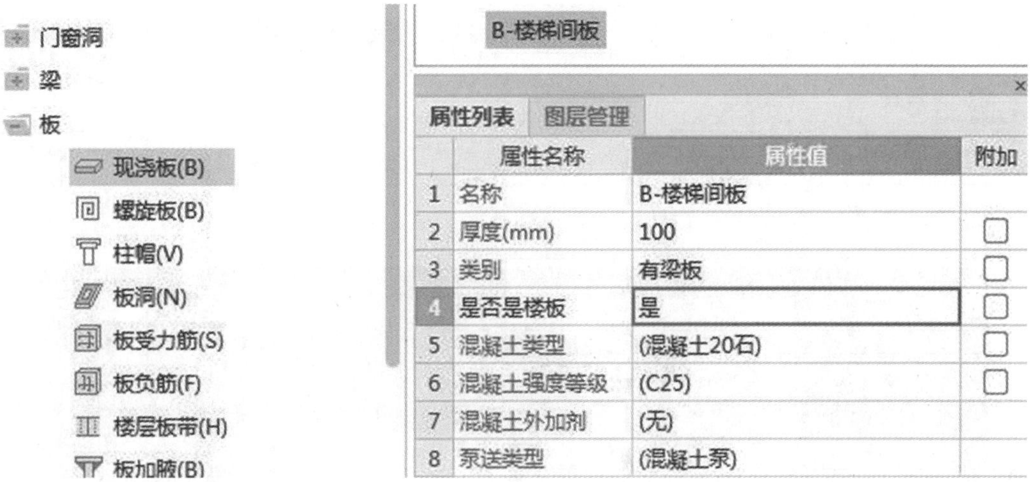

图 4.1.5

4.1.2　绘制首层现浇板

定位首层板配筋图,如图 4.1.6 所示。根据图纸,确定现浇板位置为 1～2 轴与 A～C 轴相交处、2～3 轴与 A～B 轴相交处、3～4 轴与 A～C 轴相交处。在“绘图”面板中选择“点”,如图 4.1.7 所示。在现浇板位置,鼠标左键单击绘制现浇板,如图 4.1.8 所示。

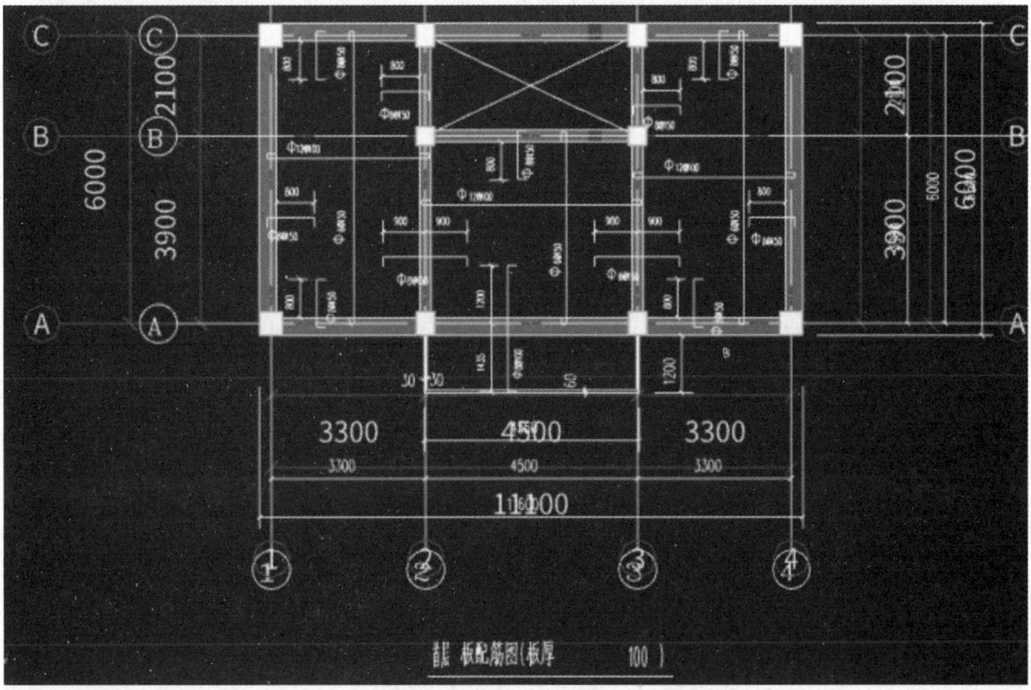

图 4.1.6

图 4.1.7

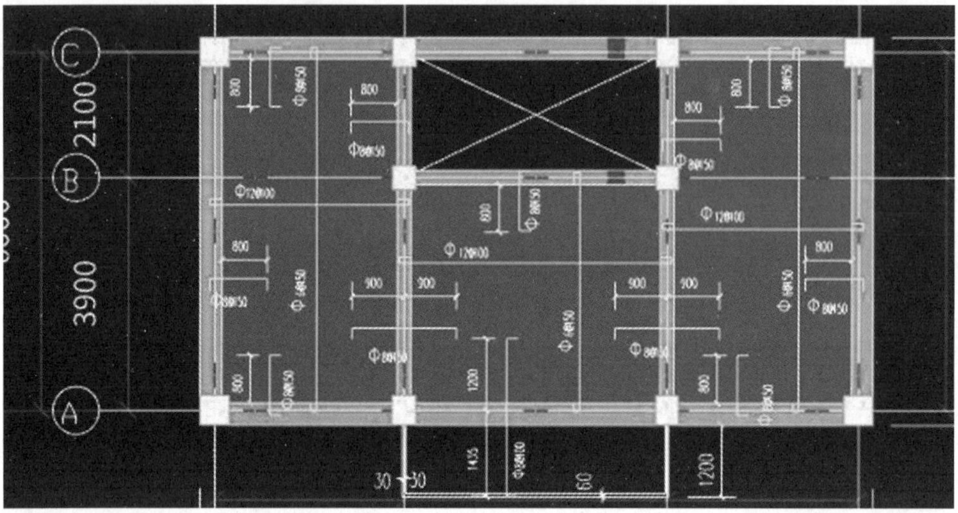

图 4.1.8

2～3 轴与 B～C 轴相交位置为楼梯间，根据图纸，此位置在板配筋图中为空，根据清单定额计算规则，楼梯间有部分楼板，如图 4.1.9 所示。此处楼板无梁形成封闭区域，采用“矩形”绘制。选择“建施 7”图纸中的“楼梯平面图”，点击“定位”，选择“楼梯平面图”3 轴与 B 轴相交点，如图 4.1.10 所示。定位到 3 轴与 B 轴相交点，如图 4.1.11 所示。

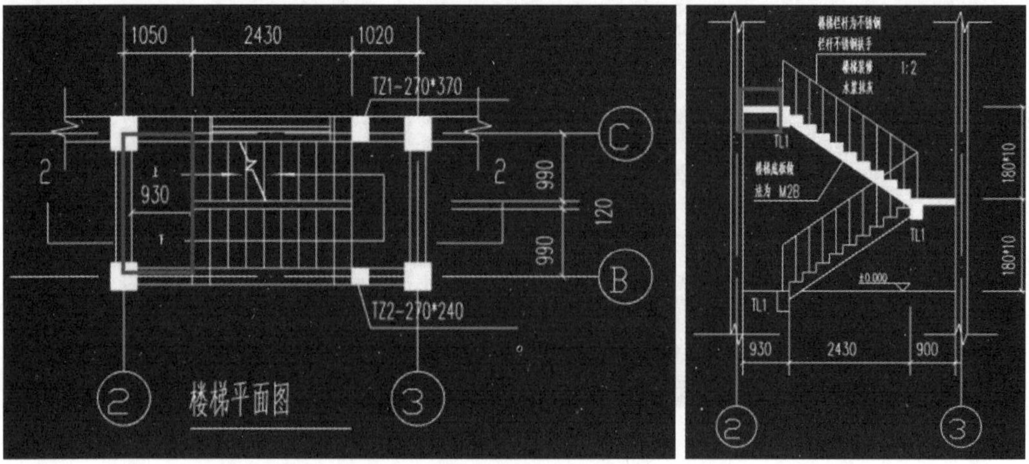

图 4.1.9

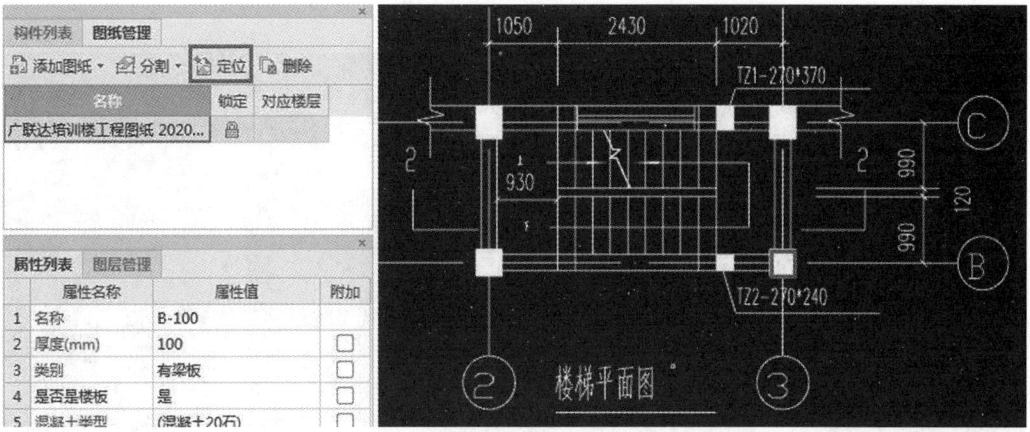

图 4.1.10

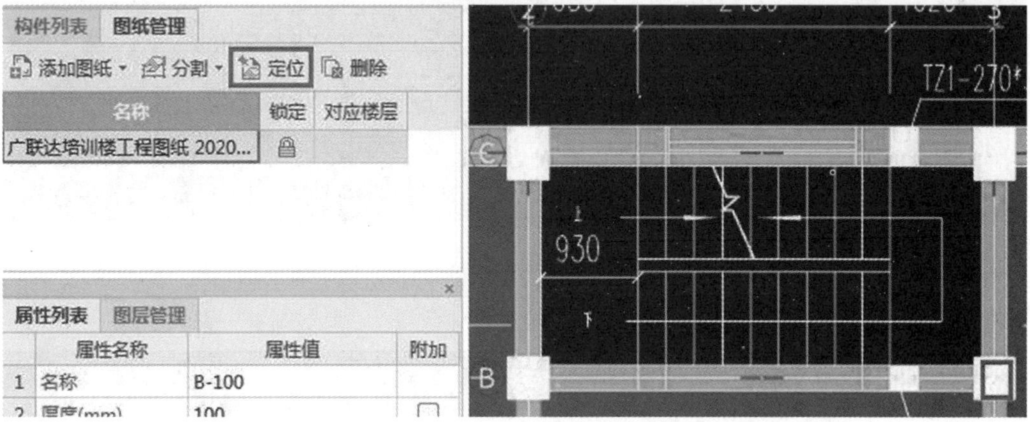

图 4.1.11

在“绘图”面板中选择“矩形”，如图 4.1.12 所示。在“构件列表”中选择“B-楼梯间板”，根据图纸，捕捉两个对角点，绘制现浇板，如图 4.1.13 所示。从图纸中，可以看出 930 mm 宽度包括了 TL1，根据计算规则，TL1 属于楼梯，因此，还需将 TL1 尺寸扣除。点击绘制完成的现浇板，捕捉现浇板边线的中心点，如图 4.1.14 所示，往左边拖曳鼠标，输入“240”，如图 4.1.15 所示。按键盘上的“Enter”，完成偏移。

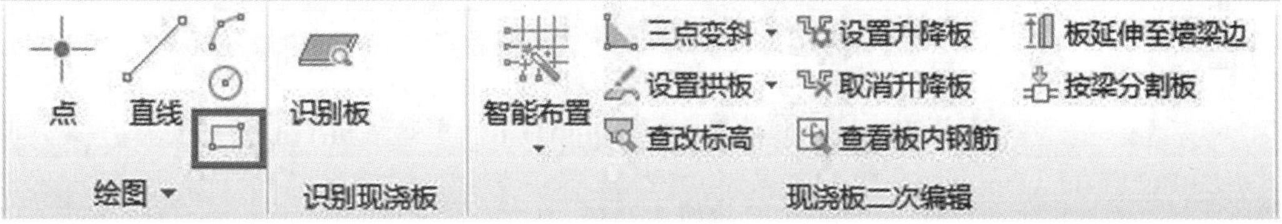

图 4.1.12

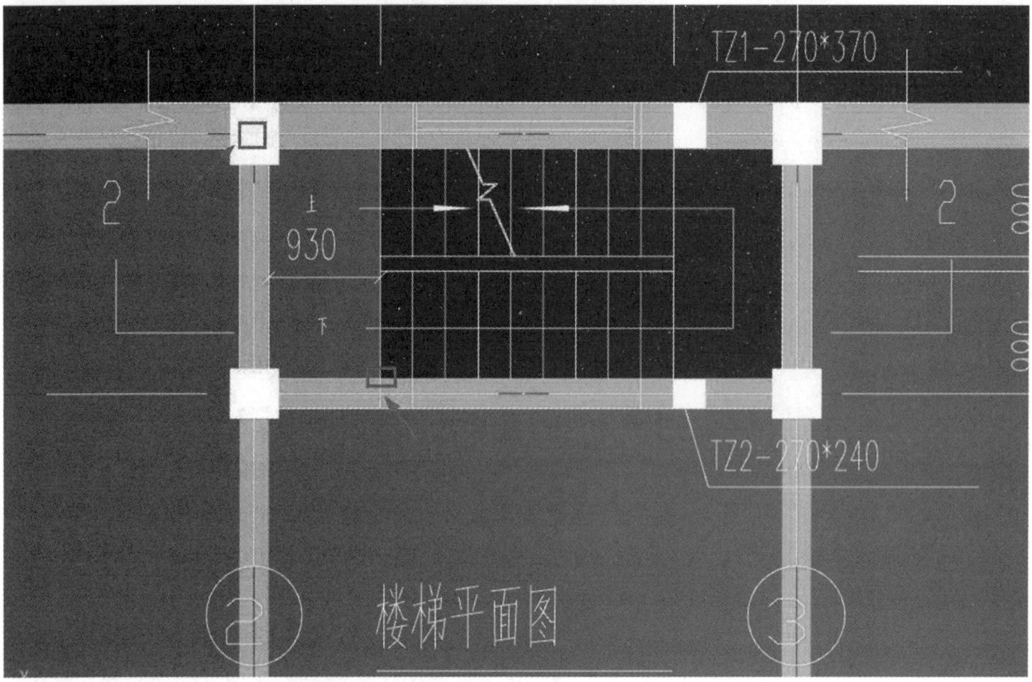

图 4.1.13

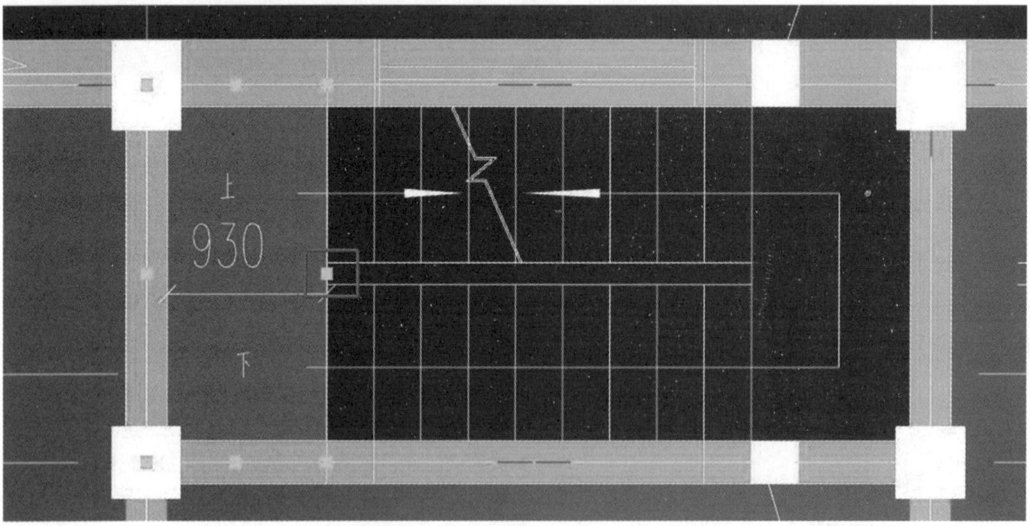

图 4.1.14

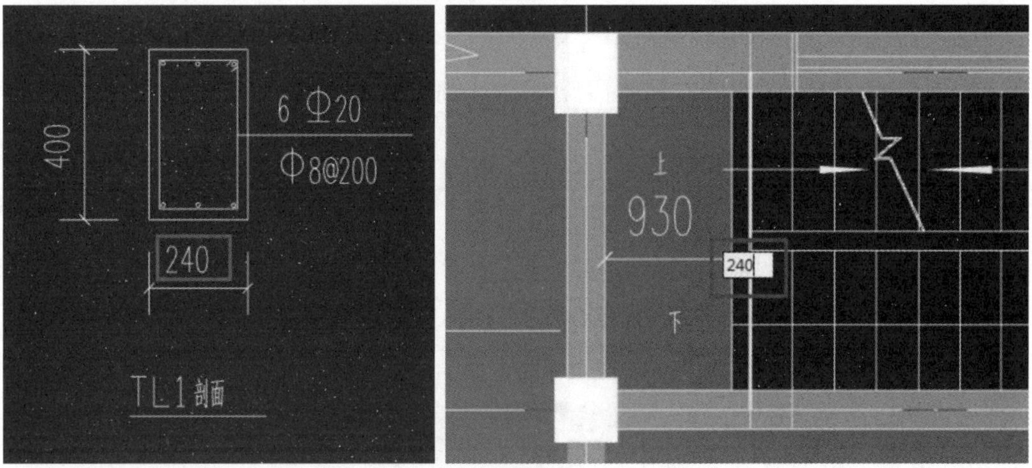

图 4.1.15

4.1.3　定义及绘制首层板钢筋

定位“首层 板配筋图”，根据图纸，首层板中受力筋弯钩向上及向左，为底筋，钢筋信息一致，如图 4.1.16 所示。受力筋不需要定义，鼠标左键单击“导航树”中的“板受力筋”，在“板受力筋二次编辑”面板中选择“布置受力筋”，如图 4.1.17 所示。

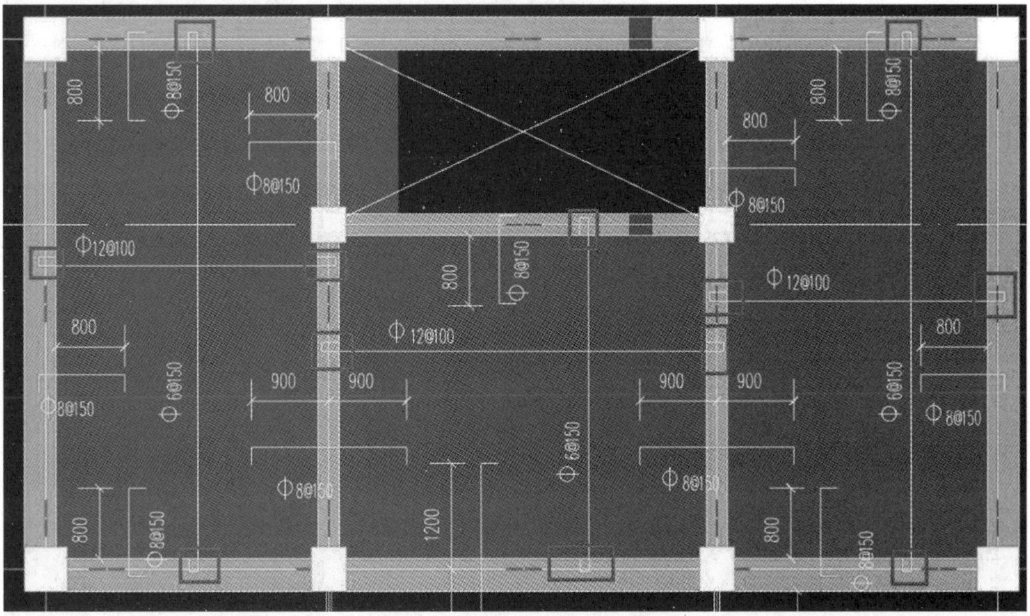

图 4.1.16

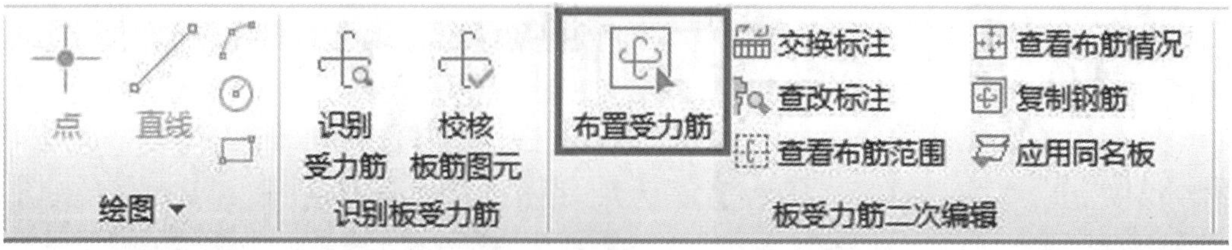

图 4.1.17

选择“单板”“XY 方向”,在弹出的“智能布置”窗口中输入板底筋钢筋信息,如图 4.1.18 所示。将鼠标移至板的位置,鼠标左键单击,完成板底筋绘制,如图 4.1.19 所示。

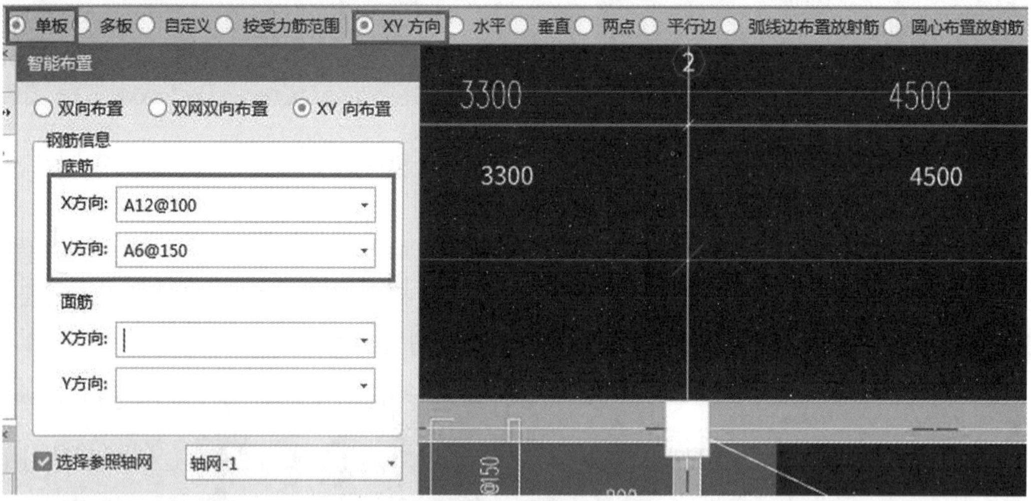

图 4.1.18

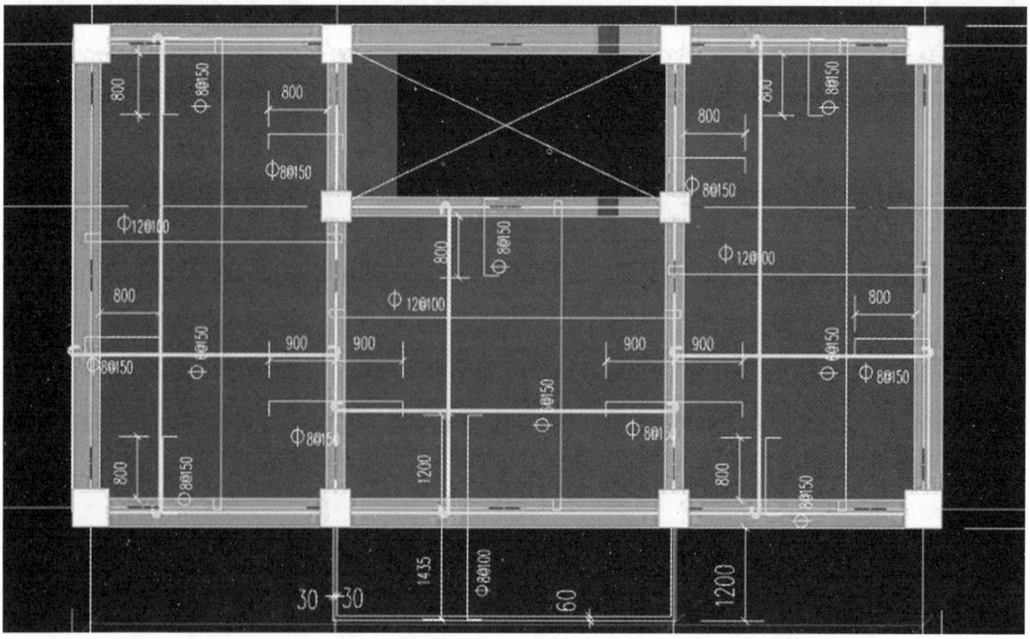

图 4.1.19

根据图纸，首层板配筋图中负筋有三种，并且未标注钢筋编号，命名方式为“钢筋信息-左标注-右标注”，不需要选择清单，即可在绘图界面完成定义。左键单击“导航树”中的“板负筋”，新建“板负筋”，根据图纸，修改钢筋信息，如图 4.1.20 所示。

属性列表　图层管理

	属性名称	属性值	附加
1	名称	a8-150-800	
2	钢筋信息	Φ8@150	☐
3	左标注(mm)	800	☐
4	右标注(mm)	0	☐
5	马凳筋排数	1/0	☐
6	单边标注位置	支座内边线	☐
7	左弯折(mm)	(0)	☐
8	右弯折(mm)	(0)	☐
9	分布钢筋	(Φ8@200)	☐
10	备注		☐
11	+ 钢筋业务属性		
19	+ 显示样式		

属性列表　图层管理

	属性名称	属性值	附加
1	名称	a8-150-900-900	
2	钢筋信息	Φ8@150	☐
3	左标注(mm)	900	☐
4	右标注(mm)	900	☐
5	马凳筋排数	1/1	☐
6	非单边标注含...	是	☐
7	左弯折(mm)	(0)	☐
8	右弯折(mm)	(0)	☐
9	分布钢筋	(Φ8@200)	☐
10	备注		☐
11	+ 钢筋业务属性		
19	+ 显示样式		

图 4.1.20

A 轴与 2～3 轴相交处负筋为现浇板与阳台相连接钢筋，如图 4.1.21 所示。左右标注从轴线计算，根据平法，应从支座(梁)中心线计算，此处为 KL3，宽度为 370 mm，梁中心线距离梁边线 185 mm，轴线将 KL3 分为 120 mm 与 250 mm，即梁中心线与轴线相差 65 mm。因此左标注为“1200＋65＝1265”，右标注为“1435－65＝1370”。

【注意】板钢筋左右标注没有判断标准，通常根据习惯判断，如与图纸不一致，可通过“板负筋二次编辑”中的“交换标注”修改。

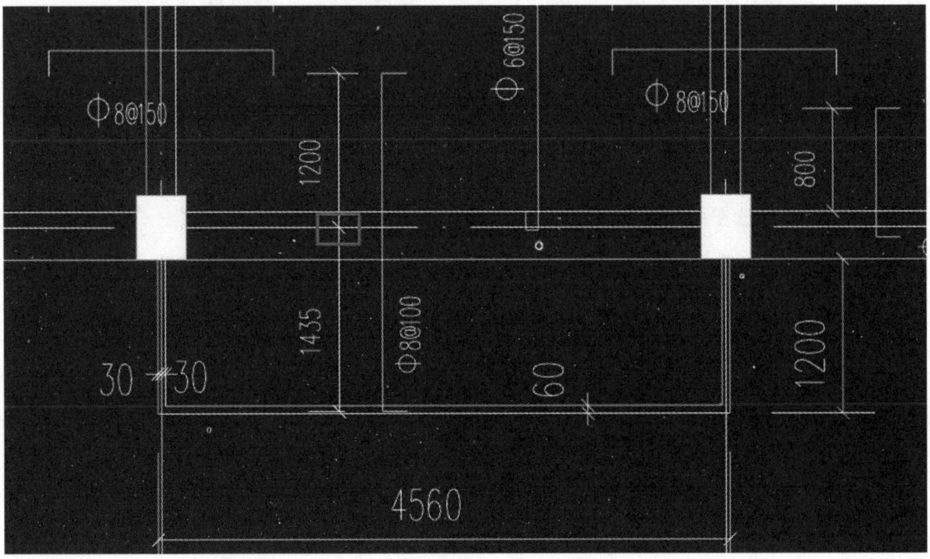

图 4.1.21

此处负筋在端部的钢筋构造较为复杂,应查看“建施 7”图纸中的“阳台剖面图”,如图 4.1.22 所示。根据图纸,负筋在板边位置沿着栏板向上弯折,普通板负筋在板边位置只向下弯折板厚扣除上下保护层厚度的长度,板保护层厚度为 20 mm,因此,此处向上弯折长度为“100－20×2＋60－20×2＋900＋100－20×2＋60－20×2＝1060”。新建“板负筋”,修改信息,如图 4.1.23 所示。

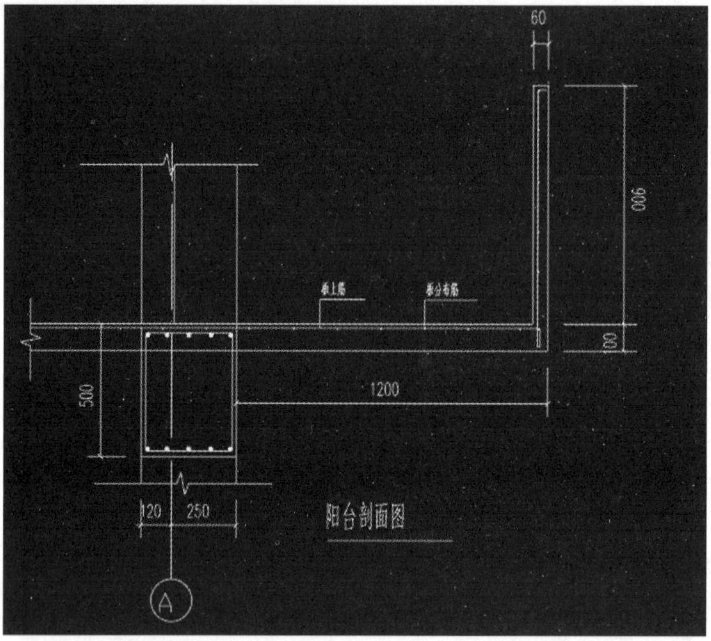

图 4.1.22

属性列表 | 图层管理

	属性名称	属性值	附加
1	名称	a8-100-1265-1...	
2	钢筋信息	Φ8@100	☐
3	左标注(mm)	1265	☐
4	右标注(mm)	1370	☐
5	马凳筋排数	2/2	☐
6	非单边标注含...	是	☐
7	左弯折(mm)	(0)	☐
8	右弯折(mm)	1060	☐
9	分布钢筋	(Φ8@200)	☐
10	备注		☐
11	+ 钢筋业务属性		
19	+ 显示样式		

图 4.1.23

点击“板负筋二次编辑”面板中的“布置负筋”，选择“按板边布置”，如图 4.1.24 所示，将鼠标移至定位图纸的对应位置，鼠标左键单击，完成板负筋布置，如图 4.1.25 所示。

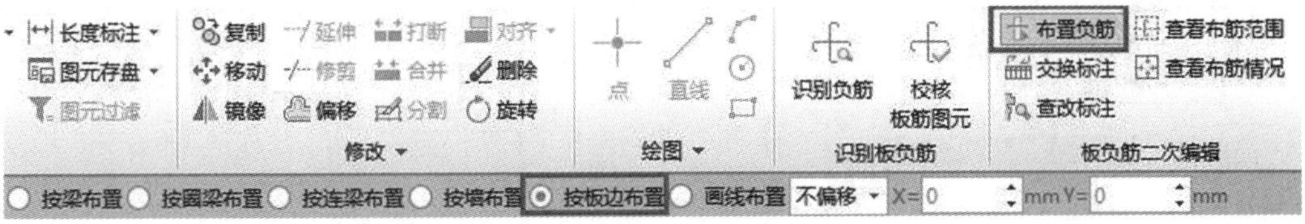

图 4.1.24

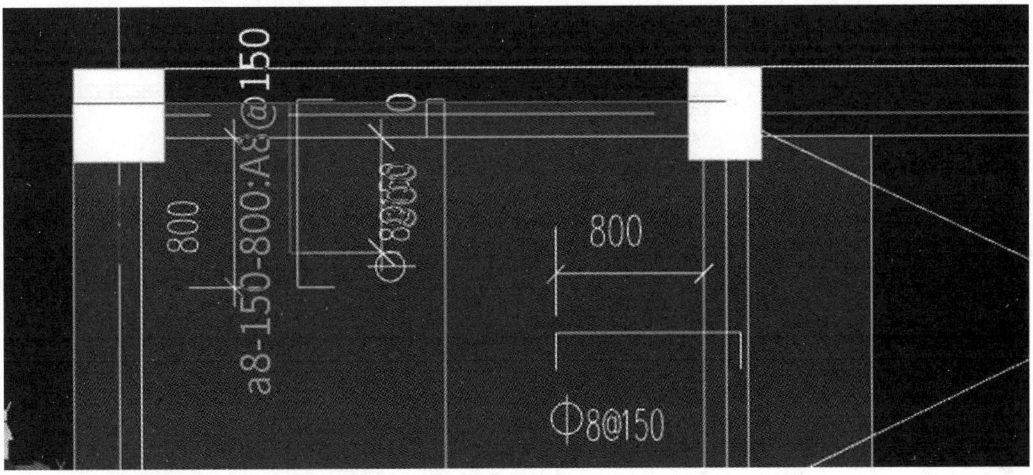

图 4.1.25

根据图纸，在“阳台剖面图”中，“板分布筋”还未布置，点击“工程量”选项卡，选择“表格输入”，如图 4.1.26 所示。点击“钢筋”，新建“阳台板分布筋”，修改信息，如图 4.1.27 所示。

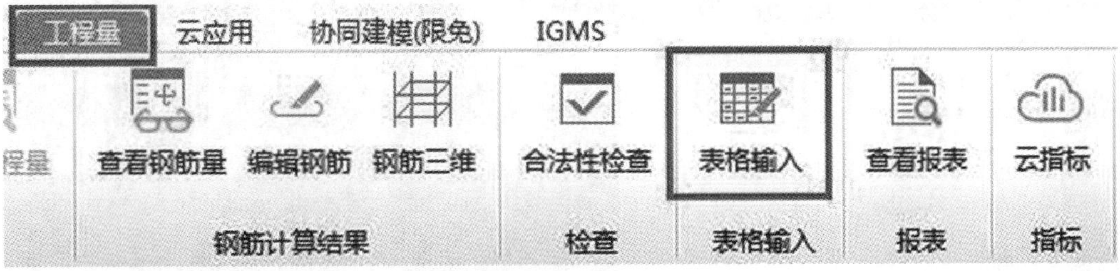

图 4.1.26

图 4.1.27

点击“板受力筋二次编辑”面板中的“布置受力筋”,如图 4.1.28 所示。选择“单板”“XY 方向”,在弹出的“智能布置”窗口中输入钢筋信息,如图 4.1.29 所示。左键点击板,完成楼梯间板钢筋的布置。

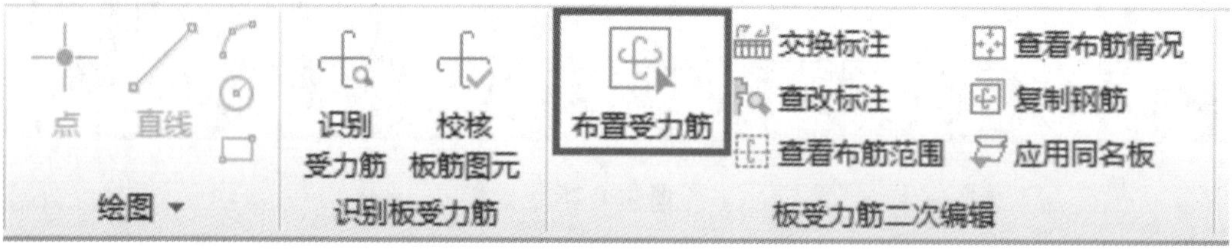

图 4.1.28

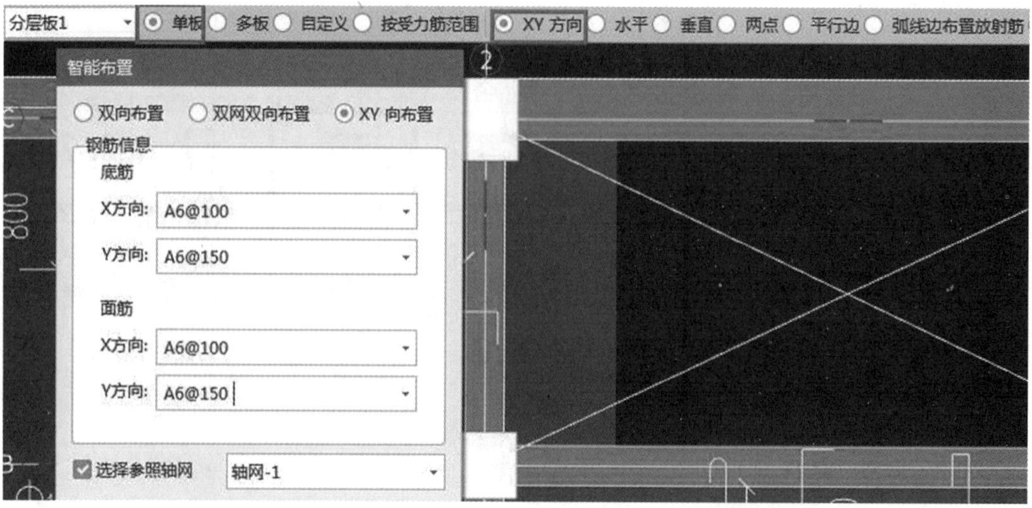

图 4.1.29

4.2　其他层板的定义及绘制

4.2.1　板绘制

将楼层改为“第 2 层”，定位“二层板配筋图”，点击“层间复制”将首层现浇板复制到二层，根据图纸，绘制二层现浇板，如图 4.2.1 所示。

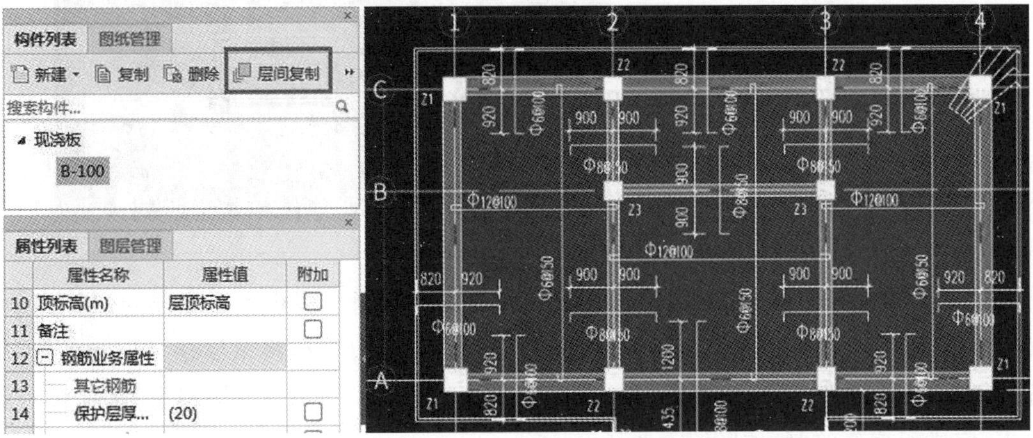

图 4.2.1

【注意】“层间复制”只能复制定义中的内容，如属性列表中的信息、构件做法等；“通用操作”面板中的“复制到其它层”不仅可以复制定义中的内容，还可以复制绘制完成的图元。

4.2.2　板受力筋绘制

根据图纸，二层板中受力筋弯钩向上及向左，为底筋，钢筋信息一致。鼠标左键单击“导航树”中的“板受力筋”，在“板受力筋二次编辑”面板中选择“布置受力筋”，如图 4.2.2 所示。

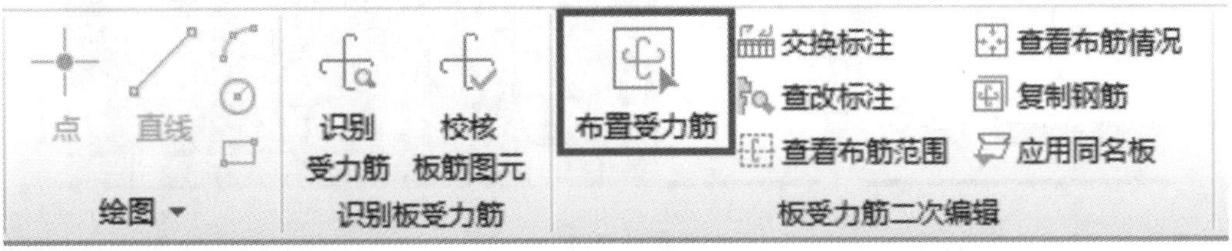

图 4.2.2

1～2 轴与 A～C 轴相交板、3～4 轴与 A～C 轴相交板为单板布置钢筋，选择“单板”“XY 方向”，在弹出的“智能布置”窗口中输入板底筋钢筋信息，将鼠标移至板的位置，鼠标左键单击，完成板底筋绘制，如图 4.2.3 所示。

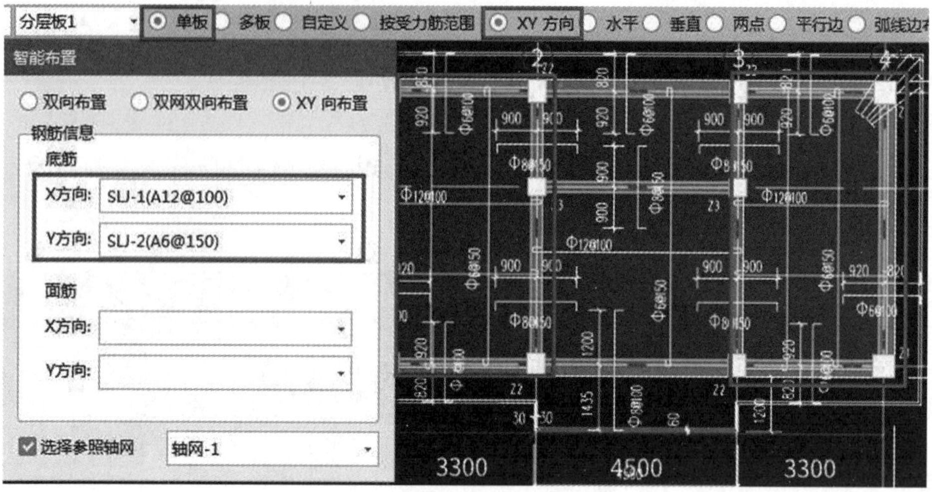

图 4.2.3

2～3 轴与 A～B 轴相交板、2～3 轴与 B～C 轴相交板为多板布置钢筋，选择“多板”“XY 方向”，在弹出的“智能布置”窗口中输入板底筋钢筋信息，将鼠标移至板的位置，鼠标左键单击，分别选中 2～3 轴与 A～B 轴相交板、2～3 轴与 B～C 轴相交板，鼠标右键单击，完成板底筋绘制，如图 4.2.4 所示。

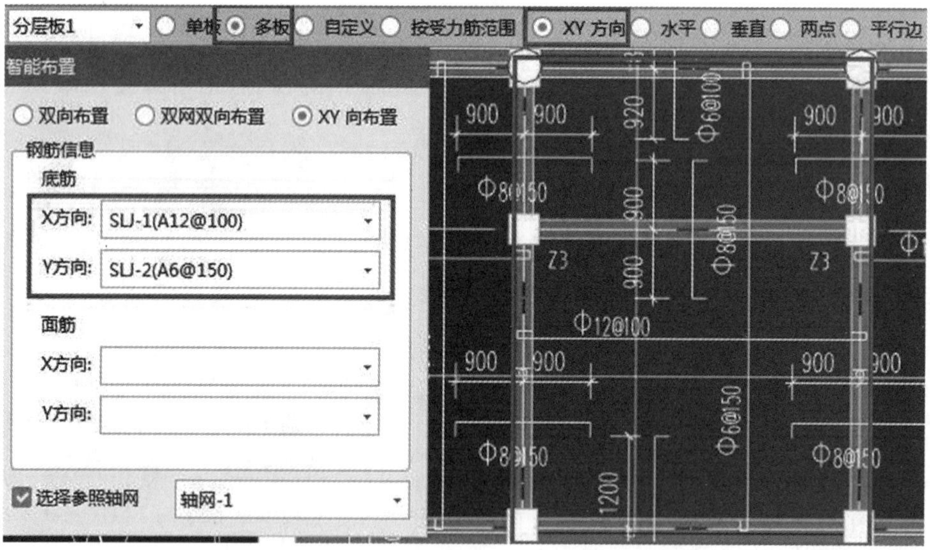

图 4.2.4

4.2.3 板负筋绘制

对比“首层板配筋图”与“二层板配筋图”可知，只有负筋“a8-150-900-900”相同，在“建模”选项卡“通用操作”面板中，选中“从其它层复制”，如图 4.2.5 所示。在首层板负筋中选择“a8-150-900-900”复制到二层，如图 4.2.6 所示。点击“确定”，弹出“复制图元冲突处理方式”，选择“覆盖目标层同名构件所有属性”与“覆盖目标层同位置同类型图元”，如图 4.2.7 所示，完成复制。

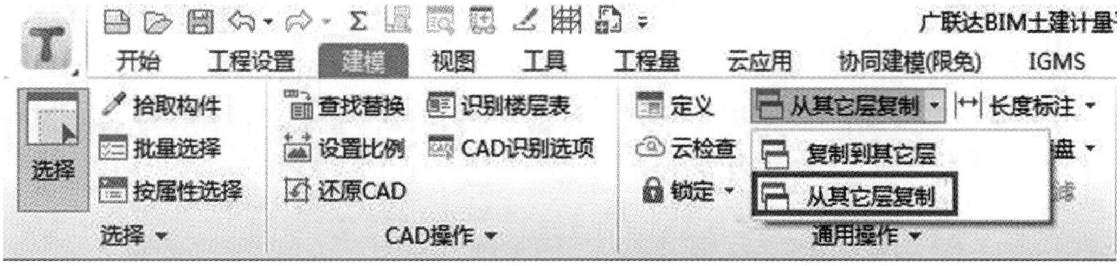

图 4.2.5

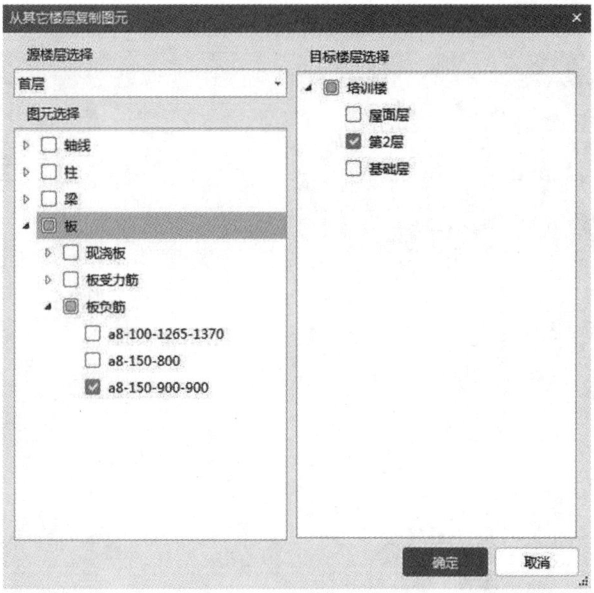

图 4.2.6

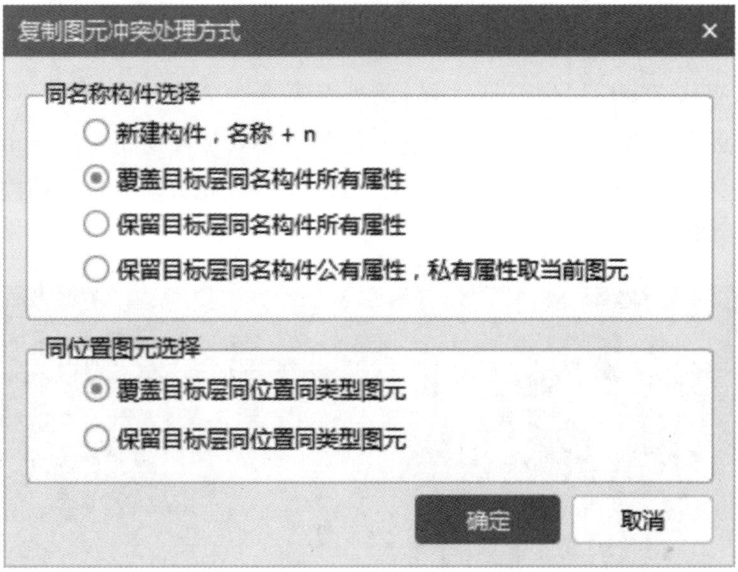

图 4.2.7

点击“板负筋二次编辑”面板中的“布置负筋”，如图 4.2.8 所示。选择负筋“a8-150-900-900”，点击“按板边布置”，绘制负筋，如图 4.2.9 所示。

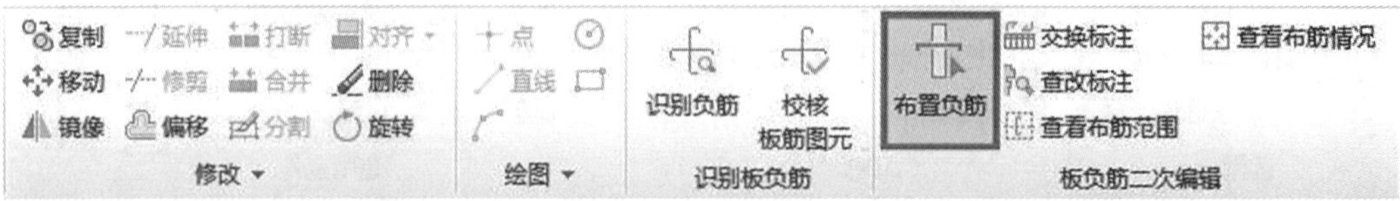

图 4.2.8

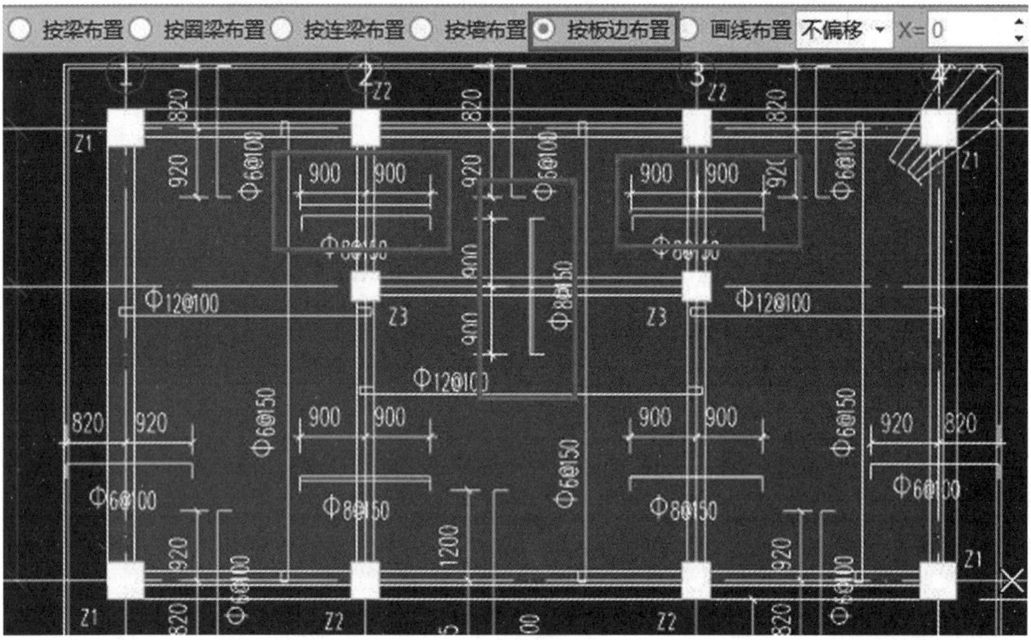

图 4.2.9

现浇板与雨篷相连接钢筋如图 4.2.10 所示，共有两种负筋，左右标注都从轴线计算，根据平法，应从支座(梁)中心线计算，此处梁宽度为 370 mm，梁中心线距离梁边线 185 mm，轴线将梁分为 120 mm 与 250 mm，即梁中心线与轴线相差 65 mm。因此，第一根负筋左标注为“920＋65＝985”，右标注为“820－65＝755”；第二根负筋左标注为“1200＋65＝1265”，右标注为“1435－65＝1370”。

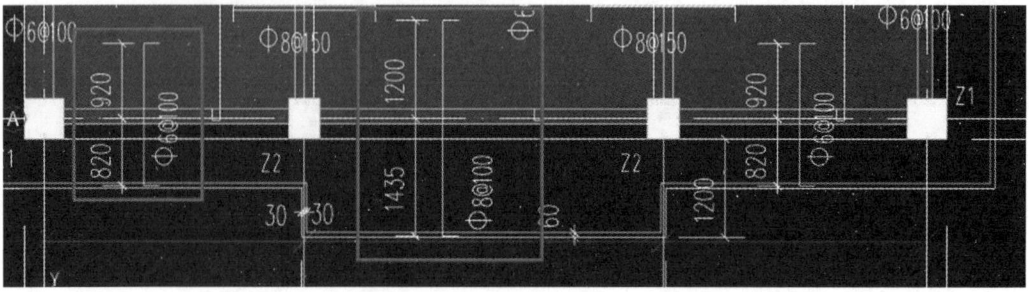

图 4.2.10

此处负筋在端部的钢筋构造较为复杂，应查看“建施 7”图纸中的“雨篷剖面图”，如图 4.2.11 所示。根据图纸，负筋在板边位置沿着栏板向上弯折，普通板负筋在板边位置只向下弯折板厚扣除上下保护层厚度的长度，板保护层厚度为 20mm，因此，此处向上弯折长度为“100－20×2＋60－20×2＋300－20×2＋60－20×2＝360”。分别新建“板负筋”，修改信息，如图 4.2.12 所示。

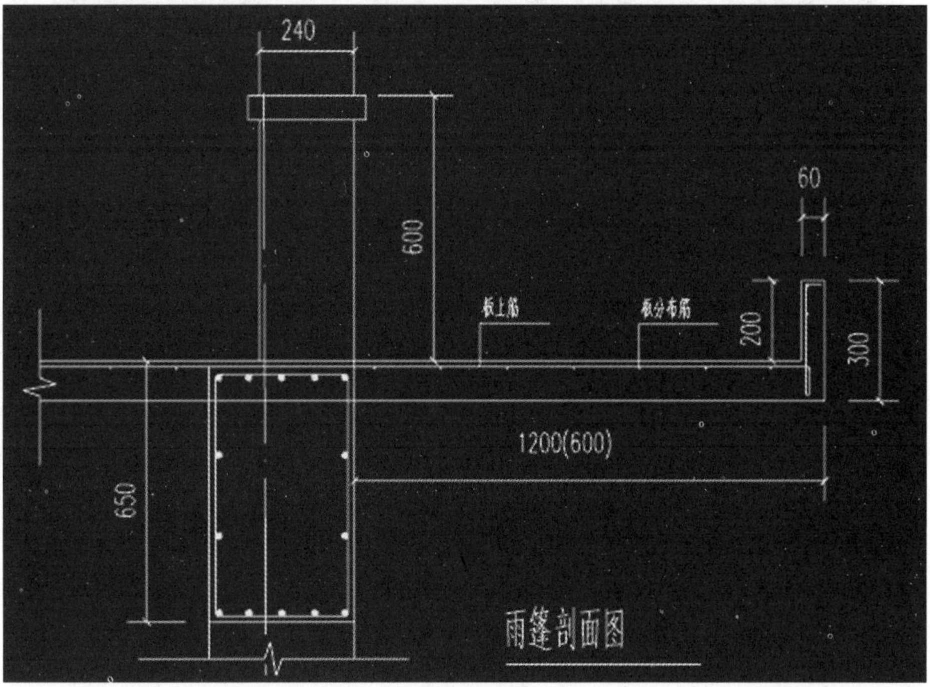

图 4.2.11

属性列表　图层管理

	属性名称	属性值	附加
1	名称	a6-100-985-755	
2	钢筋信息	Φ6@100	☐
3	左标注(mm)	985	☐
4	右标注(mm)	755	☐
5	马凳筋排数	1/1	☐
6	非单边标注含...	(是)	☐
7	左弯折(mm)	(0)	☐
8	右弯折(mm)	360	☐
9	分布钢筋	(Φ8@200)	☐
10	备注		☐
11	⊞ 钢筋业务属性		
19	⊞ 显示样式		

属性列表　图层管理

	属性名称	属性值	附加
1	名称	a8-100-1265-1370	
2	钢筋信息	Φ8@100	☐
3	左标注(mm)	1265	☐
4	右标注(mm)	1370	☐
5	马凳筋排数	2/2	☐
6	非单边标注含...	是	☐
7	左弯折(mm)	(0)	☐
8	右弯折(mm)	360	☐
9	分布钢筋	(Φ8@200)	☐
10	备注		☐
11	⊞ 钢筋业务属性		
19	⊞ 显示样式		

图 4.2.12

点击“板负筋二次编辑”面板中的“布置负筋”,选择“按板边布置”,将鼠标移至定位图纸的对应位置,鼠标左键单击,完成板负筋布置,如图 4.2.13 所示。

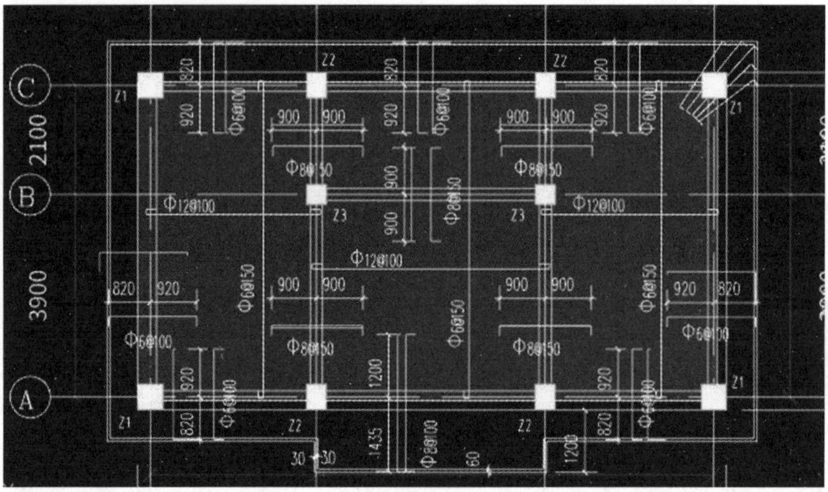

图 4.2.13

根据图纸,在“雨篷剖面图”中,“板分布筋”还未布置,点击“工程量”选项卡,选择“表格输入”,如图 4.2.14 所示。点击“钢筋”,分别新建分布筋,修改信息,如图 4.2.15 至图 4.2.18 所示。

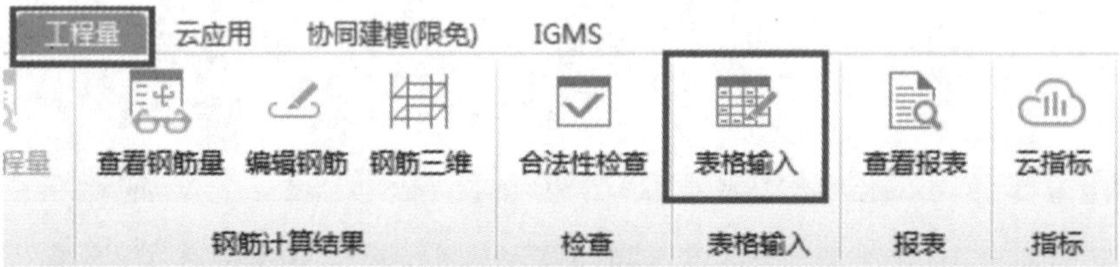

图 4.2.14

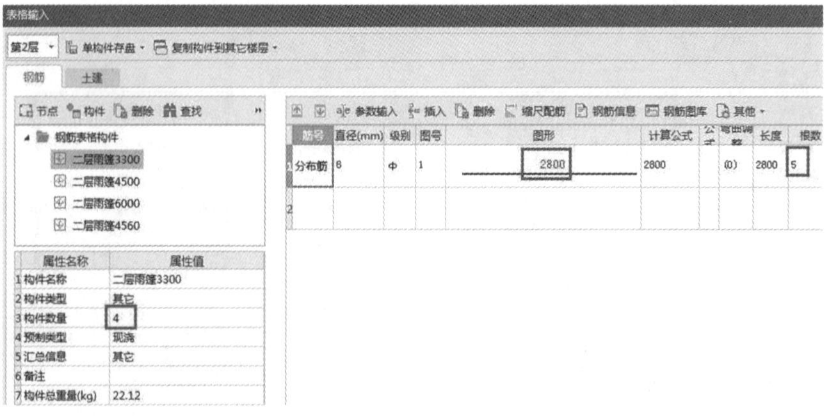

图 4.2.15

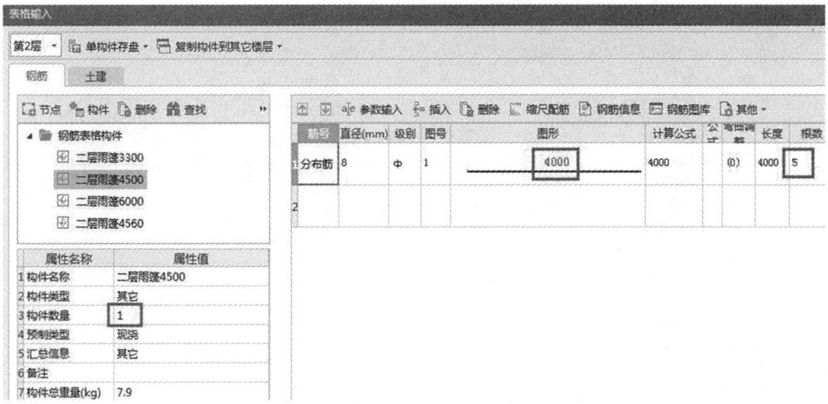

图 4.2.16

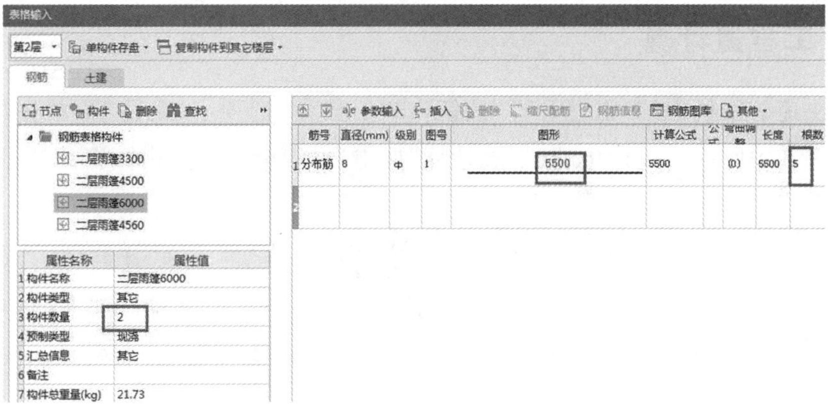

图 4.2.17

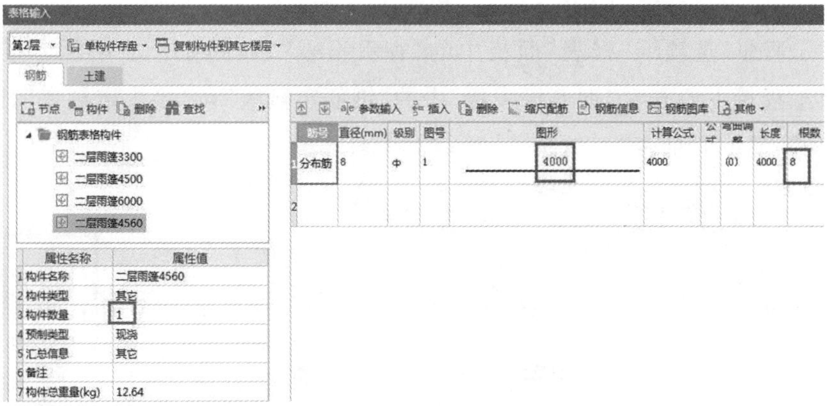

图 4.2.18

4.2.4 板放射筋绘制

点击“工程量”选项卡，选择“表格输入”，点击“钢筋”，新建放射筋，修改信息，如图4.2.19所示。

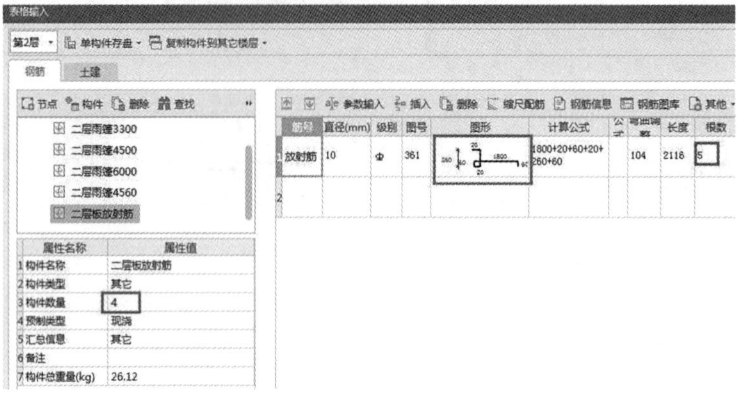

图 4.2.19

4.3 板工程量计算

点击快速访问栏中的"汇总计算"按钮,或"工程量"选项卡"汇总"面板中的"汇总计算",如图 4.3.1 所示。在弹出的"汇总计算"框中选择"全楼",点击"确定"。

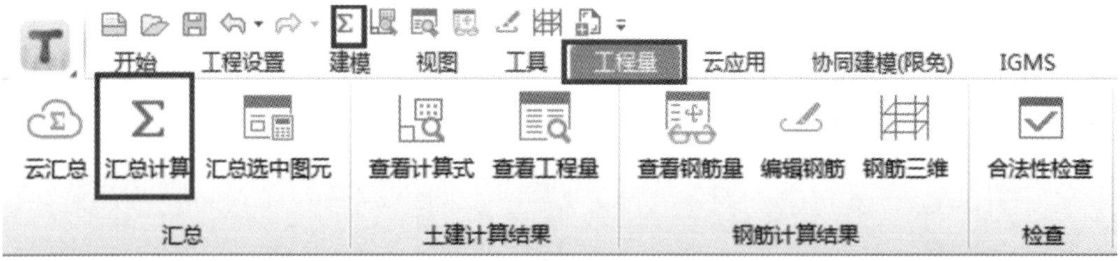

图 4.3.1

点击"工程量"选项卡"报表"面板中的"查看报表",如图 4.3.2 所示。报表类型众多,其中板工程量主要查看"钢筋报表量"中的"钢筋定额表"及"接头定额表",以及"土建报表量"中的"清单汇总表"。

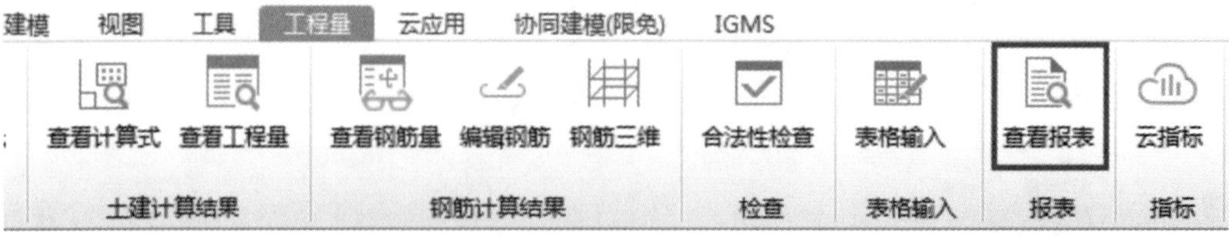

图 4.3.2

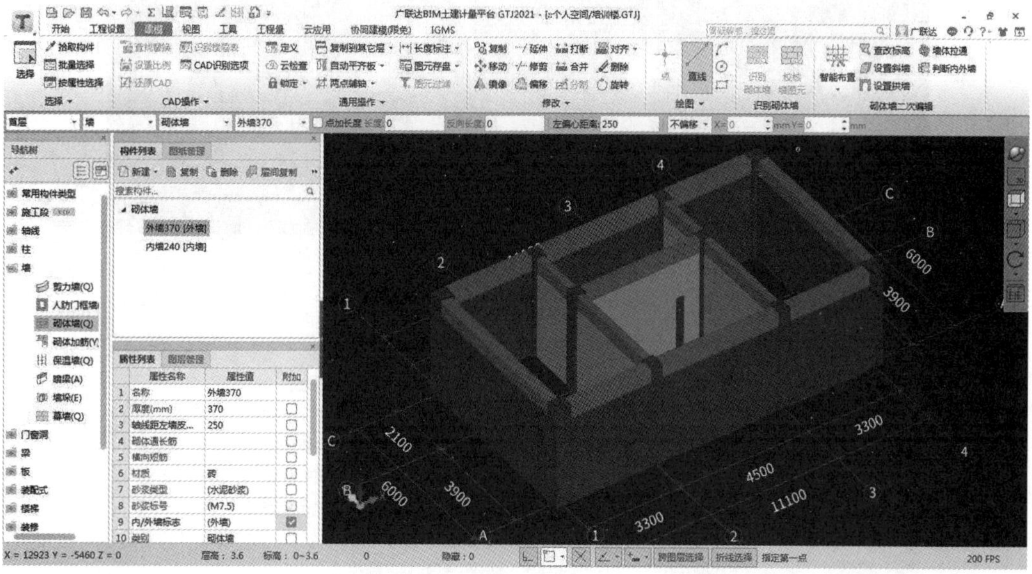

任务5 砌体的定义及绘制

能力目标

(1)能定义并绘制砌体;

(2)能根据图纸构件做法正确套用清单。

知识目标

(1)掌握砌体的定义及绘制方法;

(2)掌握实体项目、措施项目的清单列项以及填写主要项目特征的操作。

5.1 首层砌体墙的定义及绘制

5.1.1 定义首层砌体墙

双击“导航树”中的“砌体墙”进入砌体墙定义界面,左键单击“构件列表”中的“新建”,再单击“新建外墙”。根据图纸,轴线与左墙皮距离为250mm,如图5.1.1所示。修改“属性列表”中的信息,如图5.1.2所示。

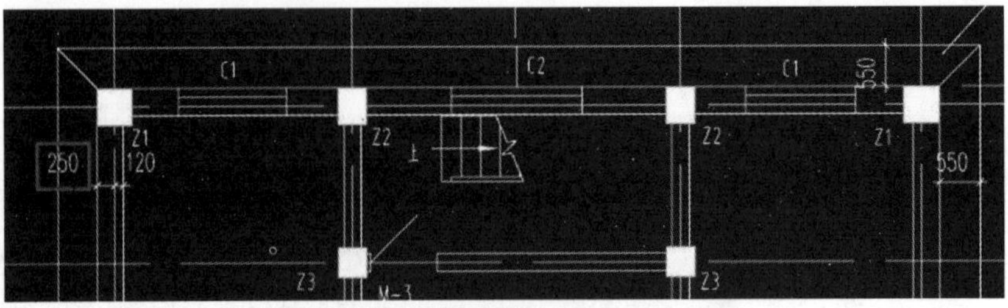

图 5.1.1

属性列表

	属性名称	属性值	附加
1	名称	外墙370	
2	厚度(mm)	370	☐
3	轴线距左墙皮...	250	☐
4	砌体通长筋		☐
5	横向短筋		☐
6	材质	砖	☐
7	砂浆类型	(水泥砂浆)	☐
8	砂浆标号	(M7.5)	☐
9	内/外墙标志	(外墙)	☑
10	类别	砌体墙	☐
11	起点顶标高(m)	层顶标高	☐
12	终点顶标高(m)	层顶标高	☐
13	起点底标高(m)	层底标高	☐
14	终点底标高(m)	层底标高	☐
15	备注		☐
16	⊞ 钢筋业务属性		
22	⊞ 土建业务属性		
27	⊞ 显示样式		

图 5.1.2

点击“构件做法”，在“查询匹配清单”中选择外墙的项目清单，检查所选清单的工程量表达式是否正确，填写项目特征，如图 5.1.3 所示。

构件做法

添加清单　添加定额　删除　查询 ▾　项目特征　fx 换算 ▾　做法刷　做法查询　提取做法　当前构

	编码	类别	名称	项目特征	单位	工程量表达式	表达式说明
1	010401003	项	实心砖墙	1.砖品种、规格、强度等级:MU10普通烧结砖 2.墙体类型:外墙370mm 3.砂浆强度等级、配合比:M5.0混合砂浆	m3	TJ	TJ<体积>

图 5.1.3

左键单击“构件列表”中的“新建”，再单击“新建内墙”。根据图纸，轴线与左墙皮距离为 120mm，如图 5.1.4 所示。修改“属性列表”中的信息，如图 5.1.5 所示。

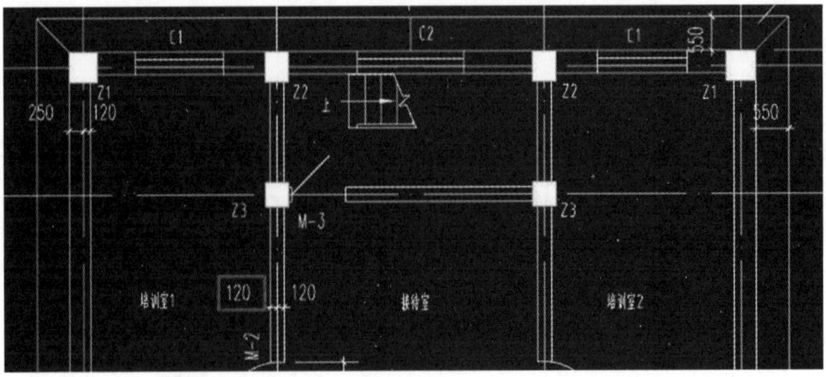

图 5.1.4

	属性名称	属性值	附加
1	名称	内墙240	
2	厚度(mm)	240	☐
3	轴线距左墙皮...	(120)	☐
4	砌体通长筋		☐
5	横向短筋		☐
6	材质	砖	☐
7	砂浆类型	(水泥砂浆)	☐
8	砂浆标号	(M7.5)	☐
9	内/外墙标志	内墙	☑

	属性名称	属性值	附加
10	类别	砌体墙	☐
11	起点顶标高(m)	层顶标高	☐
12	终点顶标高(m)	层顶标高	☐
13	起点底标高(m)	层底标高	☐
14	终点底标高(m)	层底标高	☐
15	备注		☐
16	⊞ 钢筋业务属性		
22	⊞ 土建业务属性		
27	⊞ 显示样式		

图 5.1.5

点击“构件做法”，在“查询匹配清单”中选择外墙的项目清单，检查所选清单的工程量表达式是否正确，填写项目特征，如图 5.1.6 所示。

构件做法

添加清单　添加定额　删除　查询　项目特征　*fx* 换算　做法刷　做法查询　提取做法　当前构

	编码	类别	名称	项目特征	单位	工程量表达式	表达式说明
1	010401003	项	实心砖墙	1.砖品种、规格、强度等级:MU10普通烧结砖 2.墙体类型:内墙240mm 3.砂浆强度等级、配合比:M5.0混合砂浆	m3	TJ	TJ<体积>

图 5.1.6

5.1.2　绘制首层砌体墙

关闭定义界面，进入绘图界面，定位“首层平面图”。外墙采用“矩形”绘制，点击“绘图”面板中的“矩形”命令，如图 5.1.7 所示。在“构件列表”中选择“外墙 370”，捕捉 1 轴与 C 轴相交点为起点，捕捉 4 轴与 A 轴相交点为终点，完成外墙的绘制，如图 5.1.8 所示。

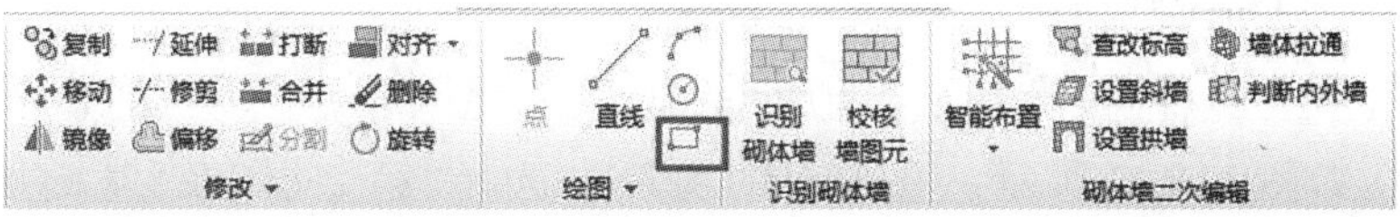

图 5.1.7

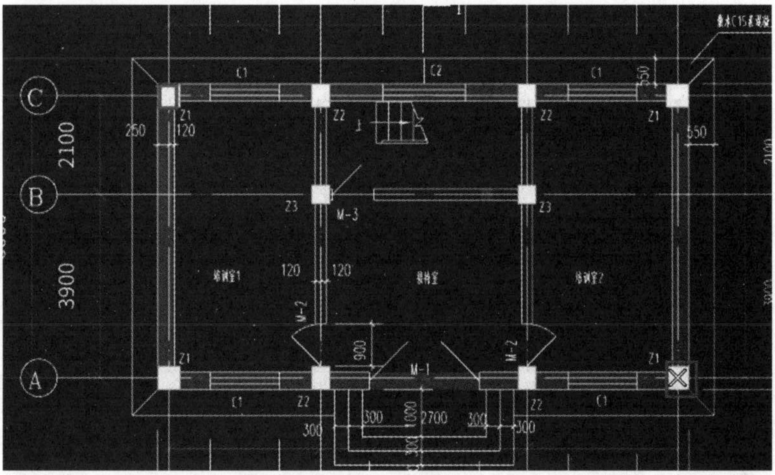

图 5.1.8

内墙采用“直线”绘制，点击“绘图”面板中的“直线”命令，如图 5.1.9 所示。在“构件列表”中选择“内墙 240”，在定位图纸相应位置绘制内墙，如图 5.1.10 所示。

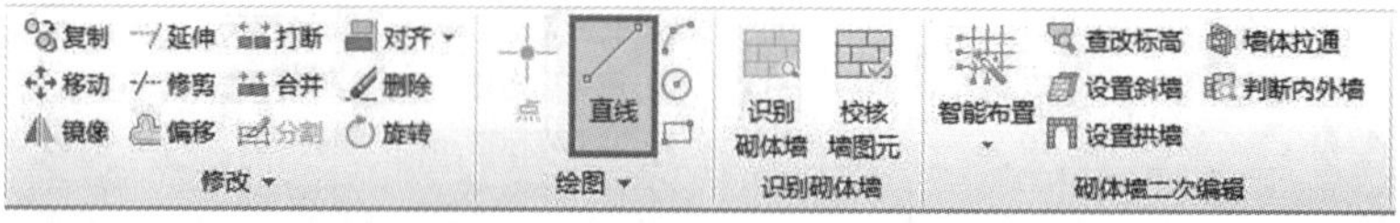

图 5.1.9

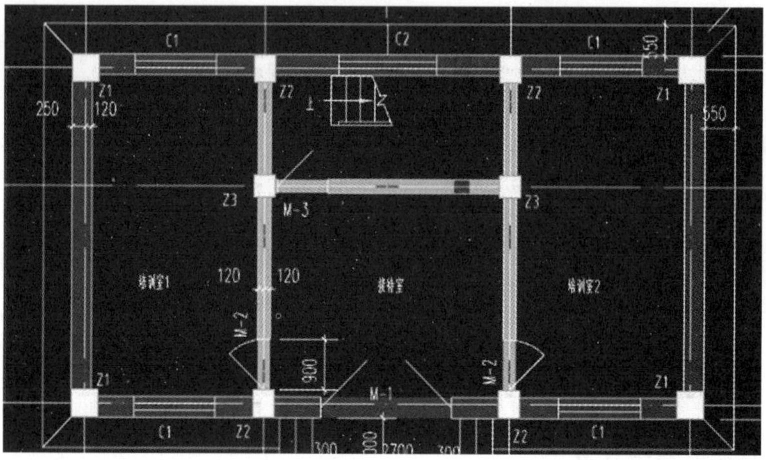

图 5.1.10

5.2 其他层砌体墙的定义及绘制

5.2.1 复制首层砌体墙至其他层

框选首层所有砌体墙，如图 5.2.1 所示，点击“建模”选项卡“通用操作”面板中的“复制到其它层”，如图 5.2.2 所示。在弹出的窗口中选择“第 2 层”及“基础层”，点击“确定”，弹出“复制图元冲突处理方式”，选择“覆盖目标层同名构件所有属性”“覆盖目标层同位置同类型图元”，如图 5.2.3 所示，完成复制。对比“首层平面图”及“二层平面图”可知，砌体墙一致，因此二层砌体墙复制完成后不需要修改。

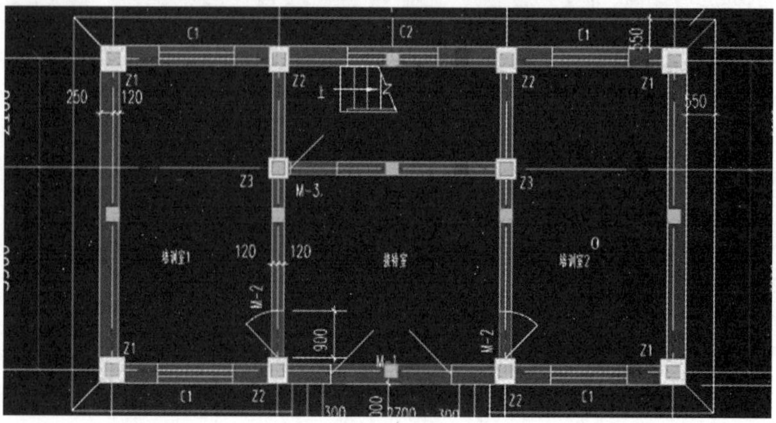

图 5.2.1

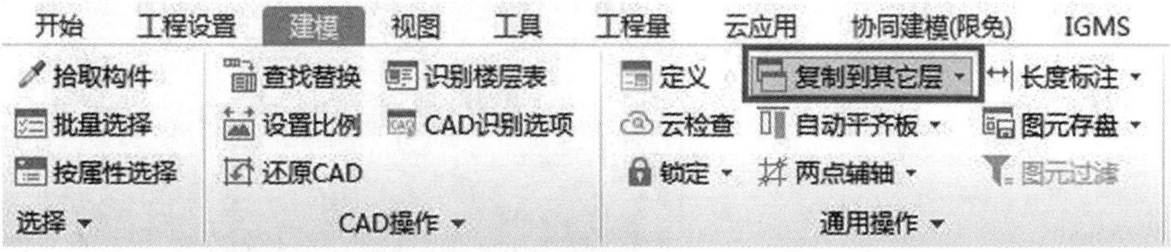

图 5.2.2

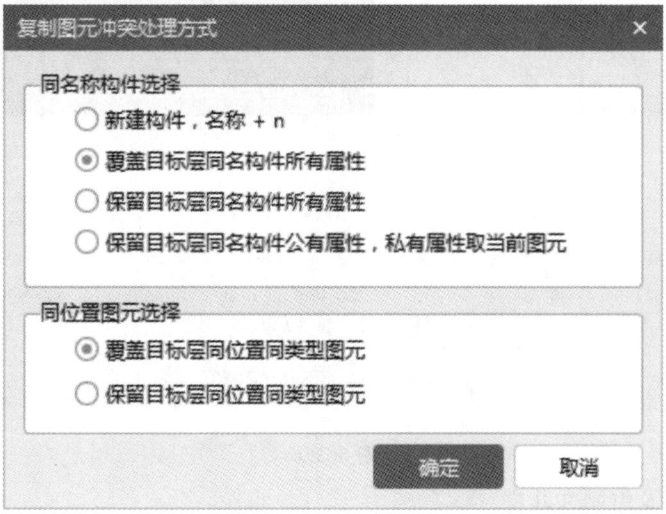

图 5.2.3

将楼层修改为“基础层”，如图 5.2.4 所示。根据图纸，基础层砌体墙底标高为基础梁顶标高−0.45 m，需要修改标高。框选所有墙体，在“属性列表”中修改“起点底标高(m)”和“终点底标高(m)”为“−0.45”，如图 5.2.5 所示。

根据清单计算说明，室内地坪标高与材料分界线标高相差超过 300 mm，从室内地坪标高处区分砌体墙与基础，以上为砌体墙，以下为基础，此处高差为 450 mm，超过 300 mm，基础层砌体墙应套用“砖基础”清单。双击“砌体墙”，进入定义界面，修改清单项目特征等，如图 5.2.6 所示，完成基础层砌体墙修改。

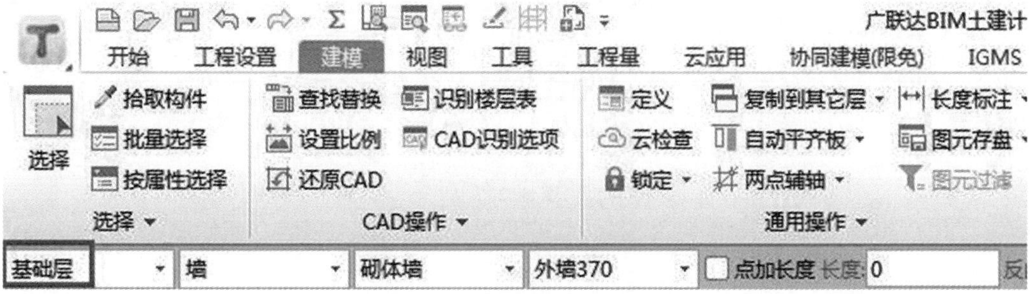

图 5.2.4

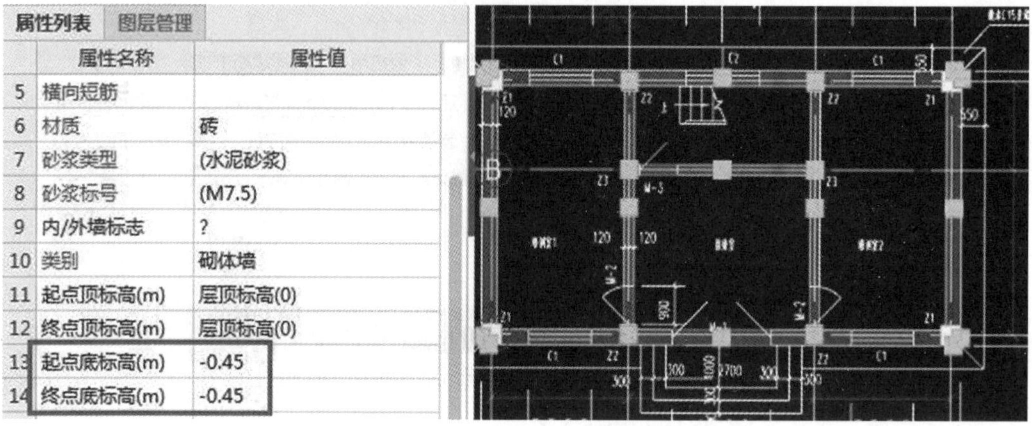

图 5.2.5

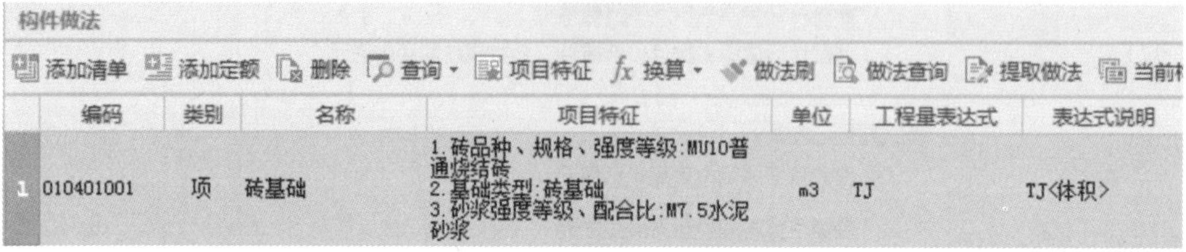

图 5.2.6

5.2.2 定义及绘制女儿墙

(1)定义女儿墙。

将楼层修改为“屋面层”,如图 5.2.7 所示。定位“屋顶平面层”,双击“导航树”中的“砌体墙”进入砌体墙定义界面,鼠标左键单击“构件列表”中的“新建”,再单击“新建外墙”。根据图纸,女儿墙厚度为 240 mm,修改“属性列表”中的信息,如图 5.2.8 所示。

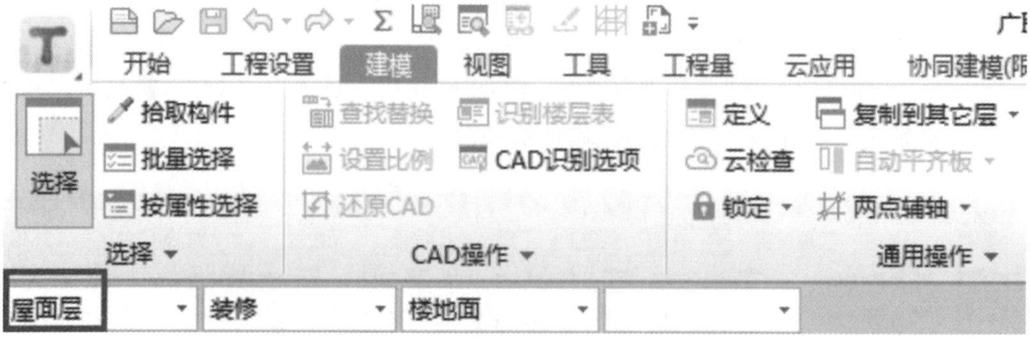

图 5.2.7

属性列表

	属性名称	属性值	附加
1	名称	女儿墙240	
2	厚度(mm)	240	☐
3	轴线距左墙皮...	(120)	☐
4	砌体通长筋		☐
5	横向短筋		☐
6	材质	砖	☐
7	砂浆类型	(水泥砂浆)	☐
8	砂浆标号	(M7.5)	☐
9	内/外墙标志	(外墙)	☑
10	类别	砌体墙	☐
11	起点顶标高(m)	层顶标高	☐
12	终点顶标高(m)	层顶标高	☐
13	起点底标高(m)	层底标高	☐
14	终点底标高(m)	层底标高	☐
15	备注		☐
16	⊞ 钢筋业务属性		
22	⊞ 土建业务属性		
27	⊞ 显示样式		

图 5.2.8

点击“构件做法”，在“查询匹配清单”中选择外墙的项目清单，检查所选清单的工程量表达式是否正确，填写项目特征，如图 5.2.9 所示。

构件做法

添加清单　添加定额　删除　查询　项目特征　换算　做法刷　做法查询　提取做法　当前构

	编码	类别	名称	项目特征	单位	工程量表达式	表达式说明
1	010401003	项	实心砖墙	1.砖品种、规格、强度等级:MU10普通烧结砖 2.墙体类型:外墙370mm 3.砂浆强度等级、配合比:M5.0混合砂浆	m3	TJ	TJ<体积>

图 5.2.9

(2)绘制女儿墙。

关闭定义界面，进入绘图界面。女儿墙采用“矩形”绘制，点击“绘图”面板中的“矩形”命令，如图 5.2.10 所示。在“构件列表”中选择“女儿墙 240”，捕捉 1 轴与 C 轴相交点为起点，捕捉 4 轴与 A 轴相交点为终点，完成女儿墙的绘制，如图 5.2.11 所示。

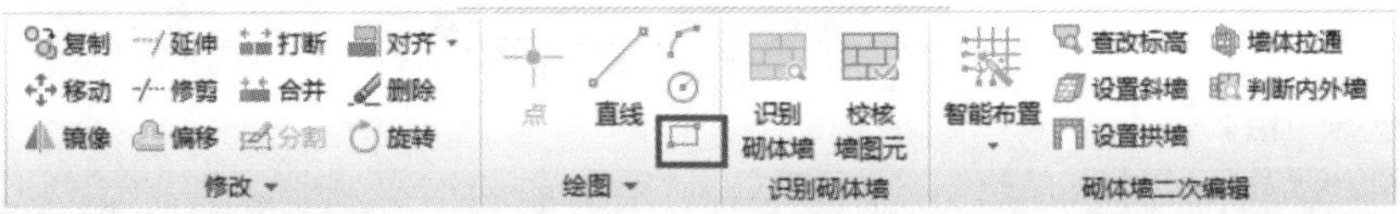

图 5.2.10

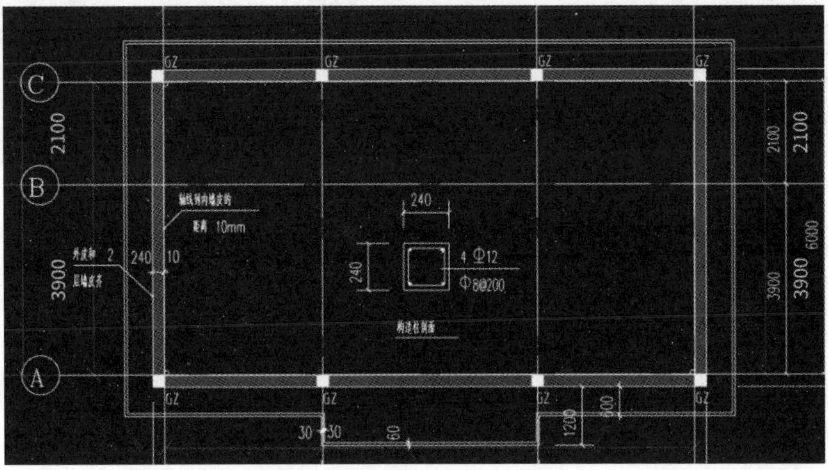

图 5.2.11

5.3 砌体加筋的定义及绘制

根据图纸说明,实心砖墙与框架柱及构造柱连接处应设连接筋,为砌体加筋。鼠标左键点击“砌体加筋二次编辑”中的“生成砌体加筋”,如图 5.3.1 所示。在弹出的“生成砌体加筋”窗口中,根据图纸,点击“加筋形式”中的“L-1 形”,在下方“当前节点示意图”中修改钢筋直径为“8”,如图 5.3.2 所示,其他加筋形式修改方式相同。

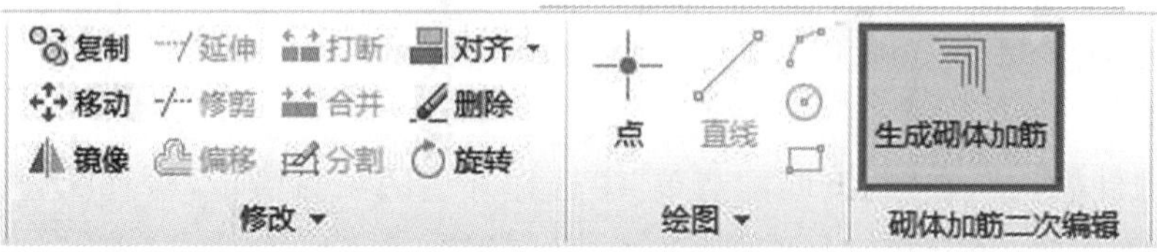

图 5.3.1

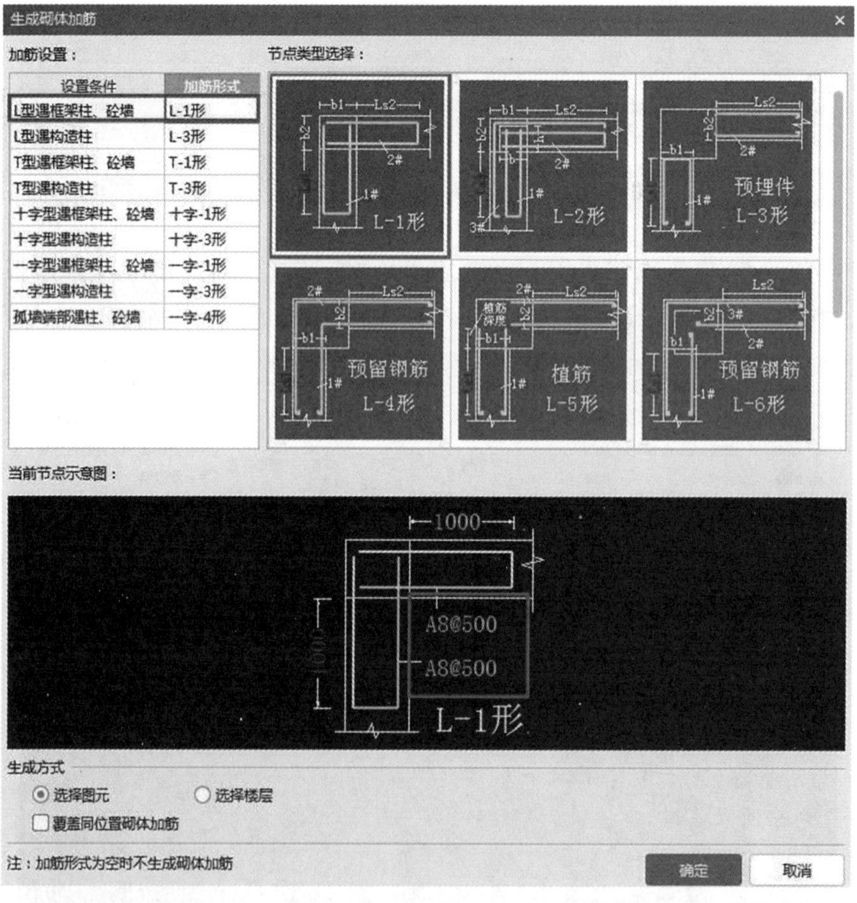

图 5.3.2

修改完成后,点击“选择楼层”,选择“全楼”,点击“确定”,完成砌体加筋布置,如图 5.3.3 所示。

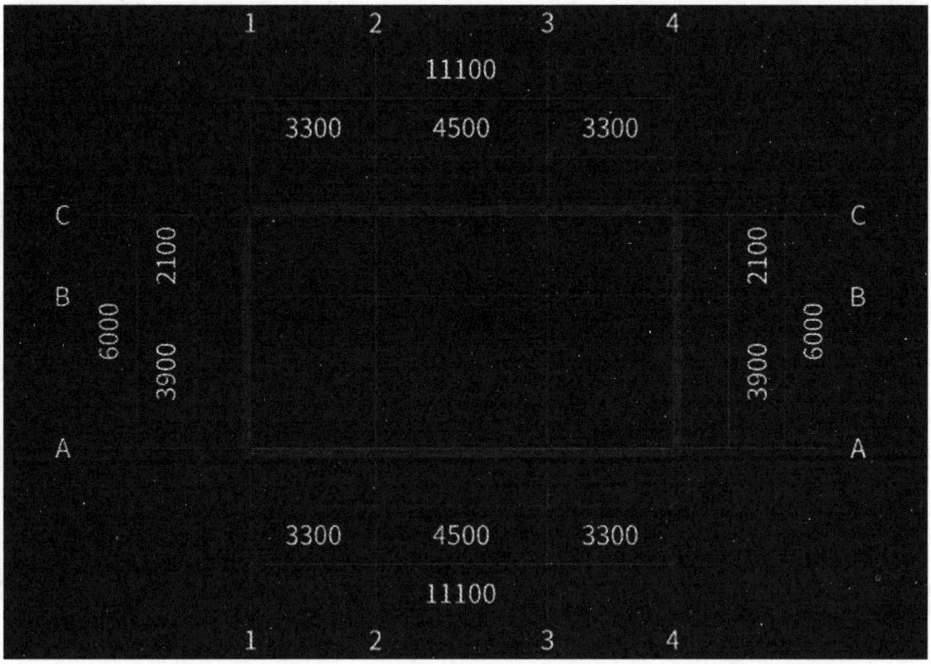
1
2
3
4
11100
3300
4500
3300
C
B
A
2100
3900
6000
C
B
A
2100
3900
6000
3300
4500
3300
11100
1
2
3
4

图 5.3.3

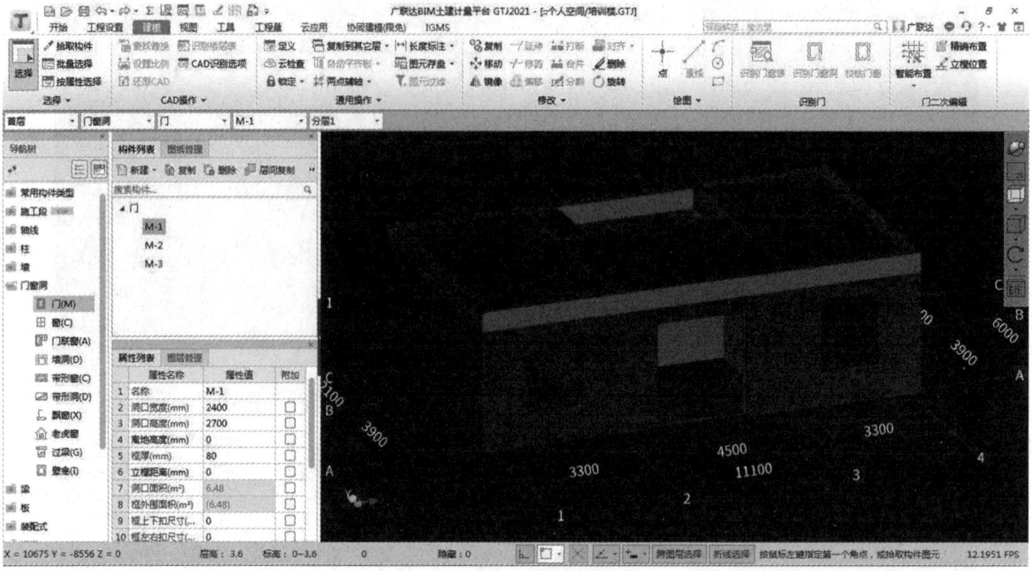

任务 6　门窗的定义及绘制

能力目标

(1)能定义并绘制门窗；

(2)能根据图纸构件做法正确套用清单。

知识目标

(1)掌握门窗的定义及绘制方法；

(2)掌握实体项目、措施项目的清单列项以及填写主要项目特征的操作。

6.1　首层门窗的定义及绘制

6.1.1　定义首层门窗

(1)定义门。

双击“导航树”中的“门”进入门定义界面，左键单击“构件列表”中的“新建”，再单击“新建矩形门”，新建“M-1”，修改“属性列表”中的信息，如图 6.1.1 所示。

属性列表　图层管理

	属性名称	属性值	附加
1	名称	M-1	
2	洞口宽度(mm)	2400	☐
3	洞口高度(mm)	2700	☐
4	离地高度(mm)	0	☐
5	框厚(mm)	80	☐
6	立樘距离(mm)	0	☐
7	洞口面积(m²)	6.48	☐
8	框外围面积(m²)	(6.328)	☐

属性列表　图层管理

	属性名称	属性值	附加
8	框外围面积(m²)	(6.328)	☐
9	框上下扣尺寸(...	30	☐
10	框左右扣尺寸(...	30	☐
11	是否随墙变斜	否	☐
12	备注		☐
13	⊕ 钢筋业务属性		
18	⊕ 土建业务属性		
21	⊕ 显示样式		

图 6.1.1

点击“构件做法”，在“查询匹配清单”中选择门的项目清单，检查所选清单的工程量表达式是否正确，填写项目特征，如图 6.1.2 所示。

构件做法

添加清单　添加定额　删除　查询 ▾　项目特征　fx 换算 ▾　做法刷　做法查询　提取做法　当前

	编码	类别	名称	项目特征	单位	工程量表达式	表达式说明
1	010801001	项	木质门	1.门材质:无纱镶板门 无亮 双扇	m2	DKMJ	DKMJ<洞口面积>

图 6.1.2

复制“M-1”为“M-2”，修改“属性列表”中的信息，如图 6.1.3 所示。修改清单项目特征，如图 6.1.4 所示。

属性列表

	属性名称	属性值	附加
1	名称	M-2	
2	洞口宽度(mm)	900	☐
3	洞口高度(mm)	2400	☐
4	离地高度(mm)	0	☐
5	框厚(mm)	80	☐
6	立樘距离(mm)	0	☐
7	洞口面积(m²)	2.16	☐
8	框外围面积(m²)	(2.16)	☐

属性列表

	属性名称	属性值	附加
9	框上下扣尺寸(...	0	☐
10	框左右扣尺寸(...	0	☐
11	是否随墙变斜	否	☐
12	备注		☐
13	⊕ 钢筋业务属性		
18	⊕ 土建业务属性		
21	⊕ 显示样式		

图 6.1.3

构件做法

添加清单　添加定额　删除　查询 ▾　项目特征　fx 换算 ▾　做法刷　做法查询　提取做法　当前

	编码	类别	名称	项目特征	单位	工程量表达式	表达式说明
1	010801001	项	木质门	1.门材质:无纱胶合板门 无亮 单扇	m2	DKMJ	DKMJ<洞口面积>

图 6.1.4

复制“M-2”为“M-3”,修改“属性列表”中的信息,如图 6.1.5 所示。修改清单项目特征,如图 6.1.6 所示。

属性列表

	属性名称	属性值	附加
1	名称	M-3	
2	洞口宽度(mm)	900	☐
3	洞口高度(mm)	2100	☐
4	离地高度(mm)	0	☐
5	框厚(mm)	80	☐
6	立樘距离(mm)	0	☐
7	洞口面积(m²)	1.89	☐
8	框外围面积(m²)	(1.89)	☐
9	框上下扣尺寸(...	0	☐
10	框左右扣尺寸(...	0	☐
11	是否随墙变斜	否	☐
12	备注		☐
13	⊞ 钢筋业务属性		
18	⊞ 土建业务属性		
21	⊞ 显示样式		

图 6.1.5

构件做法

添加清单 添加定额 删除 查询 项目特征 fx 换算 做法刷 做法查询 提取做法 当前

	编码	类别	名称	项目特征	单位	工程量表达式	表达式说明
1	010801001	项	木质门	1.门材质:无纱胶合板门 无亮单扇	m2	DKMJ	DKMJ<洞口面积>

图 6.1.6

(2)定义窗。

双击“导航树”中的“窗”进入窗定义界面,左键单击“构件列表”中的“新建”,再单击“新建矩形窗”,新建“C-1”,修改“属性列表”中的信息,如图 6.1.7 所示。

属性列表

	属性名称	属性值	附加
1	名称	C-1	
2	类别	普通窗	☐
3	顶标高(m)	层底标高+2.7	☐
4	洞口宽度(mm)	1500	☐
5	洞口高度(mm)	1800	☐
6	离地高度(mm)	900	☐
7	框厚(mm)	80	☐
8	立樘距离(mm)	0	☐
9	洞口面积(m²)	2.7	☐
10	框外围面积(m²)	(2.7)	☐
11	框上下扣尺寸(...	0	☐
12	框左右扣尺寸(...	0	☐
13	是否随墙变斜	是	☐
14	备注		☐
15	⊞ 钢筋业务属性		
20	⊞ 土建业务属性		
23	⊞ 显示样式		

图 6.1.7

点击“构件做法”,在“查询匹配清单”中选择窗的项目清单,检查所选清单的工程量表达式是否正确,填写项目特征,如图 6.1.8 所示。

构件做法

添加清单 添加定额 删除 查询 项目特征 fx 换算 做法刷 做法查询 提取做法 当前

	编码	类别	名称	项目特征	单位	工程量表达式	表达式说明
1	010807001	项	金属(塑钢、断桥)窗	1.框、扇材质:塑钢推拉窗 2.玻璃品种、厚度:普通玻璃	m2	DKMJ	DKMJ<洞口面积>

图 6.1.8

复制“C-1”为“C-2”,修改“属性列表”中的信息,如图 6.1.9 所示。修改清单项目特征,如图 6.1.10 所示。

属性列表

	属性名称	属性值	附加
1	名称	C-2	
2	类别	普通窗	☐
3	顶标高(m)	层底标高+2.7	☐
4	洞口宽度(mm)	1800	☐
5	洞口高度(mm)	1800	☐
6	离地高度(mm)	900	☐
7	框厚(mm)	80	☐
8	立樘距离(mm)	0	☐
9	洞口面积(m²)	3.24	☐

属性列表

	属性名称	属性值	附加
10	框外围面积(m²)	(3.24)	☐
11	框上下扣尺寸(...	0	☐
12	框左右扣尺寸(...	0	☐
13	是否随墙变斜	是	☐
14	备注		☐
15	⊞ 钢筋业务属性		
20	⊞ 土建业务属性		
23	⊞ 显示样式		

图 6.1.9

构件做法

添加清单　添加定额　删除　查询　项目特征　fx 换算　做法刷　做法查询　提取做法　当前

	编码	类别	名称	项目特征	单位	工程量表达式	表达式说明
1	010807001	项	金属(塑钢、断桥)窗	1.框、扇材质:塑钢推拉窗 2.玻璃品种、厚度:普通玻璃	m2	DKMJ	DKMJ<洞口面积>

图 6.1.10

6.1.2　绘制首层门窗

关闭定义界面，进入绘图界面，定位“首层平面图”，如图 6.1.11 所示。点击“绘图”面板中的“点”命令，如图 6.1.12 所示。在“构件列表”中选择“M-1”，捕捉定位图纸中“M-1”右下角，如图 6.1.13 所示。用相同的绘制方法完成首层其余门窗的绘制，如图 6.1.14所示。

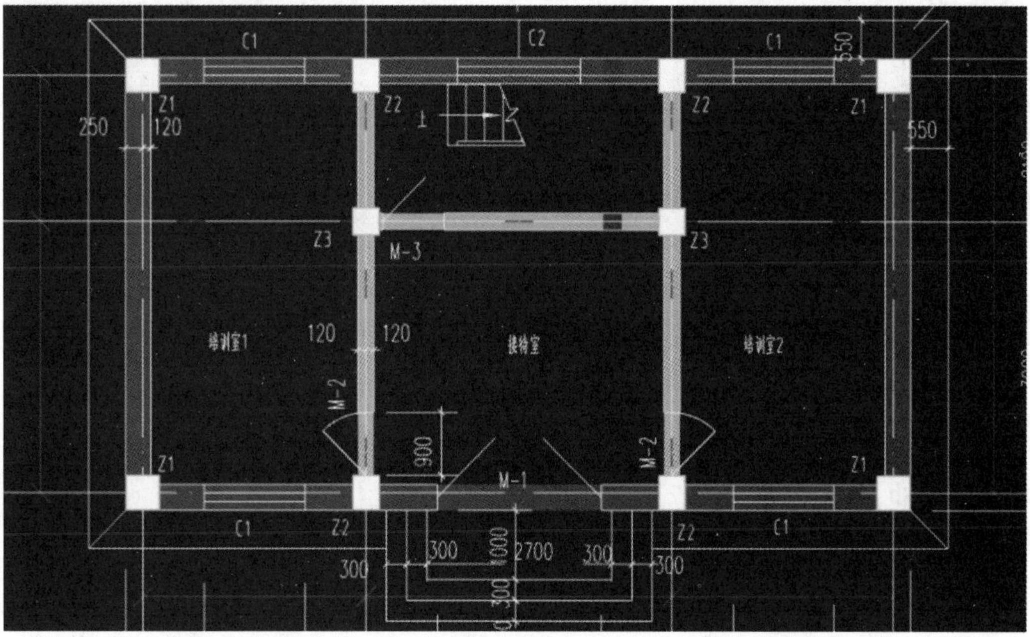

图 6.1.11

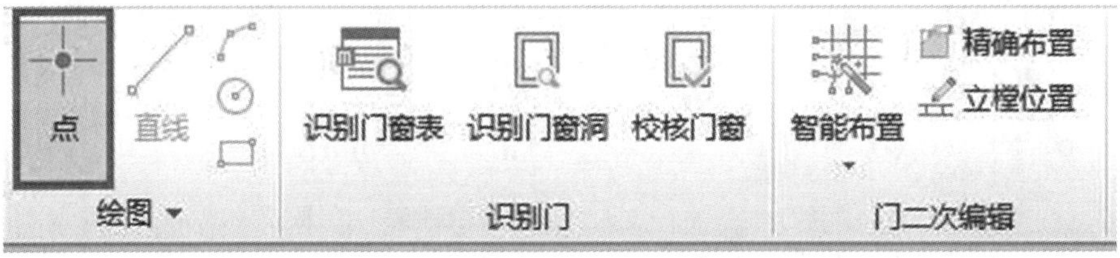

图 6.1.12

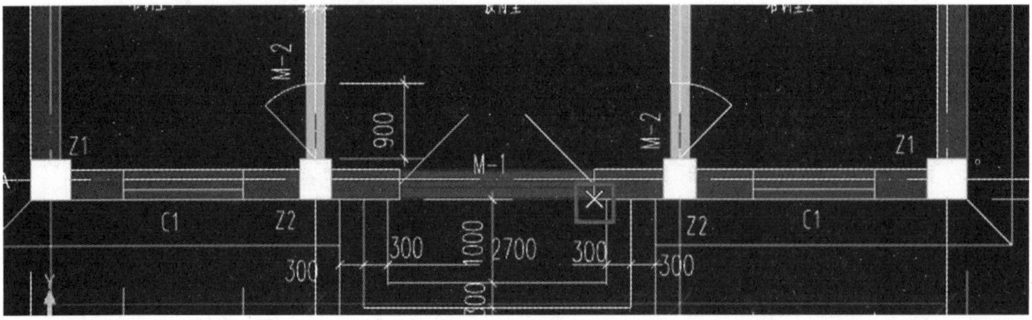

图 6.1.13

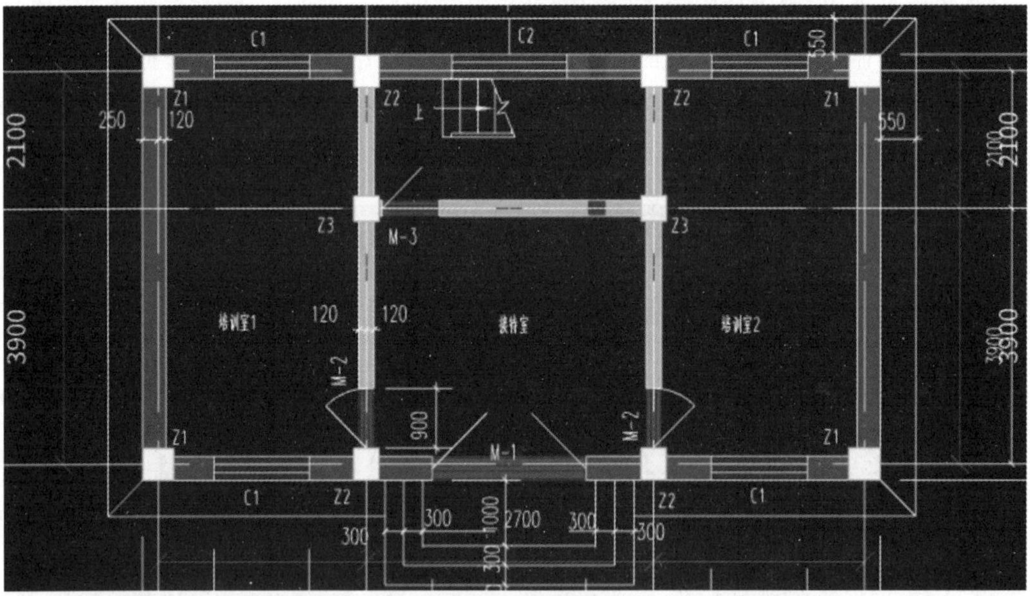

图 6.1.14

6.2 其他层门窗的定义及绘制

对比“首层平面图”与“二层平面图”可知，首层“M-1”位置在二层是“MLC-1”，其余门窗位置不变。点击“选择”面板中的“批量选择”(快捷键为“F3”)，如图 6.2.1 所示。在弹出的提示框中选择首层所有门窗，如图 6.2.2 所示。在“通用操作”面板中，选择“复制到其它层”，如图 6.2.3 所示。在弹出的提示框中选择“第 2 层”，点击“确定”，弹出“复制图元冲突处理方式”，选择“覆盖目标层同名构件所有属性”与“覆盖目标层同位置同类型图元”，如图 6.2.4 所示，完成门窗复制。

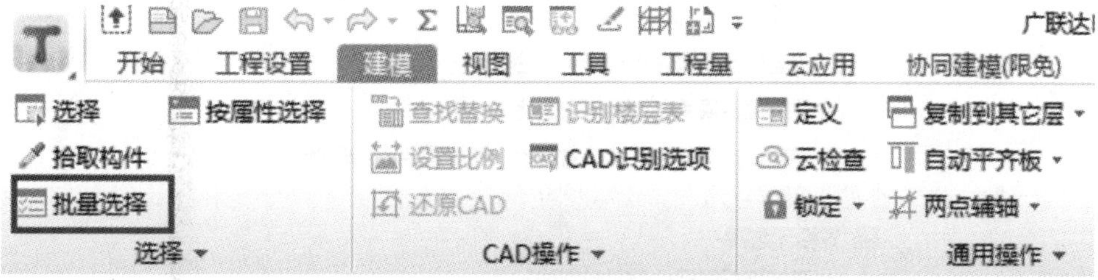

图 6.2.1

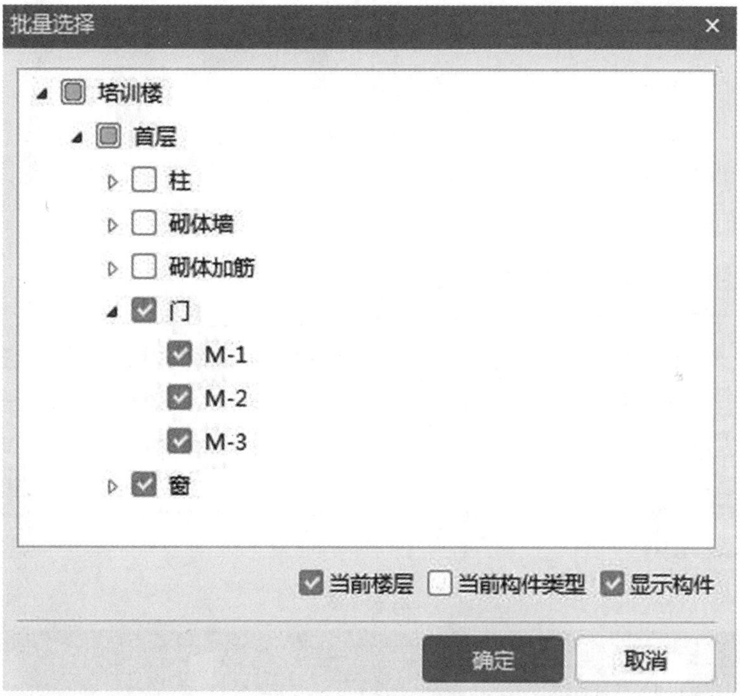

图 6.2.2

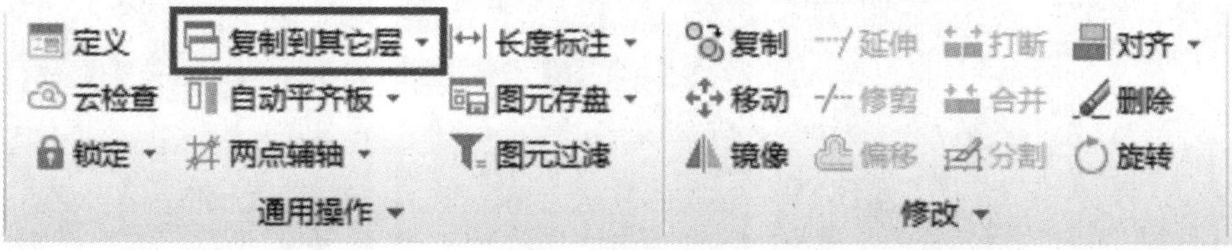

图 6.2.3

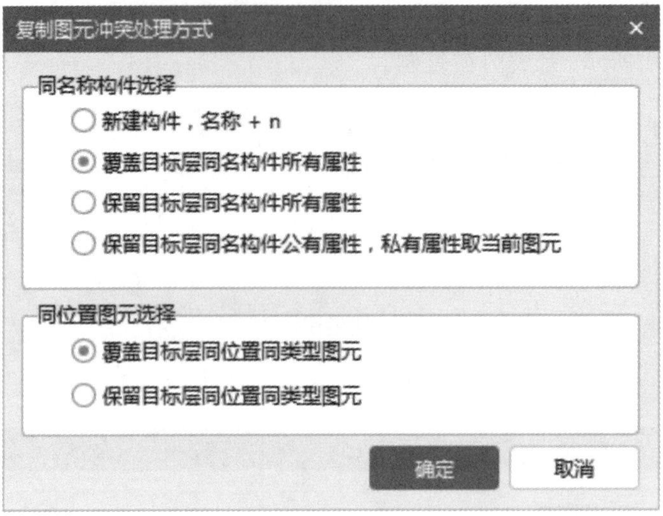

图 6.2.4

将楼层修改为“第 2 层”，如图 6.2.5 所示。定位“二层平面图”，根据图纸，删除“M-1”，如图 6.2.6 所示。

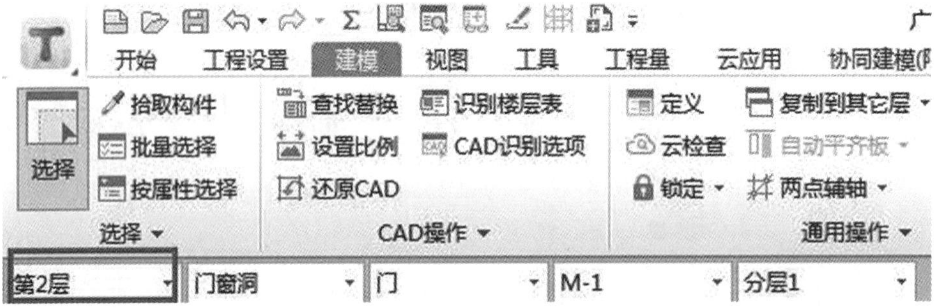

图 6.2.5

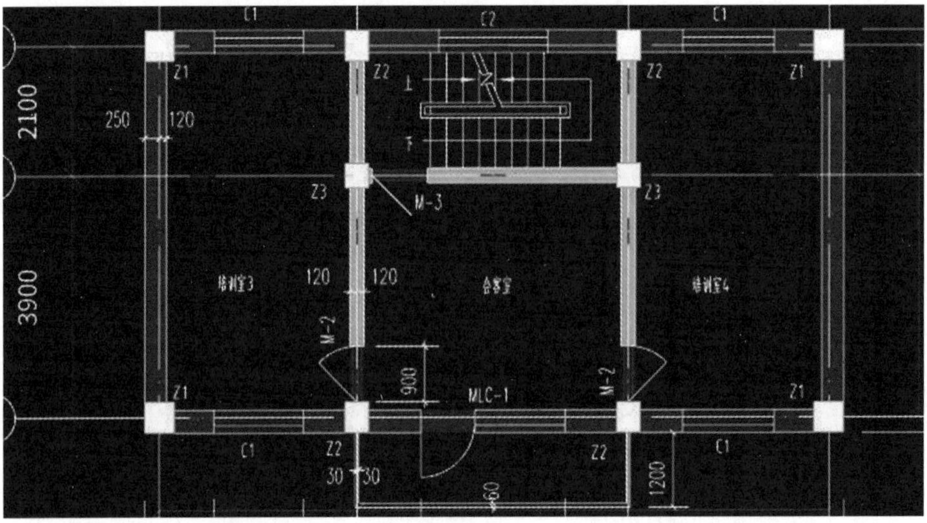

图 6.2.6

双击“导航树”中的“门联窗”，左键单击“构件列表”中的“新建”，再单击“新建门联窗”，新建“MLC-1”，修改“属性列表”中的信息，如图 6.2.7 所示。

属性列表

	属性名称	属性值	附加
1	名称	MLC-1	
2	洞口宽度(mm)	2400	☐
3	洞口高度(mm)	2700	☐
4	窗宽度(mm)	1500	☐
5	门离地高度(mm)	0	☐
6	窗距门相对高...	900	☐
7	窗位置	靠右	☐
8	框厚(mm)	80	☐
9	立樘距离(mm)	0	☐
10	洞口面积(m²)	5.13	☐
11	门框外围面积(...	(2.43)	☐
12	窗框外围面积(...	(2.7)	☐
13	门框上下扣尺...	0	☐
14	门框左右扣尺...	0	☐
15	窗框上下扣尺...	0	☐
16	窗框左右扣尺...	0	☐
17	是否随墙变斜	否	☐
18	备注		☐
19	⊕ 钢筋业务属性		
24	⊕ 土建业务属性		
27	⊕ 显示样式		

图 6.2.7

门联窗中门和窗材质不一致，点击“构件做法”，“查询匹配清单”中并无合适的门联窗清单，因此，分别按门和窗选择项目清单，检查所选清单的工程量表达式是否正确，填写项目特征，如图 6.2.8 所示。

构件做法

添加清单　添加定额　删除　查询 ▾　项目特征　fx 换算 ▾　做法刷　做法查询　提取做法　当前

	编码	类别	名称	项目特征	单位	工程量表达式	表达式说明
1	010801001	项	木质门	1.门材质:无纱镶板门 无亮 单扇	m2	MDKMJ	MDKMJ<门洞口面积>
2	010807001	项	金属(塑钢、断桥)窗	1.框、扇材质:塑钢推拉窗 2.玻璃品种、厚度:普通玻璃	m2	CDKMJ	CDKMJ<窗洞口面积>

图 6.2.8

关闭定义界面，进入绘图界面。点击“绘图”面板中的“点”命令，如图 6.2.9 所示。在“构件列表”中选择“MLC-1”，捕捉定位图纸中“MLC-1”右下角，如图 6.2.10 所示。完成二层门联窗的绘制，如图 6.2.11 所示。

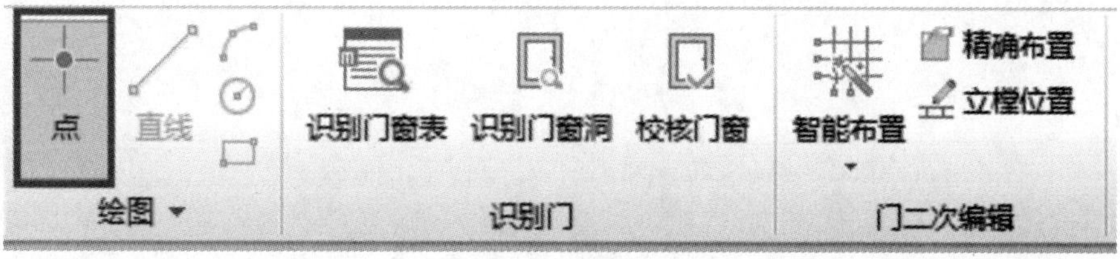

图 6.2.9

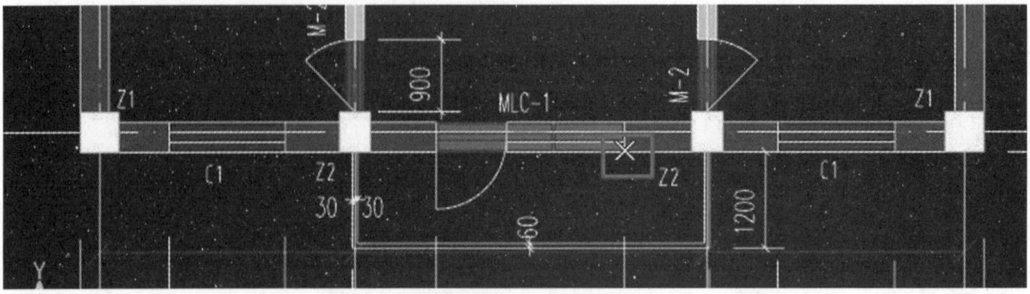

图 6.2.10

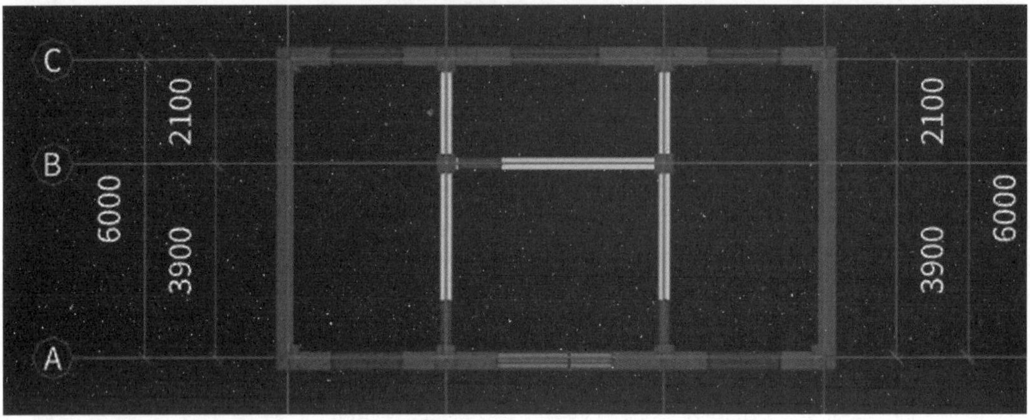

图 6.2.11

点击绘图界面右侧的“动态观察”按钮,通过拖曳鼠标左键,可以在显示的三维视图中看到门联窗中的窗靠左,如图 6.2.12 所示。根据图纸可知窗位置靠右。

选择门联窗图元,其“属性列表”中,“窗位置”为“靠右”,如图 6.2.13 所示。

图 6.2.12

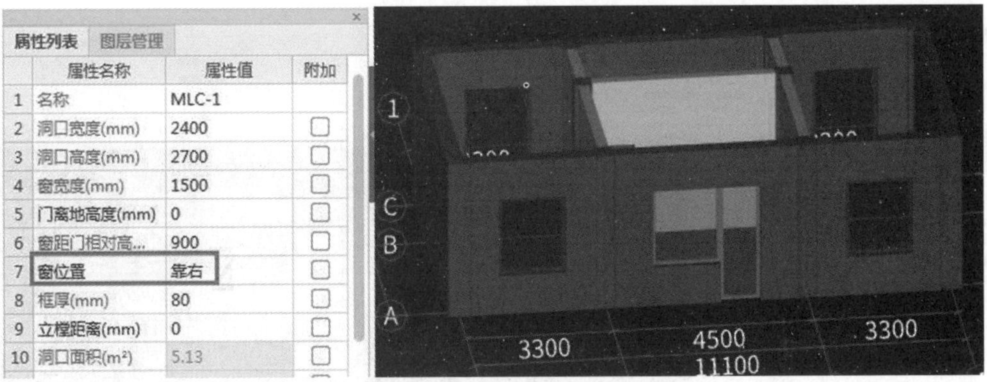

图 6.2.13

将“窗位置”改成“靠左”后，在三维视图中可以看到窗位置变成了靠左，如图 6.2.14 所示。

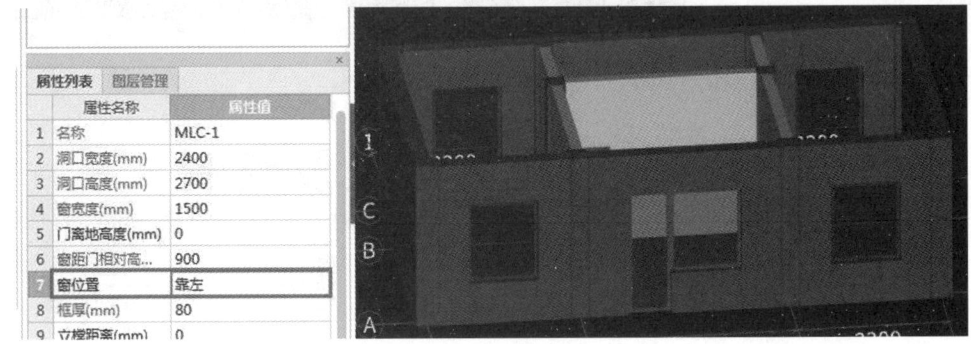

图 6.2.14

上述图元方向与“属性列表”中不一致的问题与门窗父图元(墙体)绘制方向有关。点击“2D 俯视”，切换为二维视图，按键盘左上角的“～”，这时，墙体上显示出箭头，箭头方向为墙体绘制方向，A 轴墙体绘制方向与 X 轴方向相反，因此，出现上述图元方向与“属性列表”中不一致的问题(见图 6.2.15)。

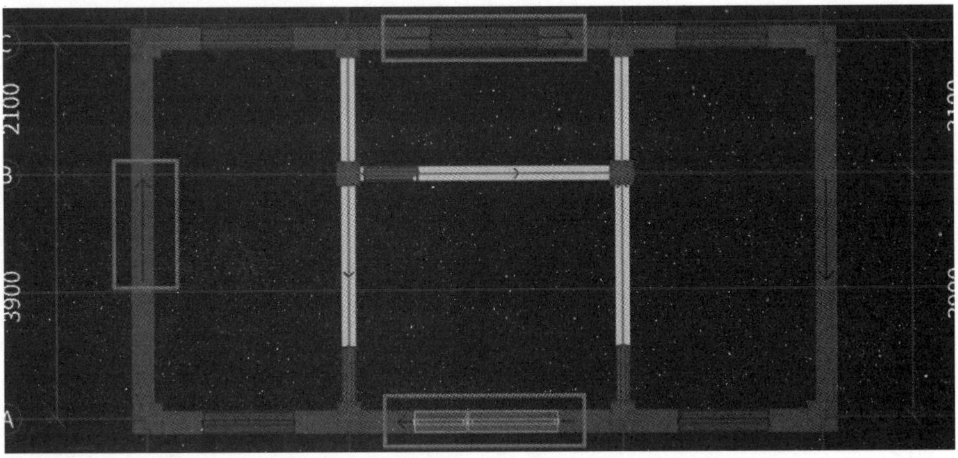

图 6.2.15

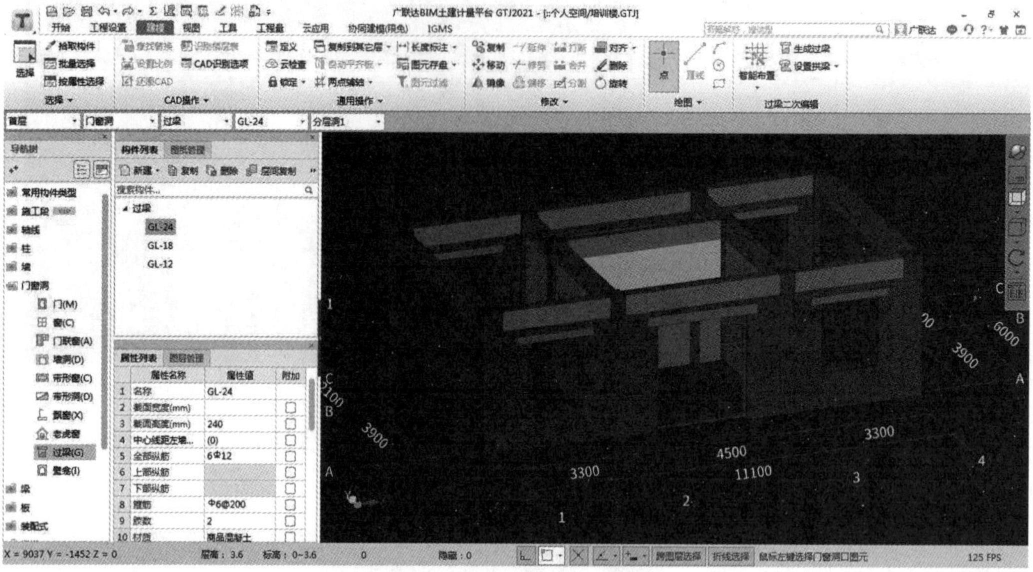

任务7　过梁的定义及绘制

能力目标

(1)能定义并绘制过梁件；

(2)能根据图纸构件做法正确套用清单。

知识目标

(1)掌握过梁的定义及绘制方法；

(2)掌握实体项目、措施项目的清单列项以及填写主要项目特征的操作。

7.1　首层过梁的定义及绘制

7.1.1　定义首层过梁

双击“导航树”中的“过梁”进入过梁定义界面，左键单击“构件列表”中的“新建”，再单击“新建矩形过梁”，新建“GL-24”，修改“属性列表”中的信息，如图 7.1.1 所示。

属性列表　图层管理

	属性名称	属性值	附加
1	名称	GL-24	
2	截面宽度(mm)		☐
3	截面高度(mm)	240	☐
4	中心线距左墙...	(0)	☐
5	全部纵筋	6Φ12	☐
6	上部纵筋		☐
7	下部纵筋		☐
8	箍筋	Φ6@200	☐
9	肢数	2	☐
10	材质	商品混凝土	☐
11	混凝土类型	(混凝土20石)	☐
12	混凝土强度等级	(C25)	☐
13	混凝土外加剂	(无)	
14	泵送类型	(混凝土泵)	

属性列表　图层管理

	属性名称	属性值	附加
13	混凝土外加剂	(无)	
14	泵送类型	(混凝土泵)	
15	泵送高度(m)		
16	位置	洞口上方	☐
17	顶标高(m)	洞口顶标高加...	☐
18	起点伸入墙内...	250	☐
19	终点伸入墙内...	250	☐
20	长度(mm)	(500)	☐
21	截面周长(m)	0.48	☐
22	截面面积(m²)	0	☐
23	备注		☐
24	⊞ 钢筋业务属性		
36	⊞ 土建业务属性		
40	⊞ 显示样式		

图 7.1.1

点击“构件做法”，在“查询匹配清单”中选择过梁的项目清单，检查所选清单的工程量表达式是否正确，填写项目特征，如图 7.1.2 所示。

箍筋组合示意图　构件做法

添加清单　添加定额　删除　查询　项目特征　fx 换算　做法刷　做法查询　提取做法　当前

	编码	类别	名称	项目特征	单位	工程量表达式	表达式说明
1	010503005	项	过梁	1.混凝土种类:预拌 2.混凝土强度等级:C25	m3	TJ	TJ<体积>
2	011702009	项	过梁	1.构建类型:过梁370mm宽	m2	MBMJ	MBMJ<模板面积>

图 7.1.2

复制“GL-24”为“GL-25”，修改名称为“GL-18”，再修改“属性列表”中的信息，如图 7.1.3 所示。修改清单项目特征，如图 7.1.4 所示。

属性列表

	属性名称	属性值	附加
1	名称	GL-18	
2	截面宽度(mm)		☐
3	截面高度(mm)	180	☐
4	中心线距左墙...	(0)	☐
5	全部纵筋	6Φ12	☐
6	上部纵筋		☐
7	下部纵筋		☐
8	箍筋	Φ6@200	☐
9	肢数	2	☐
10	材质	商品混凝土	☐
11	混凝土类型	(混凝土20石)	☐
12	混凝土强度等级	(C25)	☐

属性列表

	属性名称	属性值	附加
16	位置	洞口上方	☐
17	顶标高(m)	洞口顶标高加过梁...	☐
18	起点伸入墙内...	250	☐
19	终点伸入墙内...	250	☐
20	长度(mm)	(500)	☐
21	截面周长(m)	0.36	☐
22	截面面积(m²)	0	☐
23	备注		☐
24	⊞ 钢筋业务属性		
36	⊞ 土建业务属性		
40	⊞ 显示样式		

图 7.1.3

箍筋组合示意图 构件做法

添加清单 添加定额 删除 查询 项目特征 fx 换算 做法刷 做法查询 提取做法 当前

	编码	类别	名称	项目特征	单位	工程量表达式	表达式说明
1	010503005	项	过梁	1.混凝土种类:预拌 2.混凝土强度等级:C25	m3	TJ	TJ<体积>
2	011702009	项	过梁	1.构建类型:过梁370mm宽	m2	MBMJ	MBMJ<模板面积>

图 7.1.4

复制“GL-18”为“GL-19”,修改名称为“GL-12”,再修改“属性列表”中的信息,如图 7.1.5 所示。修改清单项目特征,如图 7.1.6 所示。

属性列表

	属性名称	属性值	附加
1	名称	GL-12	
2	截面宽度(mm)		☐
3	截面高度(mm)	120	☐
4	中心线距左墙...	(0)	☐
5	全部纵筋	4⌀12	☐
6	上部纵筋		☐
7	下部纵筋		☐
8	箍筋	⌀6@200	☐
9	肢数	2	☐
10	材质	商品混凝土	☐
11	混凝土类型	(混凝土20石)	☐
12	混凝土强度等级	(C25)	☐
13	混凝土外加剂	(无)	
14	泵送类型	(混凝土泵)	
15	泵送高度(m)		
16	位置	洞口上方	☐
17	顶标高(m)	洞口顶标高加过...	☐
18	起点伸入墙内...	250	☐
19	终点伸入墙内...	250	☐
20	长度(mm)	(500)	☐
21	截面周长(m)	0.24	☐
22	截面面积(m²)	0	☐
23	备注		☐
24	⊕ 钢筋业务属性		
36	⊕ 土建业务属性		
40	⊕ 显示样式		

图 7.1.5

箍筋组合示意图 构件做法

添加清单 添加定额 删除 查询 项目特征 fx 换算 做法刷 做法查询 提取做法 当前

	编码	类别	名称	项目特征	单位	工程量表达式	表达式说明
1	010503005	项	过梁	1.混凝土种类:预拌 2.混凝土强度等级:C25	m3	TJ	TJ<体积>
2	011702009	项	过梁	1.构建类型:过梁240mm宽	m2	MBMJ	MBMJ<模板面积>

图 7.1.6

7.1.2 绘制首层过梁

关闭定义界面,进入绘图界面。点击“绘图”面板中的“点”命令,如图 7.1.7 所示。在“构件列表”中选择“GL-24”,捕捉“M-1”,如图 7.1.8 所示。鼠标左键单击“M-1”,完成“M-1”过梁的绘制。用相同的绘制方法完成首层其他过梁的绘制,如图 7.1.9 所示。

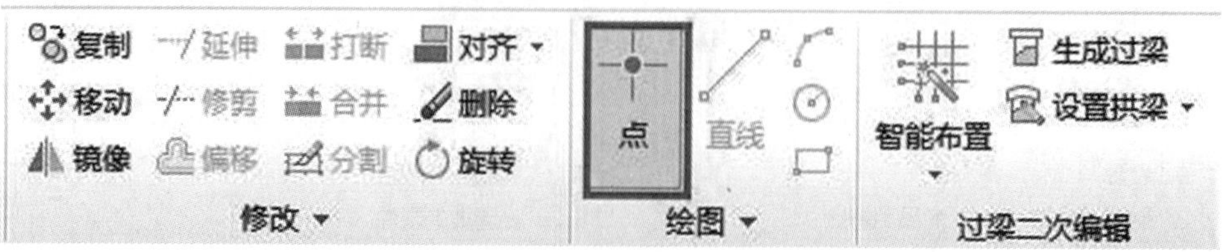

图 7.1.7

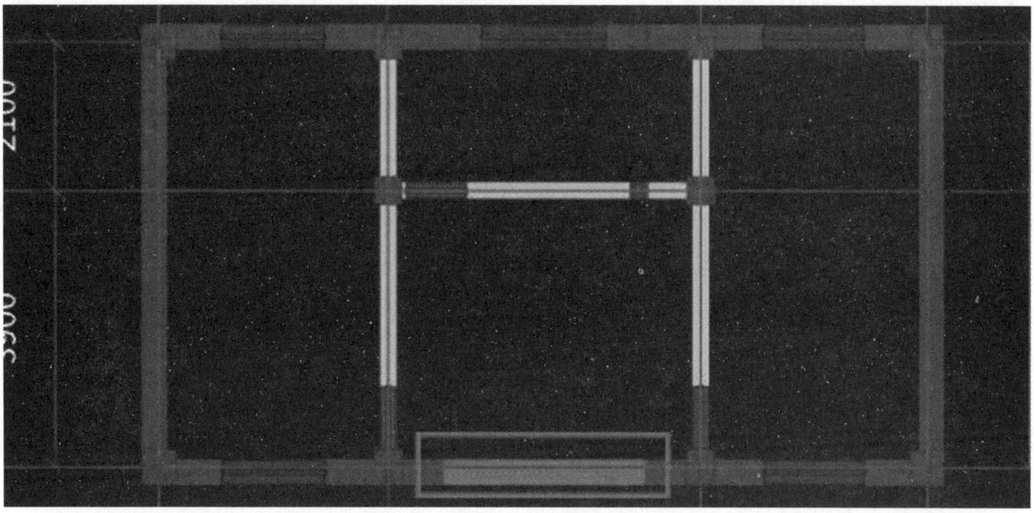

图 7.1.8

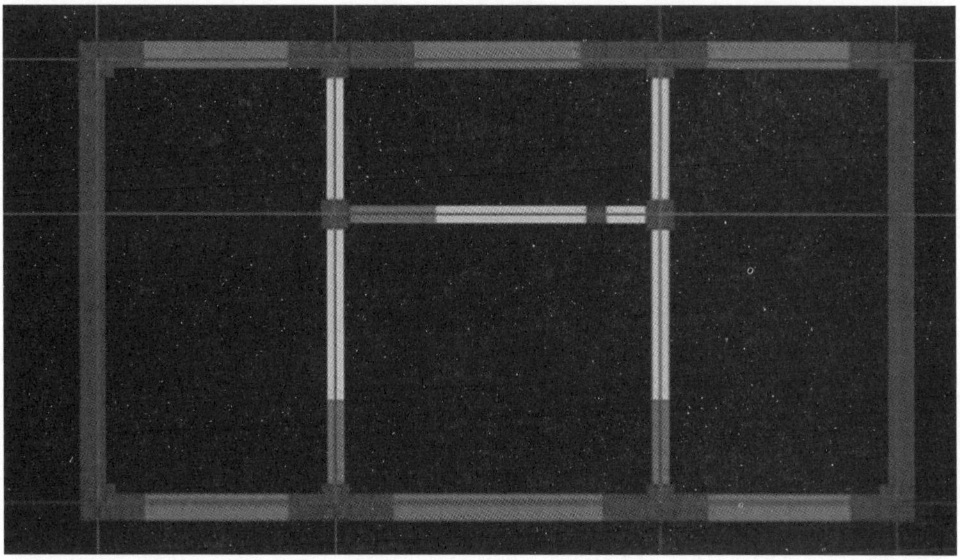

图 7.1.9

7.2　其他层过梁的定义及绘制

对比“首层平面图”与“二层平面图”可知，首层“M-1”位置在二层是“MLC-1”，“M-1”与“MLC-1”过梁均为“GL-24”，其余门窗的过梁也不变，可以从首层复制过梁到二层。点击“选择”面板中的“批量选择”(快捷键为“F3”)，如图 7.2.1 所示。在弹出的提示框中选择首层所有过梁，如图 7.2.2 所示。在“通用操作”面板中，选择“复制到其它层”，如图 7.2.3 所示。在弹出的提示框中选择“第 2 层”，点击“确定”，弹出“复制图元冲突处理方式”，选择“覆盖目标层同名构件所有属性”与“覆盖目标层同位置同类型图元”，如图

7.2.4 所示,完成过梁复制。首层过梁与二层过梁一致,不需要修改。

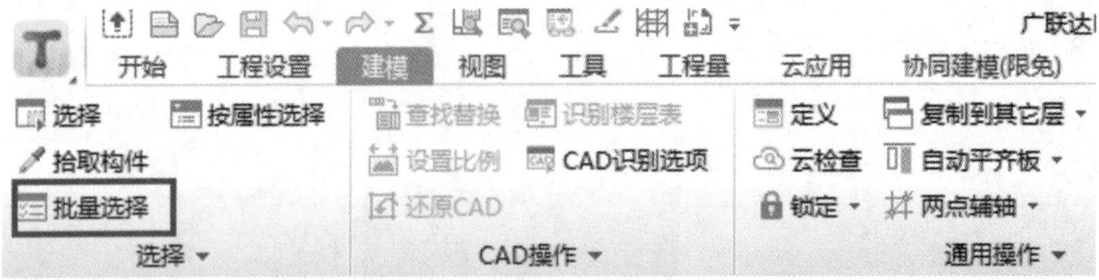

图 7.2.1

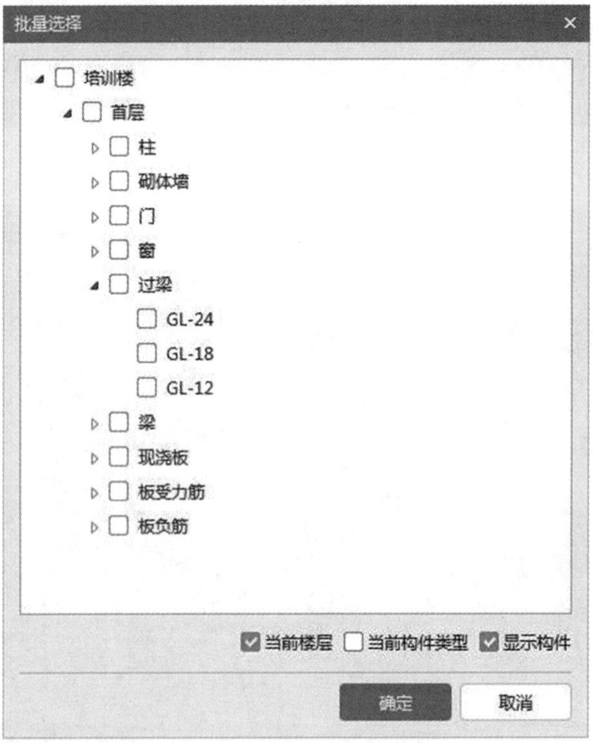

图 7.2.2

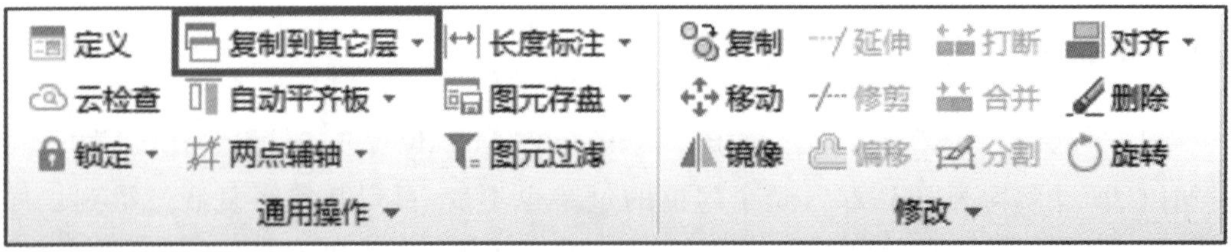

图 7.2.3

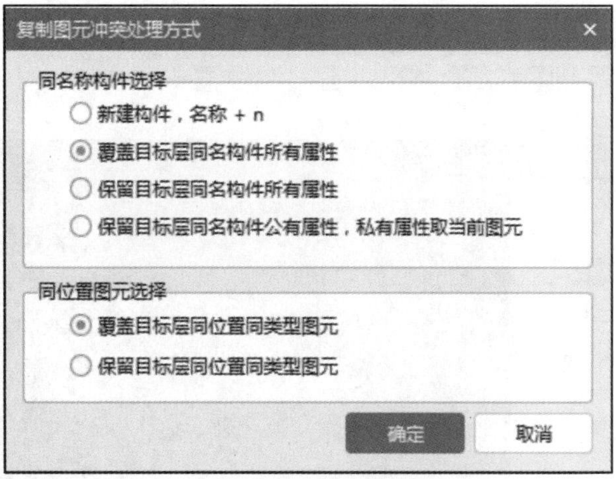
复制图元冲突处理方式
同名称构件选择
新建构件，名称 + n
覆盖目标层同名构件所有属性
保留目标层同名构件所有属性
保留目标层同名构件公有属性，私有属性取当前图元
同位置图元选择
覆盖目标层同位置同类型图元
保留目标层同位置同类型图元
确定
取消

图 7.2.4

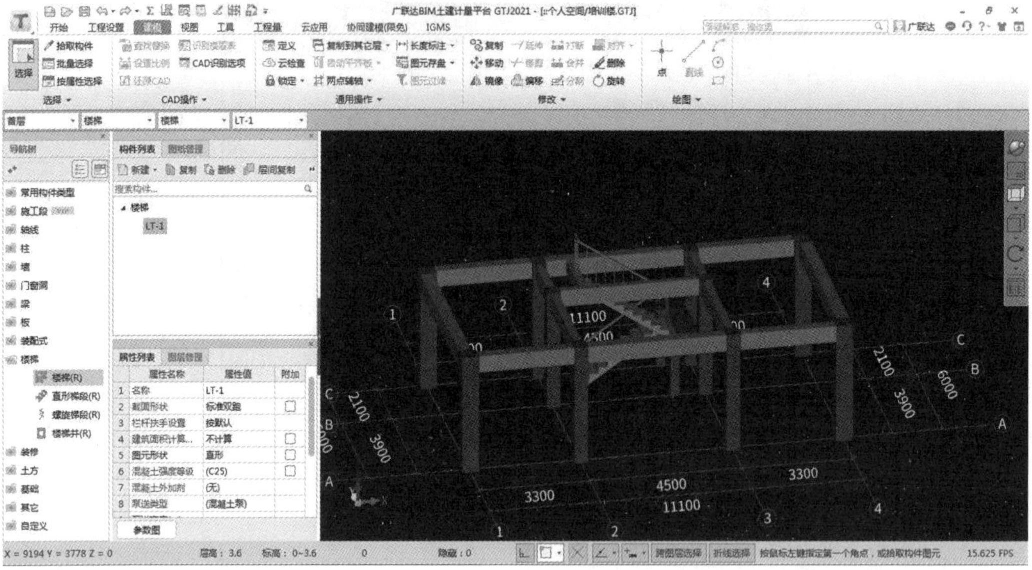

任务 8　楼梯的定义及绘制

能力目标

(1)能定义并绘制楼梯；

(2)能根据图纸构件做法正确套用清单。

知识目标

(1)掌握楼梯的定义及绘制方法；

(2)掌握实体项目、措施项目的清单列项以及填写主要项目特征的操作。

8.1　定义楼梯

双击“导航树”中的“楼梯”进入楼梯定义界面，左键单击“构件列表”中的“新建”，再单击“新建参数化楼梯”，如图 8.1.1 所示。在弹出的“选择参数化图形”窗口中，选择“标准双跑”，点击“确定”，如图 8.1.2 所示。

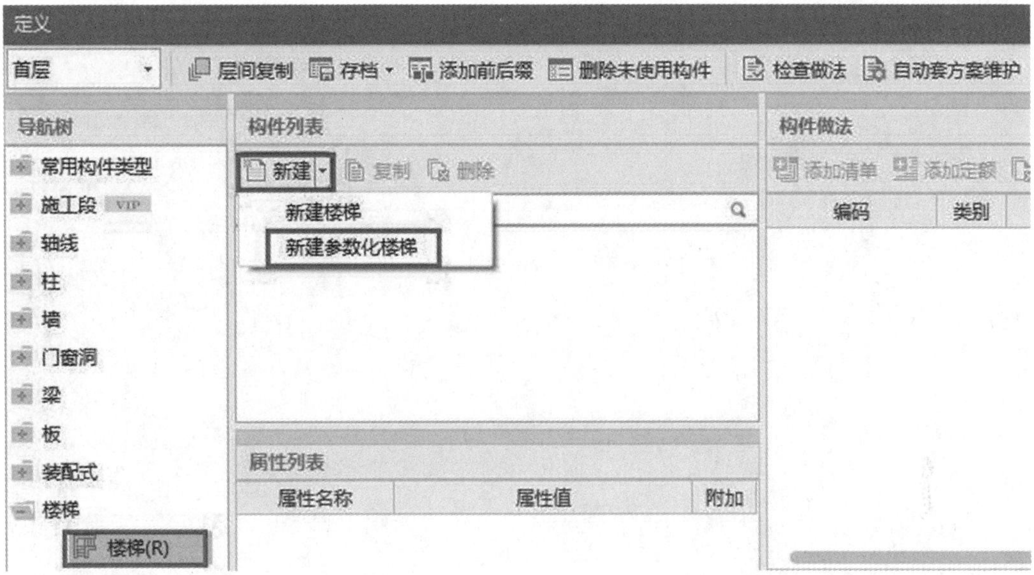

图 8.1.1

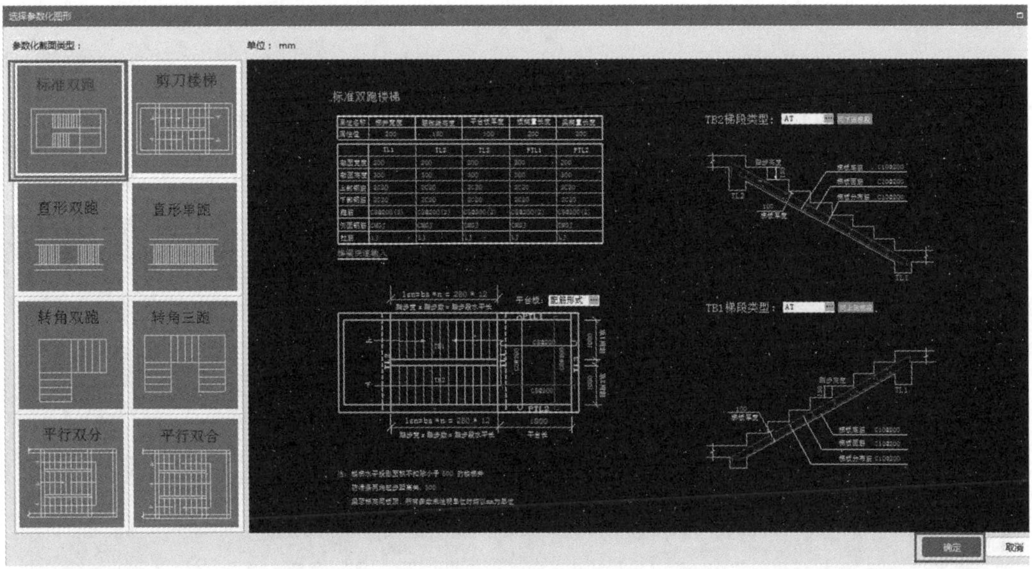

图 8.1.2

首层楼梯为板式楼梯，包括休息平台、平台梁、斜梁及楼梯与楼板连接的梁、踏步板、踏步，板与梁未伸入墙中，即“板搁置长度”与“梁搁置长度”为 0。根据图纸信息，参数表格中 TL1 与 TL2 对应图纸都为 TL1，图纸中无 TL3、PTL1、PTL2。填写表格信息，如图 8.1.3 所示。

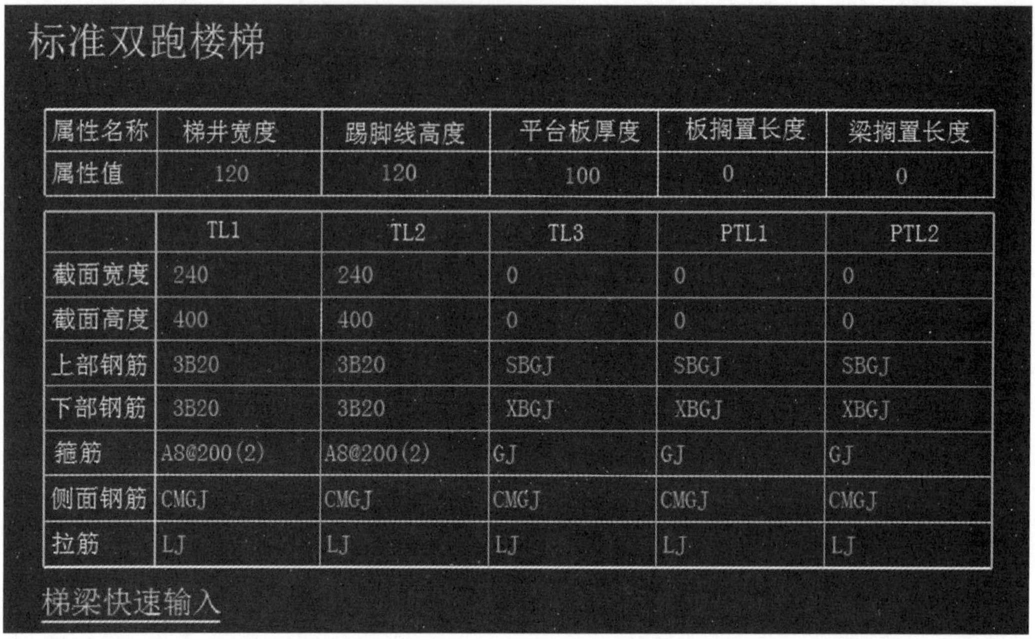

标准双跑楼梯

属性名称	梯井宽度	踢脚线高度	平台板厚度	板搁置长度	梁搁置长度
属性值	120	120	100	0	0

	TL1	TL2	TL3	PTL1	PTL2
截面宽度	240	240	0	0	0
截面高度	400	400	0	0	0
上部钢筋	3B20	3B20	SBGJ	SBGJ	SBGJ
下部钢筋	3B20	3B20	XBGJ	XBGJ	XBGJ
箍筋	A8@200(2)	A8@200(2)	GJ	GJ	GJ
侧面钢筋	CMGJ	CMGJ	CMGJ	CMGJ	CMGJ
拉筋	LJ	LJ	LJ	LJ	LJ

梯梁快速输入

图 8.1.3

在参数表格右侧修改 TB2 梯段类型,点击“…”,如图 8.1.4 所示。在弹出的“选择梯段类型”窗口中,选择“AT 型(没有平台)”“非贯通筋 1”,点击“确定”,如图 8.1.5 所示。

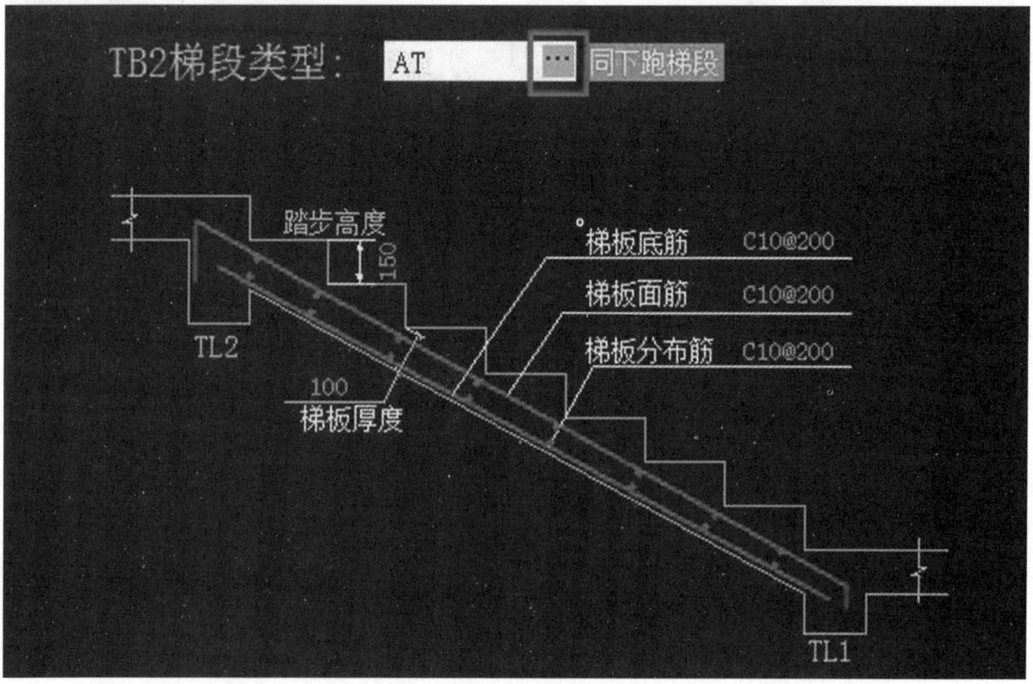

图 8.1.4

【注意】修改梯段类型后，表格下方的“踏步宽×踏步数”数据将会变成默认数据，所以应先修改梯段类型，再修改表格下方的“踏步宽×踏步数”数据。

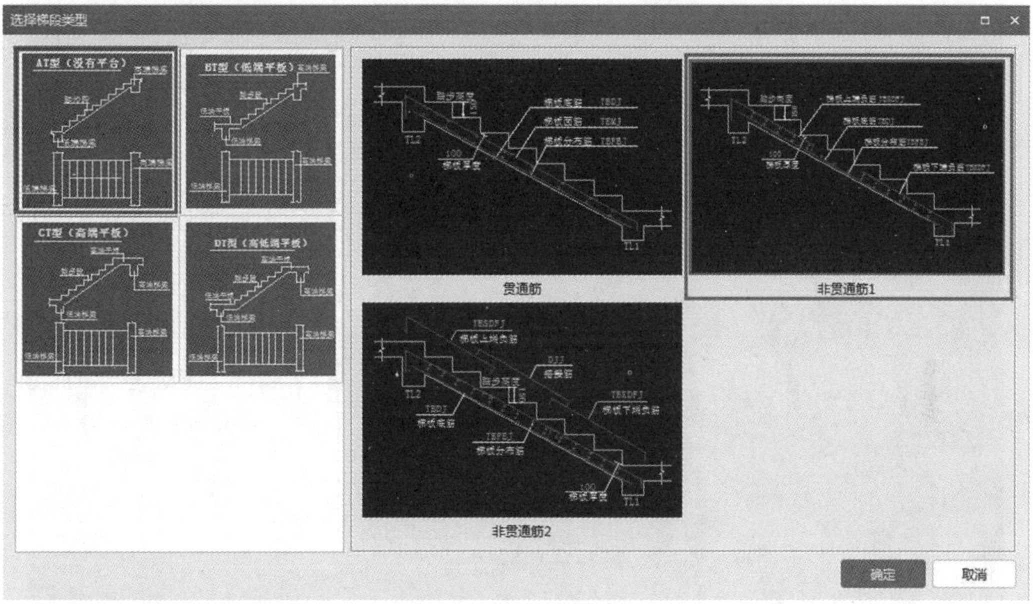

图 8.1.5

根据图纸，修改 TB2 梯段尺寸、钢筋信息，如图 8.1.6 所示。TB1 梯段类型、尺寸、钢筋信息与 TB2 梯段一致，点击“同上跑梯段”即可完全复制 TB2 梯段信息，如图 8.1.7 所示。

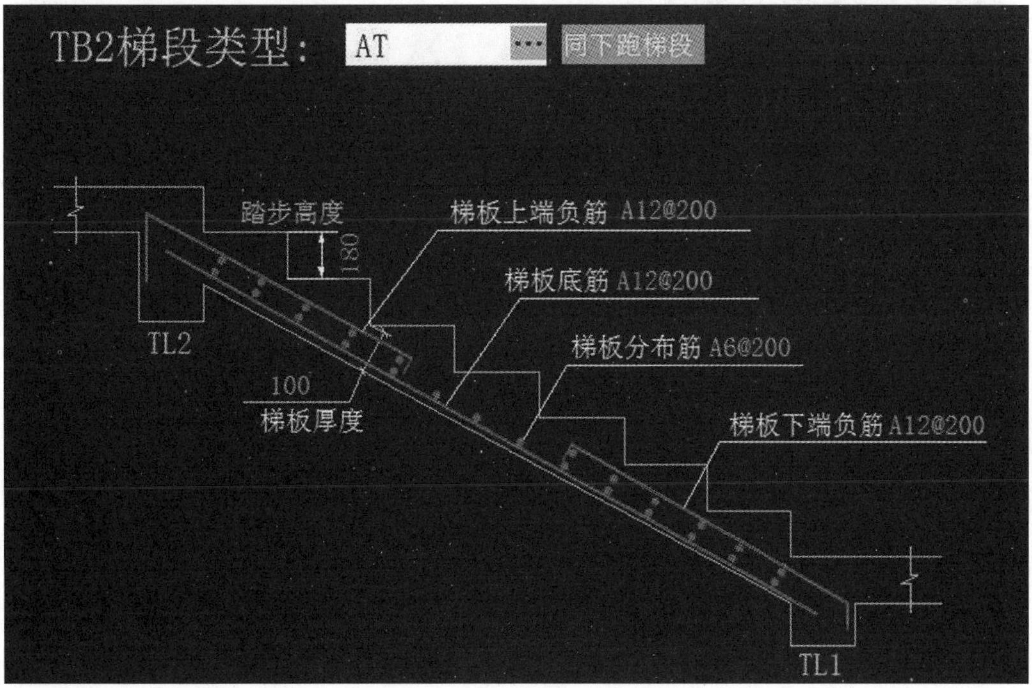

图 8.1.6

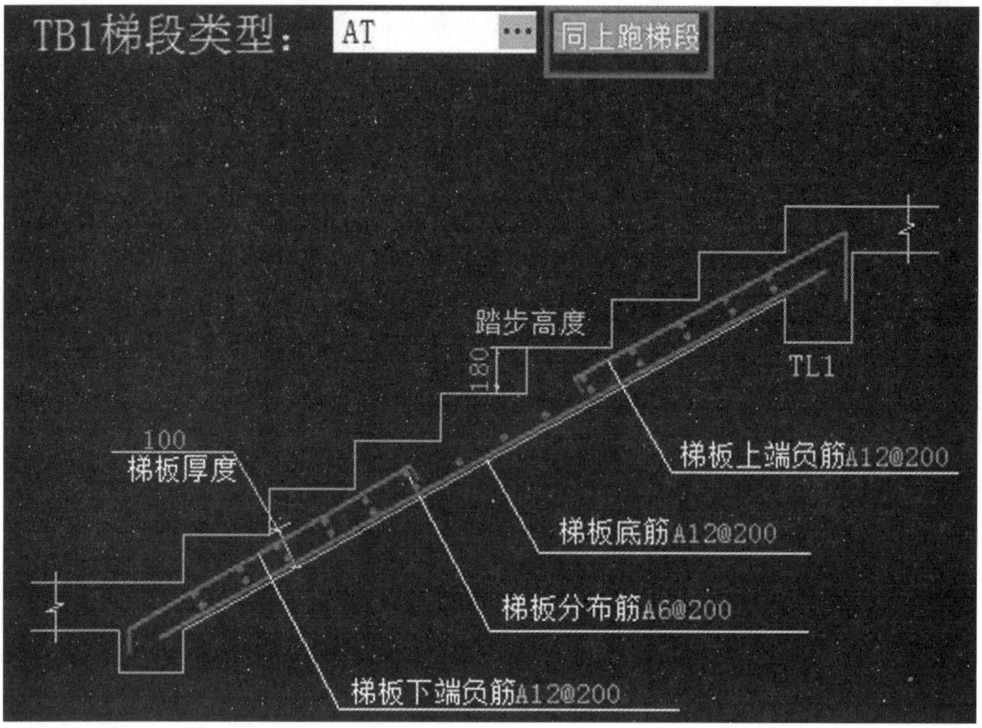

图 8.1.7

根据图纸可知，楼梯垂直方向踏步数为 10，则水平方向踏步数为 9(不计休息平台)，每个踏步宽为 2430÷9＝270 mm，填写表格下方踏步及休息平台参数，如图 8.1.8 所示。

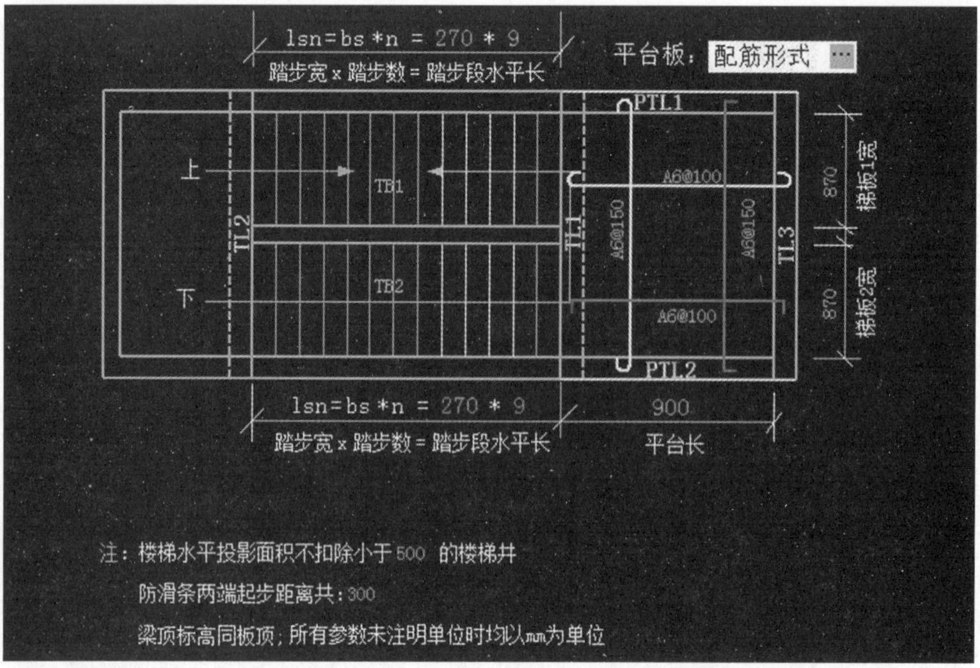

图 8.1.8

点击“构件做法”，在“查询匹配清单”中选择楼梯的项目清单，检查所选清单的工程量表达式是否正确，填写项目特征，如图 8.1.9 所示。

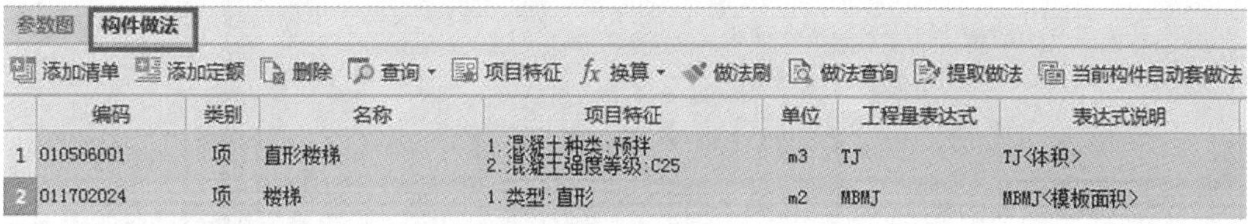

图 8.1.9

8.2　绘制楼梯

关闭定义界面，进入绘图界面。点击“建施 7”图纸中“楼梯平面图”2 轴与 C 轴相交点，将图纸拖曳到图元中的 2 轴与 C 轴相交点，定位“楼梯平面图”，如图 8.2.1 所示。

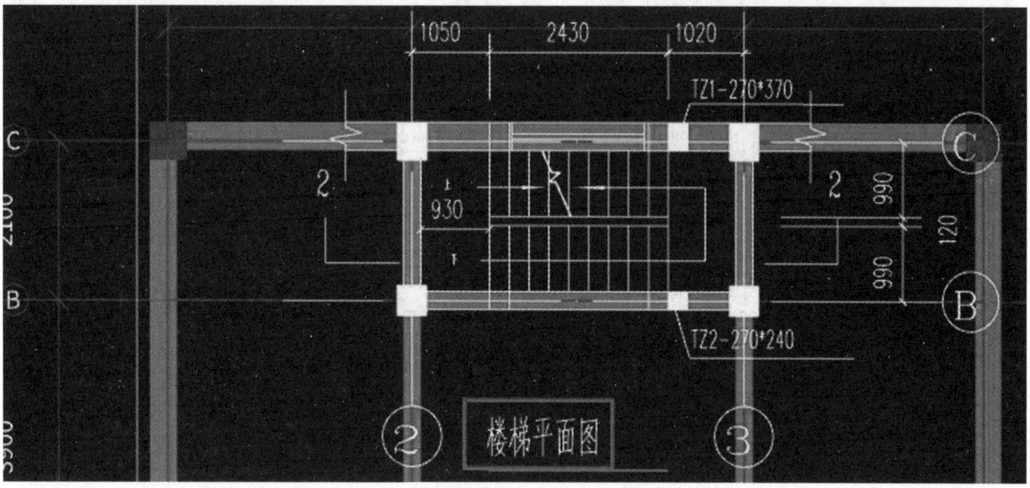

图 8.2.1

点击“绘图”面板中的“点”命令，选择下方的“旋转点角度”，如图 8.2.2 所示。在“构件列表”中选择“LT-1”，捕捉楼梯插入点，如图 8.2.3 所示。鼠标左键点击插入点，旋转楼梯到合适位置，捕捉垂足点，完成楼梯的绘制，如图 8.2.4 所示。

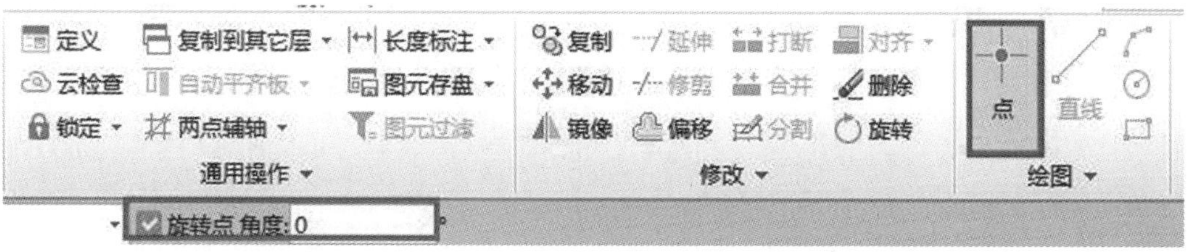

图 8.2.2

【拓展】绘制楼梯时，可以计算出旋转点角度，通过输入角度，直接绘制楼梯。

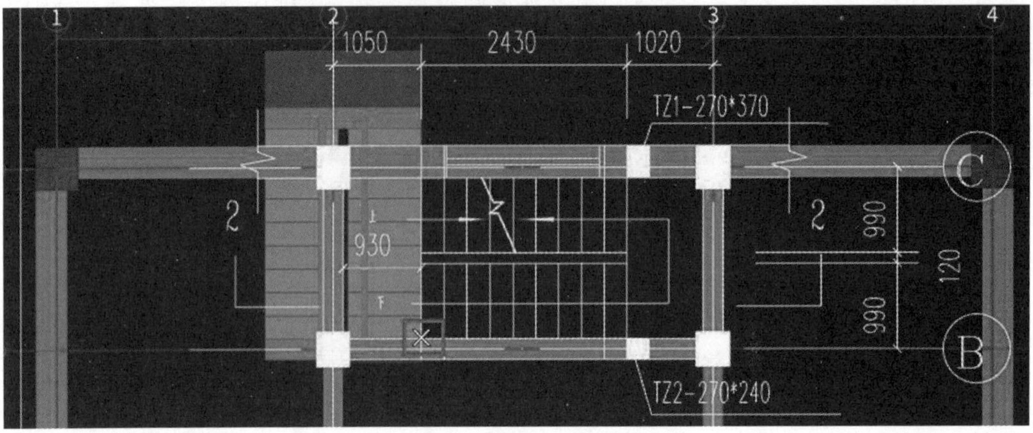
1
2
3
4
1050
2430
1020
TZ1-270*370
2
2
930
990
120
990
C
B
TZ2-270*240

图 8.2.3

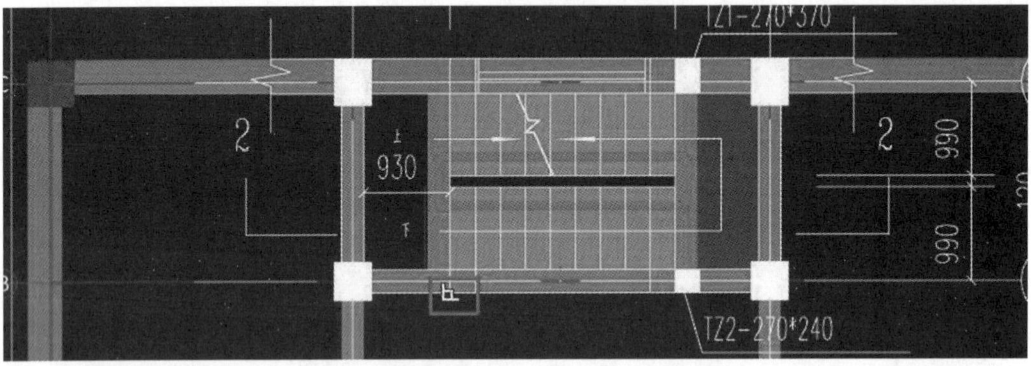
TZ1-270*370
2
2
930
990
990
TZ2-270*240

图 8.2.4

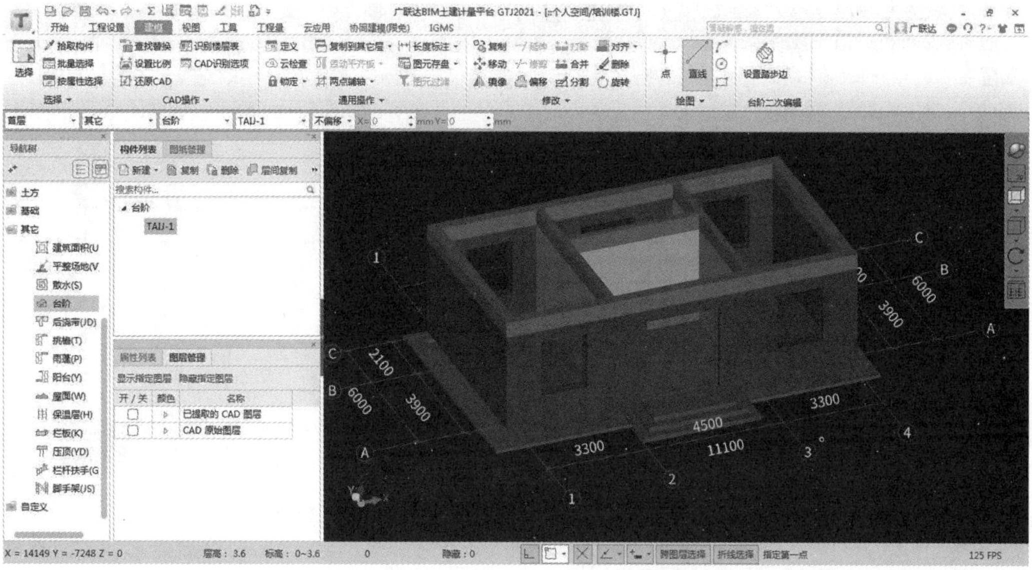

任务9　首层其他构件的定义及绘制

能力目标

（1）能定义并绘制平整场地、散水及台阶；

（2）能根据图纸构件做法正确套用清单。

知识目标

（1）掌握平整场地、散水及台阶的定义及绘制方法；

（2）掌握实体项目、措施项目的清单列项以及填写主要项目特征的操作。

9.1　平整场地的定义及绘制

9.1.1　定义平整场地

双击“导航树”中的“平整场地”进入平整场地定义界面，左键单击：“构件列表”中的“新建”，再单击“新建平整场地”，新建“PZCD-1”，不修改“属性列表”中的信息，如图9.1.1所示。

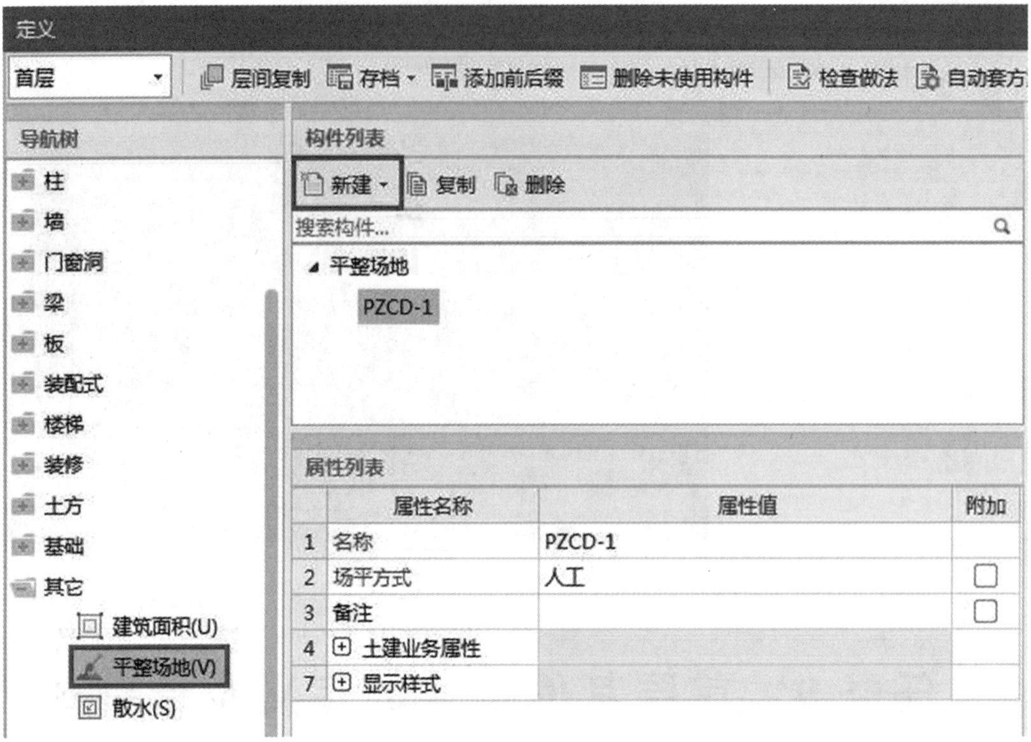

图 9.1.1

点击“构件做法”，在“查询匹配清单”中选择平整场地的项目清单，检查所选清单的工程量表达式是否正确，填写项目特征，如图 9.1.2 所示。

图 9.1.2

9.1.2　绘制平整场地

关闭定义界面，进入绘图界面。点击“绘图”面板中的“点”命令，如图 9.1.3 所示。在“构件列表”中选择“PZCD-1”，在建筑物内部空白处鼠标左键单击，完成平整场地的绘制，如图 9.1.4 所示。

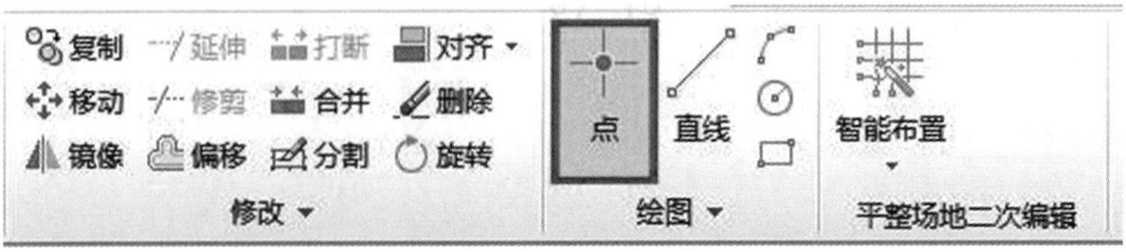

图 9.1.3

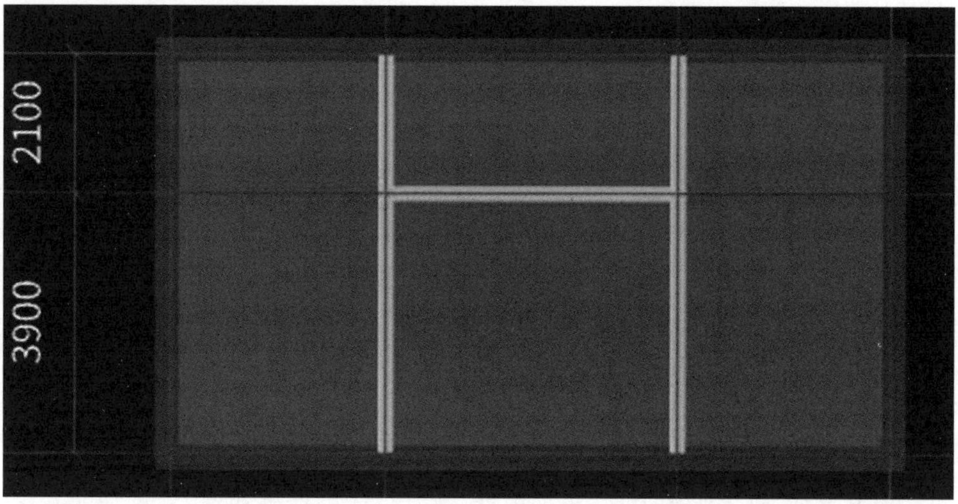

图 9.1.4

9.2　散水的定义及绘制

9.2.1　定义散水

双击“导航树”中的“散水”进入散水定义界面，左键单击“构件列表”中的“新建”，再单击“新建平整场地”，新建“SS-1”，修改“属性列表”中的厚度、混凝土强度等级，如图 9.2.1 所示。

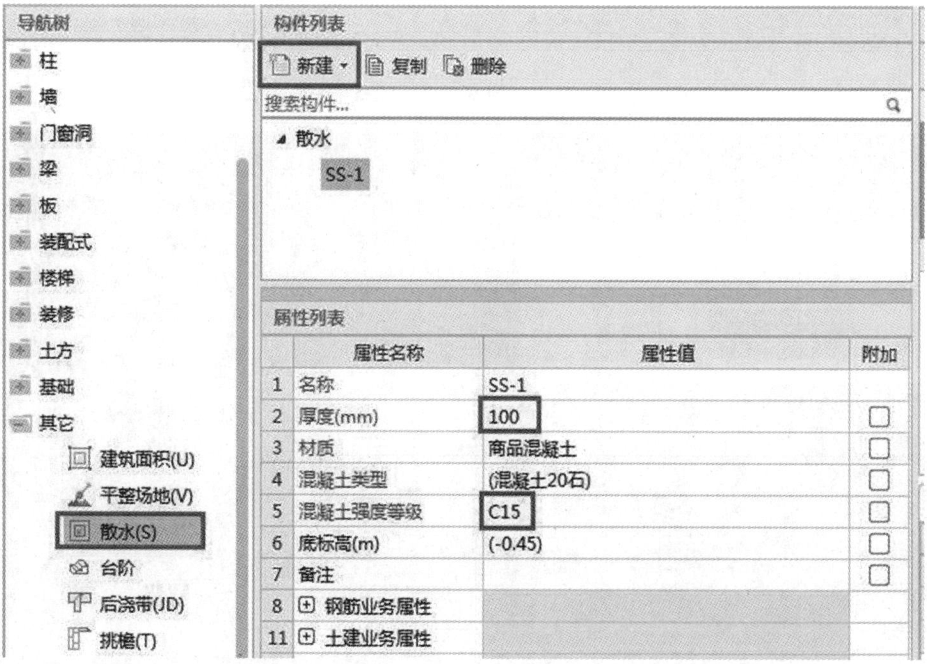

图 9.2.1

点击“构件做法”,在“查询匹配清单”中选择散水的项目清单,检查所选清单的工程量表达式是否正确,填写项目特征,如图 9.2.2 所示。

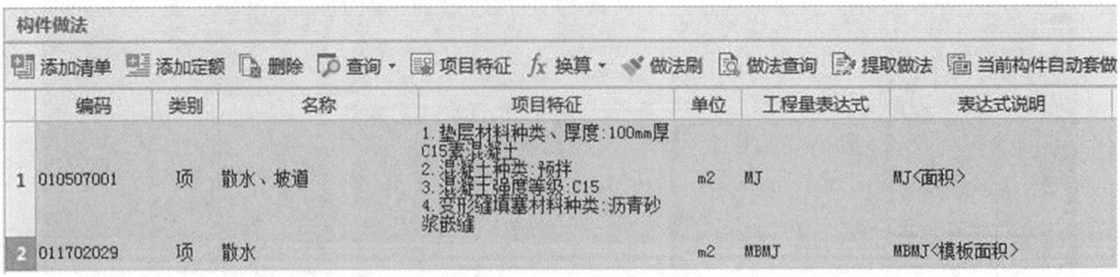

构件做法

添加清单 添加定额 删除 查询 项目特征 换算 做法刷 做法查询 提取做法 当前构件自动套做

	编码	类别	名称	项目特征	单位	工程量表达式	表达式说明
1	010507001	项	散水、坡道	1.垫层材料种类、厚度:100mm厚C15素混凝土 2.混凝土种类:预拌 3.混凝土强度等级:C15 4.变形缝填塞材料种类:沥青砂浆嵌缝	m2	MJ	MJ<面积>
2	011702029	项	散水		m2	MBMJ	MBMJ<模板面积>

图 9.2.2

9.2.2 绘制散水

关闭定义界面,进入绘图界面,根据图纸,散水位于外墙外边线,宽度为 550 mm,因此采用“智能布置”方法绘制散水。点击“绘图”面板中的“智能布置”,选择“外墙外边线”,如图 9.2.3 所示。框选所有墙体,鼠标右键单击,在弹出的“设置散水宽度”中输入“550”,如图 9.2.4 所示。完成散水的绘制,如图 9.2.5 所示。

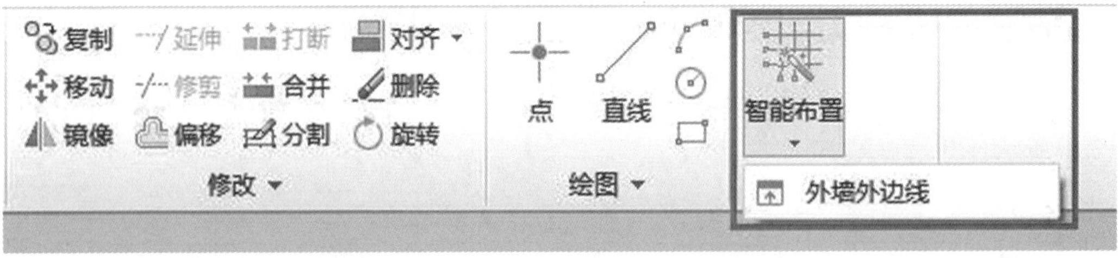

图 9.2.3

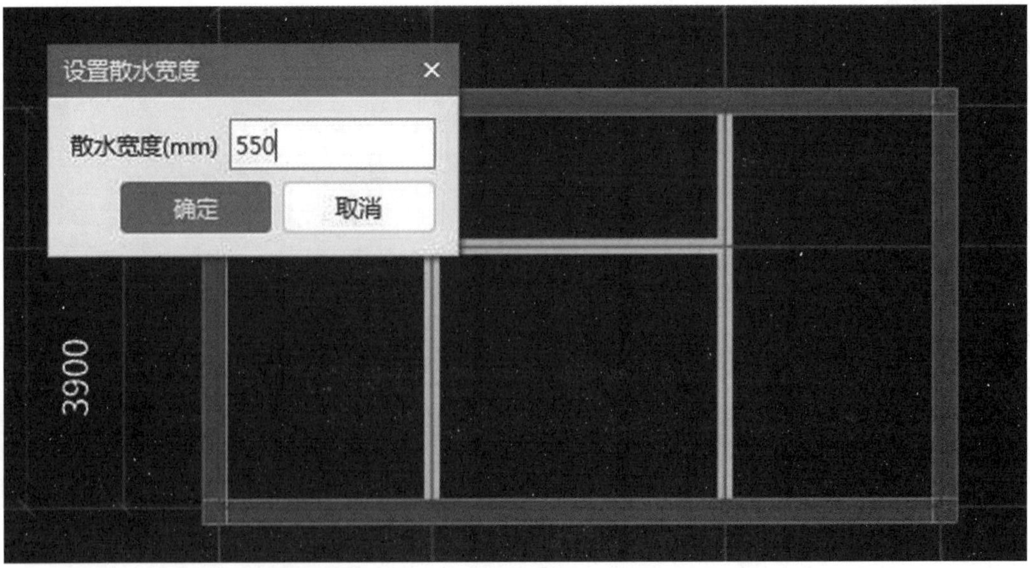

图 9.2.4

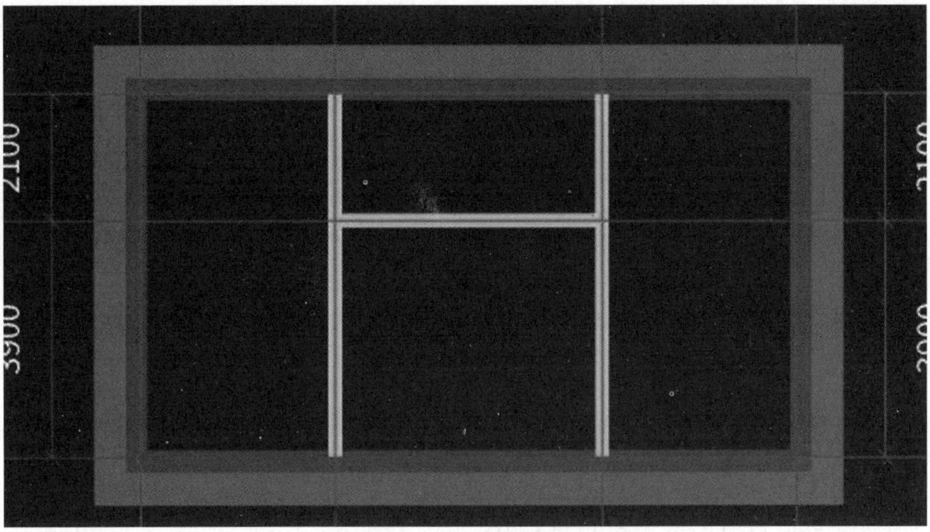

图 9.2.5

【注意】环状构件最佳的绘制方法为“智能布置”，选择墙或其他构件的外边线，即可一键生成。

9.3　台阶的定义及绘制

9.3.1　定义台阶

双击“导航树”中的“台阶”进入台阶定义界面，左键单击“构件列表”中的“新建”，再单击“新建台阶”，修改“属性列表”中的信息，如图 9.3.1 所示。

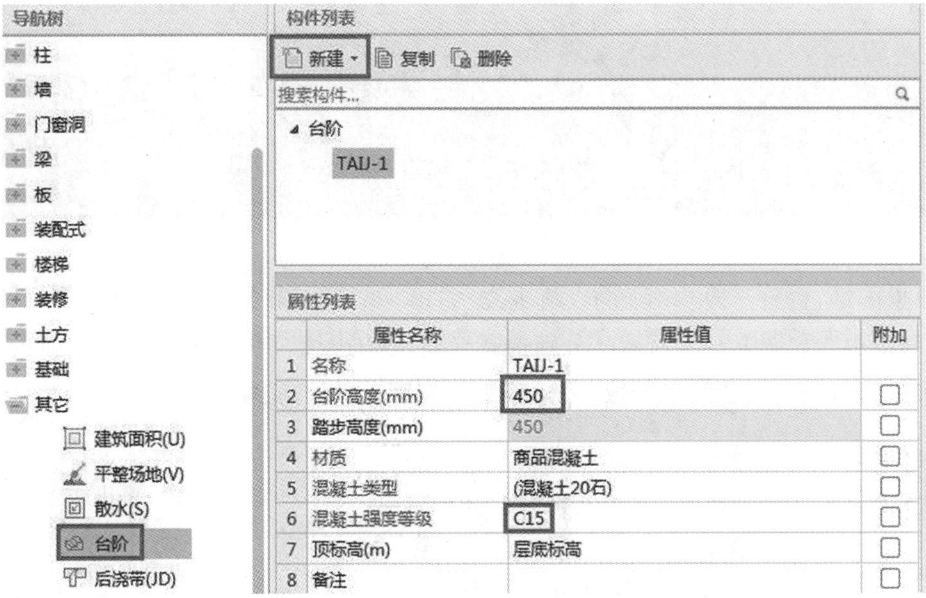

图 9.3.1

点击“构件做法”，在“查询匹配清单”中选择台阶的项目清单，检查所选清单的工程量表达式是否正确，填写项目特征，如图 9.3.2 所示。

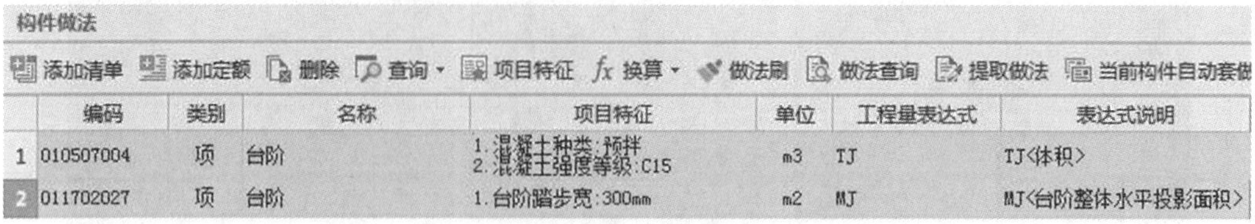

	编码	类别	名称	项目特征	单位	工程量表达式	表达式说明
1	010507004	项	台阶	1.混凝土种类:拌拌 2.混凝土强度等级:C15	m3	TJ	TJ<体积>
2	011702027	项	台阶	1.台阶踏步宽:300mm	m2	MJ	MJ<台阶整体水平投影面积>

图 9.3.2

9.3.2 绘制台阶

关闭定义界面，进入绘图界面，定位“首层平面图”，根据图纸，台阶为矩形，位于外墙“M-1”外，因此采用“矩形”方法绘制台阶。点击“绘图”面板中的“矩形”，如图 9.3.3 所示。分别捕捉矩形台阶的两个对角点，如图 9.3.4 所示。

图 9.3.3

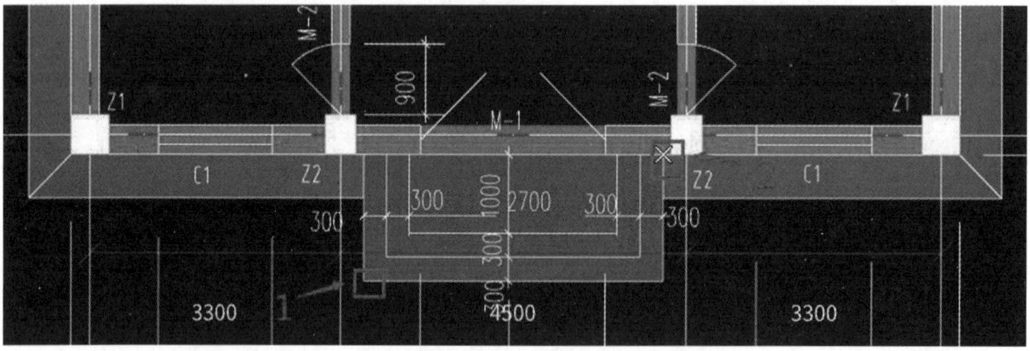

图 9.3.4

根据图纸，台阶三面均有踏步，踏步宽为 300 mm，点击“台阶二次编辑”面板中的“设置踏步边”，如图 9.3.5 所示。分别选择台阶三条边线，鼠标右键单击，在弹出的“设置踏步边”窗口中修改“踏步个数”为“3”，如图 9.3.6 所示，完成台阶的绘制。

图 9.3.5

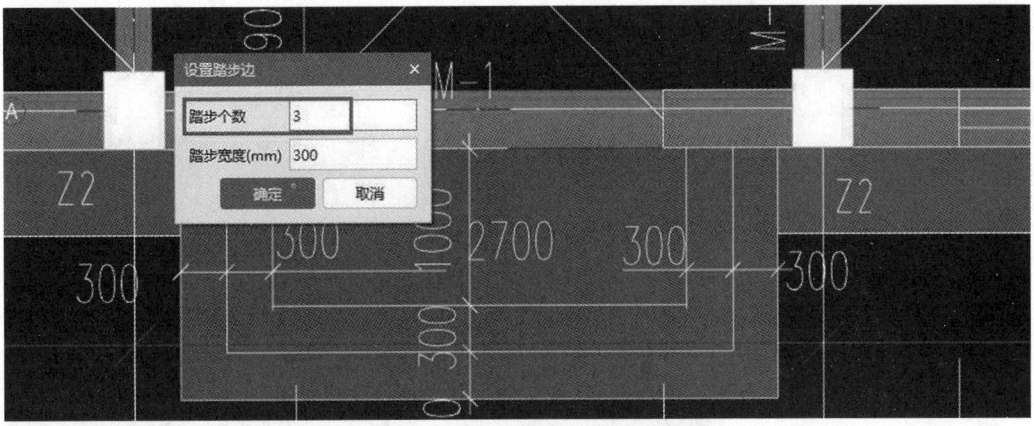

设置踏步边
踏步个数
3
踏步宽度(mm)
300
确定
取消
M-1
Z2
Z2
300
2700
300
300
300
1000
300

图 9.3.6

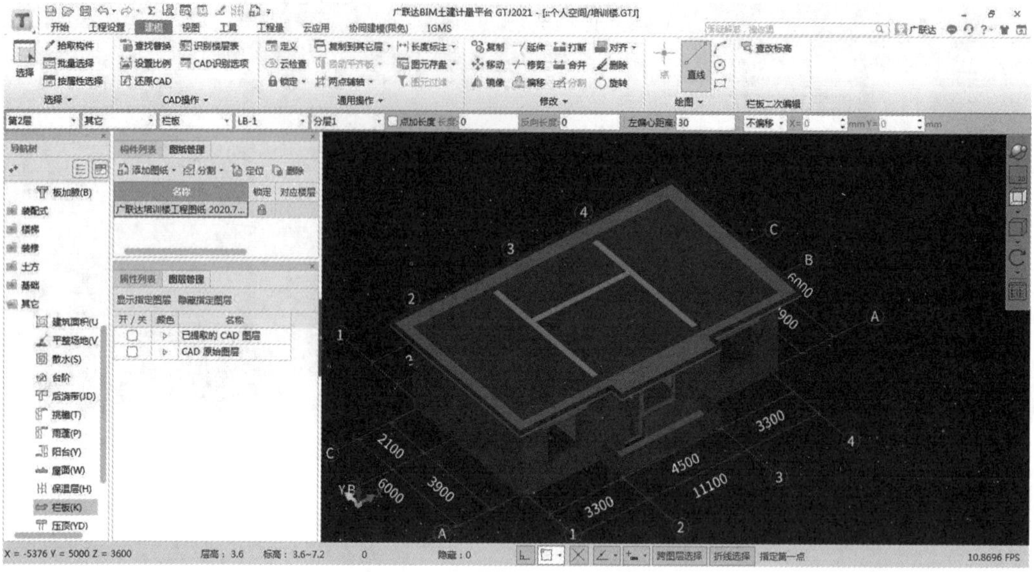

任务10　二层其他构件的定义及绘制

能力目标

(1)能定义并绘制阳台、雨篷及栏板；

(2)能根据图纸构件做法正确套用清单。

知识目标

(1)掌握阳台、雨篷及栏板的定义及绘制方法；

(2)掌握实体项目、措施项目的清单列项以及填写主要项目特征的操作。

10.1　阳台的定义及绘制

10.1.1　定义阳台

将楼层改为“第 2 层”，双击“导航树”中的“阳台”进入阳台定义界面，左键单击“构件列表”中的“新建”，再单击“新建面式阳台”，新建“YT-1”，不修改“属性列表”中的信息，如图 10.1.1 所示。

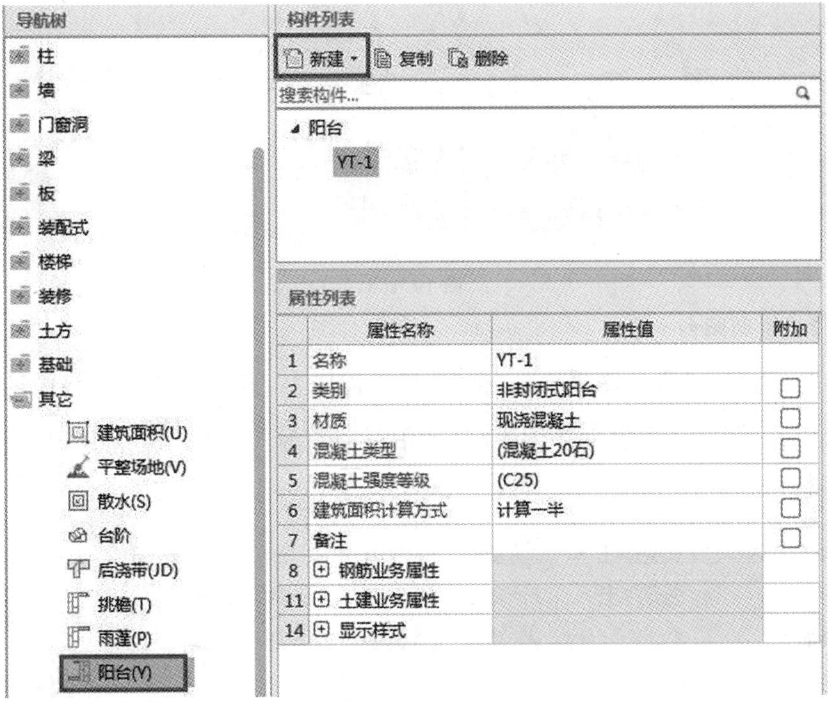

图 10.1.1

点击“构件做法”，在“查询匹配清单”中选择阳台的项目清单，修改所选清单的工程量表达式，点击“工程量表达式”下拉图标，点击“更多…”，如图 10.1.2 所示。在弹出的“工程量表达式”窗口中选择“实际绘制投影面积”，如图 10.1.3 所示，点击“确定”。继续修改其他模板清单项“工程量表达式”为“实际绘制投影面积”，填写项目特征，如图 10.1.4 所示。

图 10.1.2

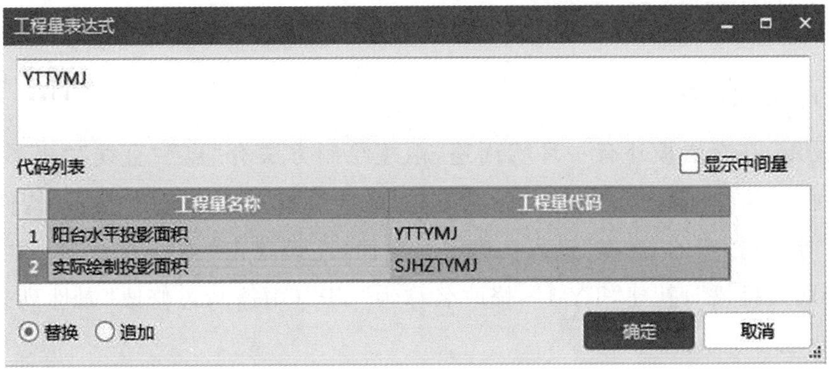

图 10.1.3

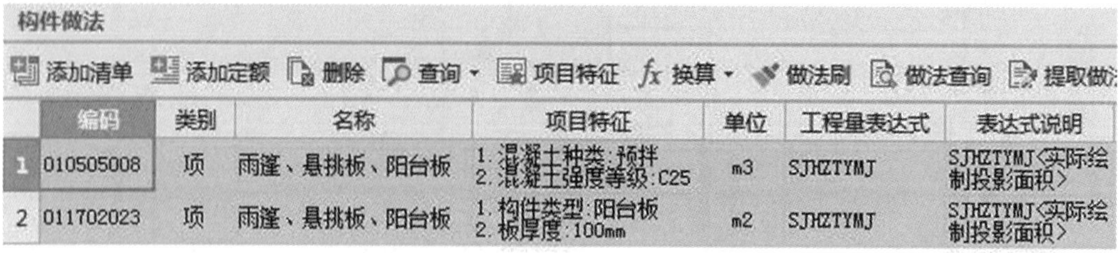

构件做法

添加清单 添加定额 删除 查询 项目特征 换算 做法刷 做法查询 提取做法

	编码	类别	名称	项目特征	单位	工程量表达式	表达式说明
1	010505008	项	雨篷、悬挑板、阳台板	1. 混凝土种类:预拌 2. 混凝土强度等级:C25	m3	SJHZTYMJ	SJHZTYMJ<实际绘制投影面积>
2	011702023	项	雨篷、悬挑板、阳台板	1. 构件类型:阳台板 2. 板厚度:100mm	m2	SJHZTYMJ	SJHZTYMJ<实际绘制投影面积>

图 10.1.4

10.1.2 绘制阳台

关闭定义界面,进入绘图界面,定位“二层平面图”。点击“绘图”面板中的“矩形”命令,如图 10.1.5 所示。根据定位图纸,捕捉阳台两个对角点,如图 10.1.6 所示,完成阳台的绘制。

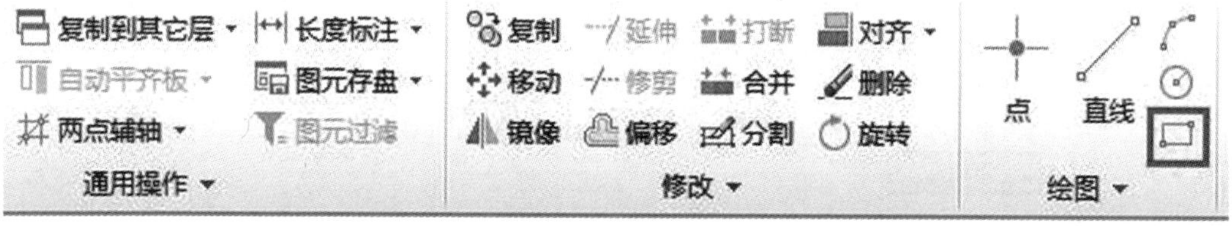

图 10.1.5

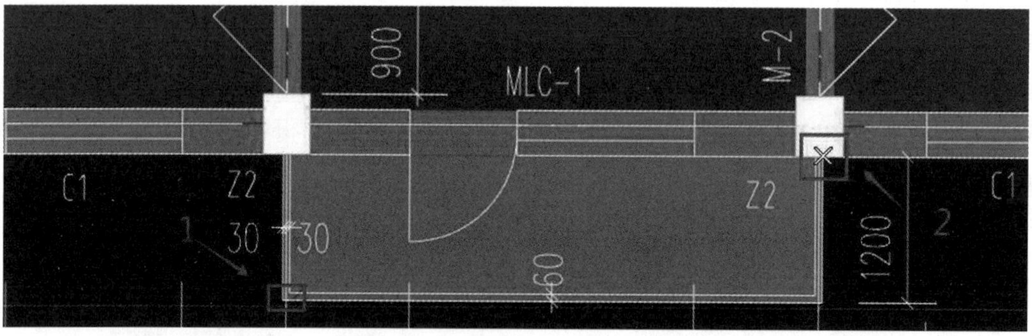

图 10.1.6

10.2 雨篷的定义及绘制

10.2.1 定义雨篷

根据图纸,在二层板外有一环状雨篷,雨篷绘制方法有“点”“直线”“矩形”等,如图 10.2.1 所示。但它们都不是最佳的绘制方法,最佳绘制方法是采用“挑檐”构件绘制。

双击“导航树”中的“挑檐”进入挑檐定义界面,左键单击“构件列表”中的“新建”,再单击“新建面式挑檐”,新建“TY-1”,修改名称为“YP”(雨篷),再修改“属性列表”中的信息,如图 10.2.2 所示。

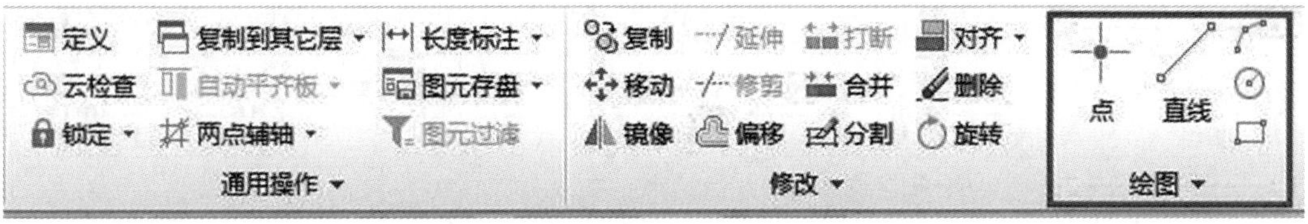

图 10.2.1

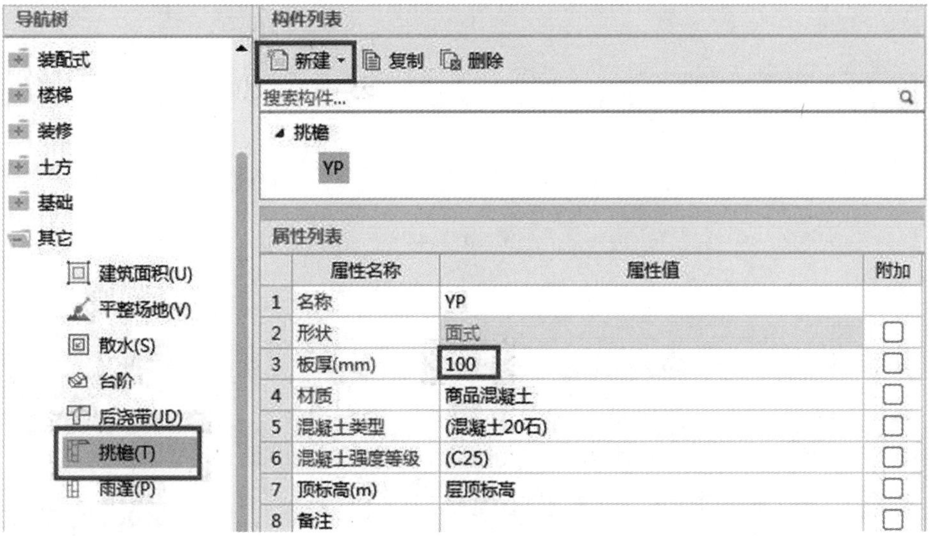

图 10.2.2

在定义阳台时,已经套用过“雨篷、悬挑板、阳台板”清单项目。点击“导航树”中的“阳台”进入阳台定义界面,选择阳台清单项目,鼠标右键单击,选择“复制”,如图 10.2.3 所示。再点击“挑檐”,进入挑檐定义界面,在“构件做法”窗口中,鼠标右键单击,选择“粘贴”,如图 10.2.4 所示。根据清单计算规则,选择工程量表达式,修改项目特征,如图 10.2.5 所示,完成雨篷定义。

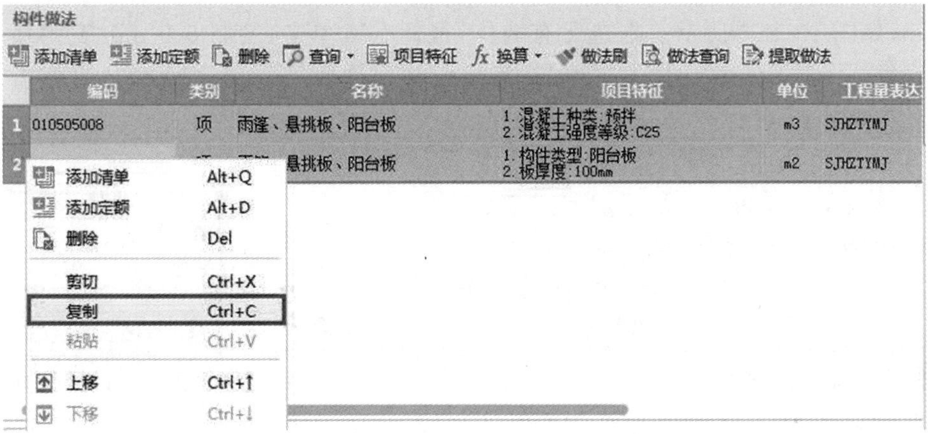

图 10.2.3

图 10.2.4

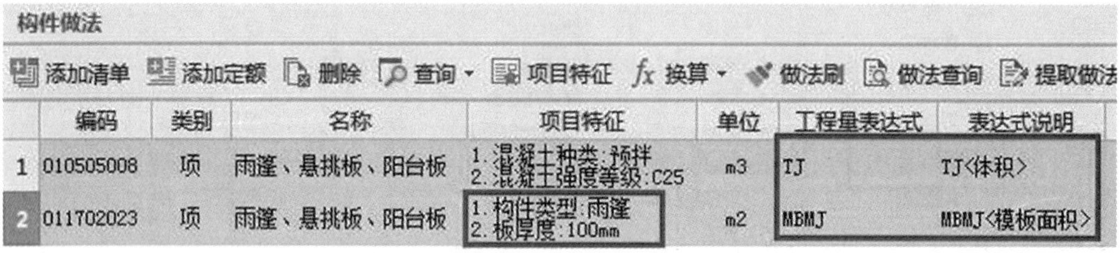

图 10.2.5

10.2.2 绘制雨篷

关闭定义界面，进入绘图界面，定位“屋顶平面图”。根据图纸，雨篷宽度有两种，分别为 600 mm、1200 mm，其中大部分雨篷宽度为 600 mm，因此采用“智能布置”方法绘制 600 mm 宽雨篷，采用“矩形”绘制 1200 mm 宽雨篷。

点击“绘图”面板中的“智能布置”，选择“外墙外边线”命令，修改“挑檐宽度”为 600 mm，如图 10.2.6 所示。框选所有墙体，鼠标右键单击，绘制 600 mm 宽雨篷，如图 10.2.7 所示。再点击“绘图”面板中的“矩形”，分别捕捉 1200 mm 宽雨篷对角点，绘制 1200 mm 宽雨篷，如图 10.2.8 所示。

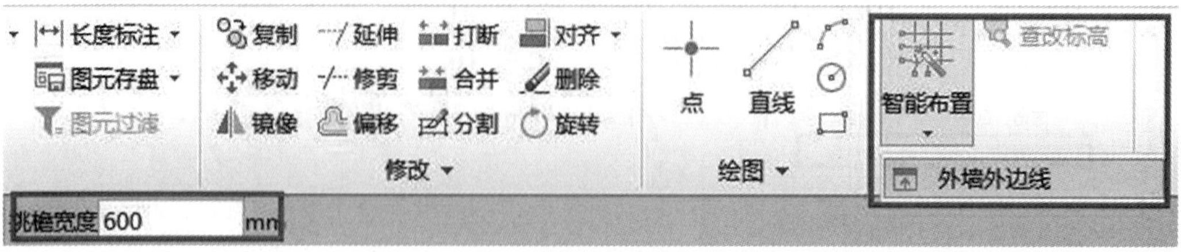

图 10.2.6

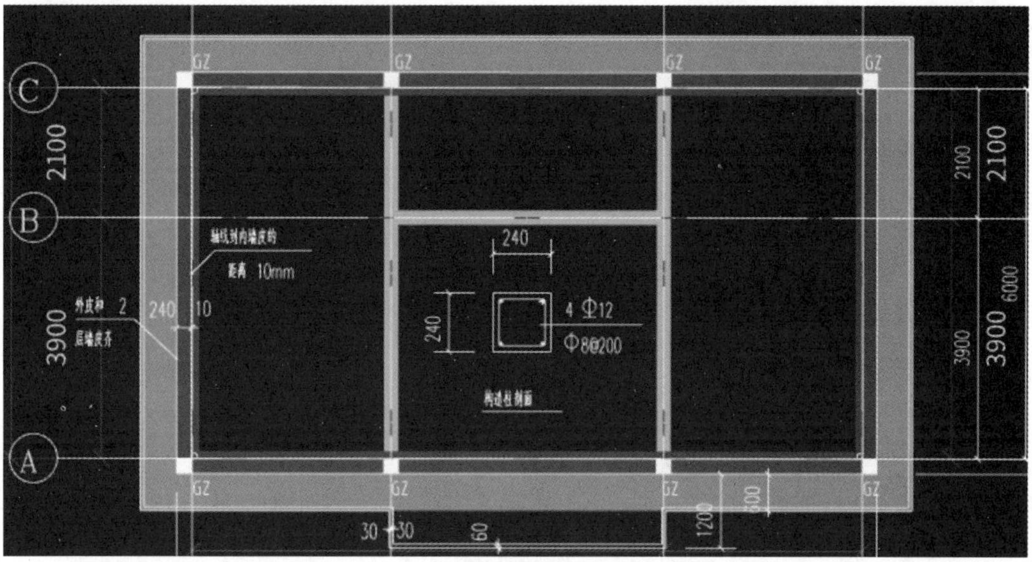

图 10.2.7

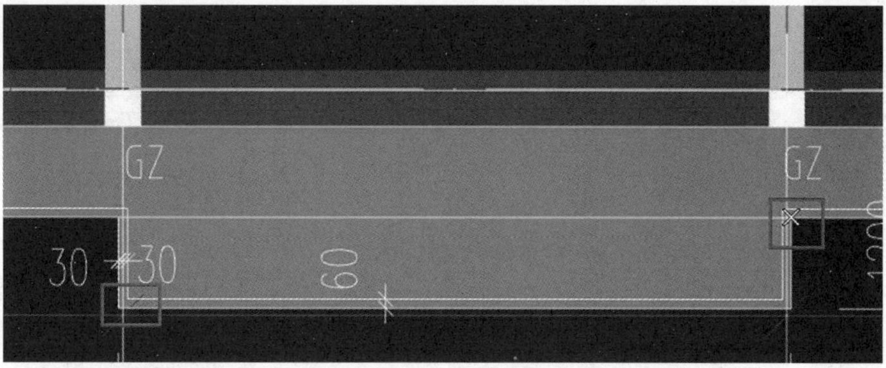

图 10.2.8

鼠标右键单击退出绘图状态，或点击“选择”面板中的“选择”，如图 10.2.9 所示。点击两个雨篷，鼠标右键单击选择“合并”命令，如图 10.2.10 所示。完成雨篷绘制，如图 10.2.11 所示。

图 10.2.9

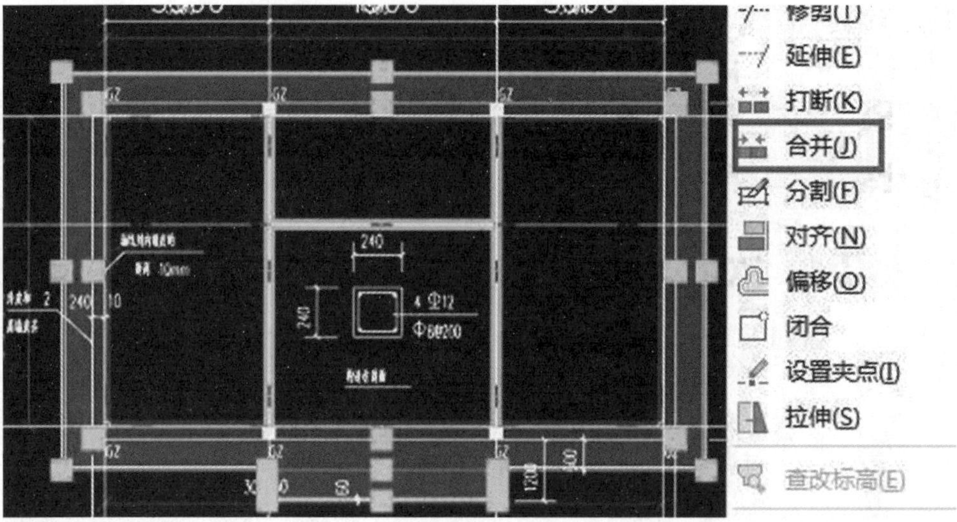

图 10.2.10

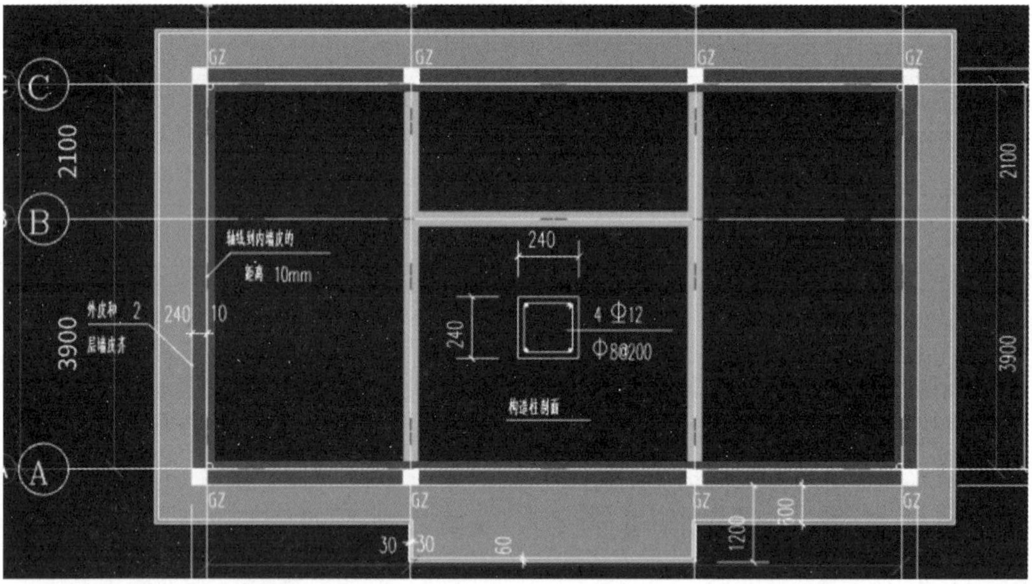

图 10.2.11

10.3　栏板的定义及绘制

10.3.1　定义栏板

双击“导航树”中的“栏板”进入栏板定义界面，左键单击“构件列表”中的“新建”，再单击“新建矩形栏板”，新建“LB-1”，修改名称为“LB-阳台”，再修改“属性列表”中的信息，如图 10.3.1 所示。

属性列表

	属性名称	属性值	附加
1	名称	LB-阳台	
2	截面宽度(mm)	60	☐
3	截面高度(mm)	900	☐
4	轴线距左边线...	(30)	☐
5	水平钢筋		☐
6	垂直钢筋		☐
7	拉筋		☐
8	材质	商品混凝土	☐
9	混凝土类型	(混凝土20石)	☐

属性列表

	属性名称	属性值	附加
10	混凝土强度等级	(C25)	☐
11	截面面积(m²)	0.054	☐
12	起点底标高(m)	层底标高	☐
13	终点底标高(m)	层底标高	☐
14	备注		☐
15	⊞ 钢筋业务属性		
25	⊞ 土建业务属性		
29	⊞ 显示样式		

图 10.3.1

点击"构件做法",在"查询匹配清单"中选择栏板的项目清单,检查所选清单的工程量表达式,填写项目特征,如图 10.3.2 所示。

构件做法

添加清单　添加定额　删除　查询　项目特征　fx 换算　做法刷　做法查询　提

	编码	类别	名称	项目特征	单位	工程量表达式	表达式说明
1	010505006	项	栏板	1. 混凝土种类:预拌 2. 混凝土强度等级:C25	m3	TJ	TJ<体积>
2	011702021	项	栏板		m2	MBMJ	MBMJ<模板面积>

图 10.3.2

复制"LB-阳台"为"LB-雨篷",修改"属性列表"中的信息,如图 10.3.3 所示。不修改清单项目特征,如图 10.3.4 所示。

属性列表

	属性名称	属性值	附加
1	名称	LB-雨篷	
2	截面宽度(mm)	60	☐
3	截面高度(mm)	200	☐
4	轴线距左边线...	(30)	☐
5	水平钢筋		☐
6	垂直钢筋		☐
7	拉筋		☐
8	材质	商品混凝土	☐
9	混凝土类型	(混凝土20石)	☐

属性列表

	属性名称	属性值	附加
10	混凝土强度等级	(C25)	☐
11	截面面积(m²)	0.012	☐
12	起点底标高(m)	层顶标高	☐
13	终点底标高(m)	层顶标高	☐
14	备注		☐
15	⊞ 钢筋业务属性		
25	⊞ 土建业务属性		
29	⊞ 显示样式		

图 10.3.3

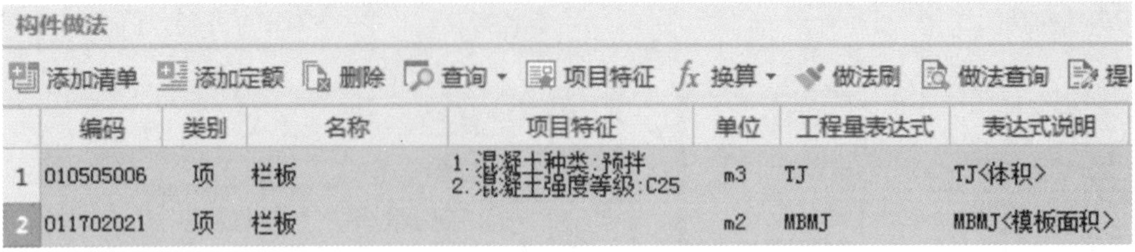

构件做法

添加清单　添加定额　删除　查询　项目特征　fx 换算　做法刷　做法查询　提

	编码	类别	名称	项目特征	单位	工程量表达式	表达式说明
1	010505006	项	栏板	1. 混凝土种类:预拌 2. 混凝土强度等级:C25	m3	TJ	TJ<体积>
2	011702021	项	栏板		m2	MBMJ	MBMJ<模板面积>

图 10.3.4

10.3.2 绘制栏板

(1)绘制阳台栏板。

关闭定义界面,进入绘图界面,定位“二层平面图”。点击“绘图”面板中的“直线”命令,在“构件列表”中选择“LB-阳台”,根据定位图纸,捕捉栏板起点、第一段终点,如图 10.3.5 所示;继续绘制第二段,捕捉第二段终点,按快捷键“F4”,改变插入点,至栏板与定位图纸重叠,点击第二段终点,如图 10.3.6 所示;捕捉第三段终点,如图 10.3.7 所示,点击第三段终点,完成阳台栏板的绘制。

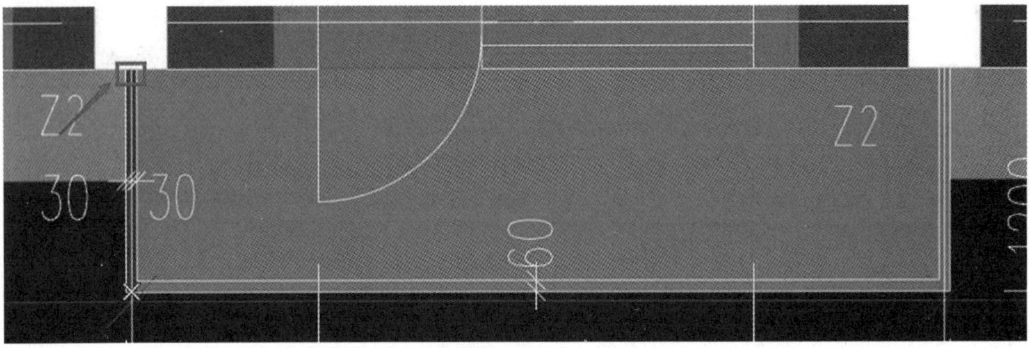

图 10.3.5

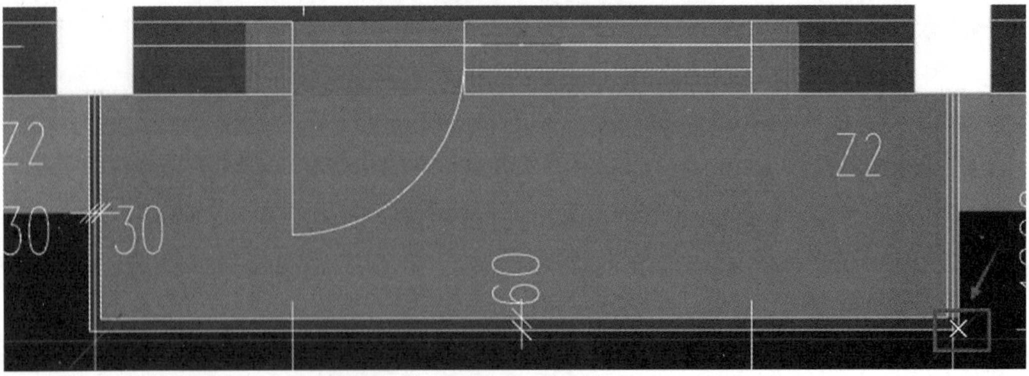

图 10.3.6

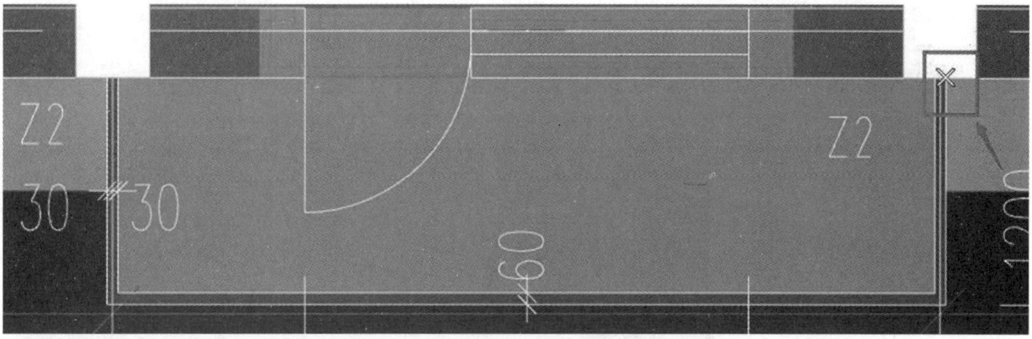

图 10.3.7

(2)绘制雨篷栏板。

在“构件列表”中选择“LB-雨篷”，根据定位图纸，捕捉栏板起点，用与阳台栏板相同的绘制方法，完成雨篷栏板的绘制，如图 10.3.8 所示。

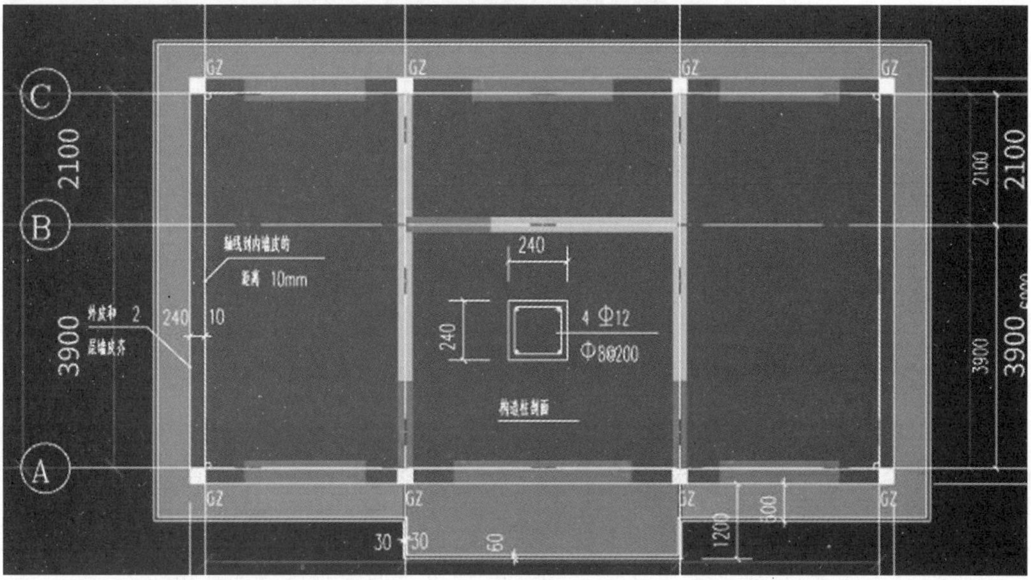

图 10.3.8

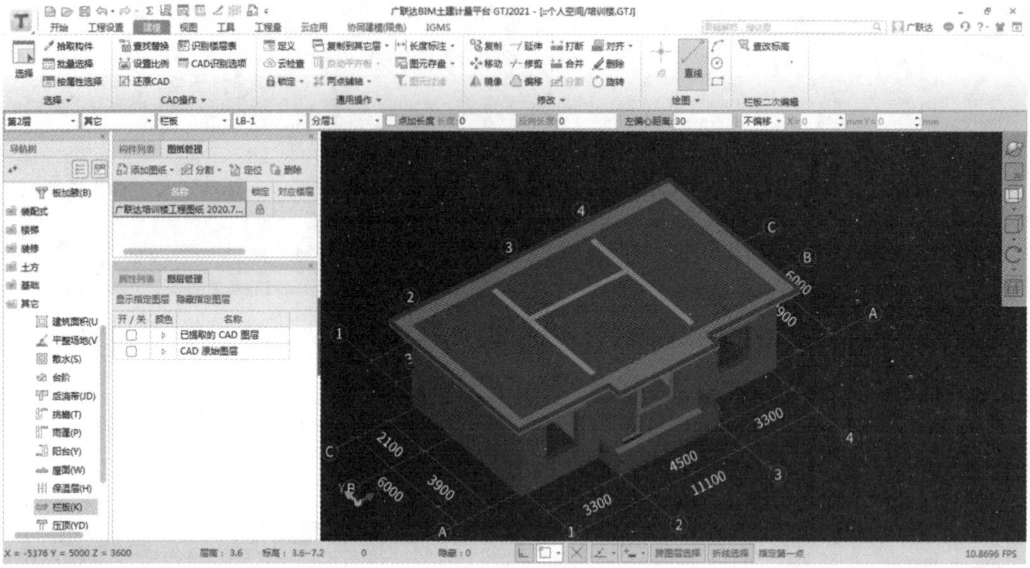

任务 11　屋面层其他构件的定义及绘制

能力目标

(1)能定义并绘制压顶、防水保温；

(2)能根据图纸构件做法正确套用清单。

知识目标

(1)掌握压顶、防水保温的定义及绘制方法；

(2)掌握实体项目、措施项目的清单列项以及填写主要项目特征的操作。

11.1　压顶的定义及绘制

11.1.1　定义压顶

将楼层改为“屋面层”，双击“导航树”中的“压顶”进入压顶定义界面，左键单击“构件列表”中的“新建”，再单击“新建矩形压顶”，新建“YD-1”，修改“属性列表”中的信息，如图 11.1.1 所示。

属性列表

	属性名称	属性值	附加
1	名称	YD-1	
2	截面宽度(mm)	300	☐
3	截面高度(mm)	60	☐
4	轴线距左边线...	(150)	☐
5	材质	商品混凝土	☐
6	混凝土类型	(混凝土20石)	☐
7	混凝土强度等级	(C25)	☐
8	截面面积(m²)	0.018	☐
9	起点顶标高(m)	墙顶标高	☐
10	终点顶标高(m)	墙顶标高	☐
11	备注		☐
12	⊞ 钢筋业务属性		
21	⊞ 土建业务属性		
25	⊞ 显示样式		

图 11.1.1

在“截面编辑”中选择“纵筋”“水平”，根据图纸，填写钢筋信息，点击“直线”，选择“含起点”及“含终点”，如图 11.1.2 所示。分别捕捉起点和终点，如图 11.1.3 所示，完成纵筋绘制。

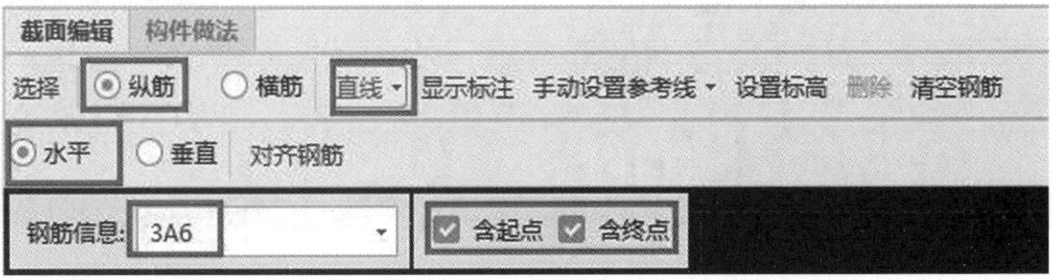

图 11.1.2

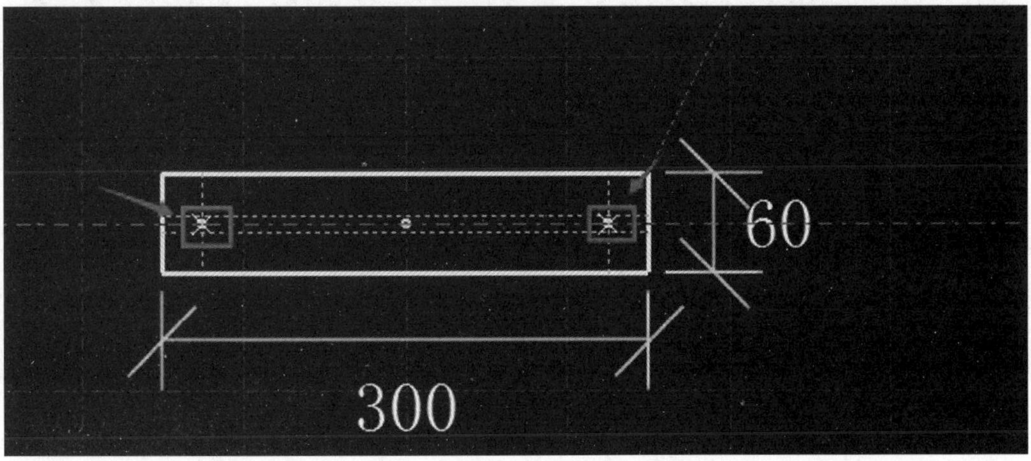

图 11.1.3

选择“横筋”“直筋”，点击“直线”，输入钢筋信息，如图 11.1.4 所示。分别捕捉起点和终点，如图 11.1.5 所示。鼠标右键单击，完成横筋绘制，如图 11.1.6 所示。

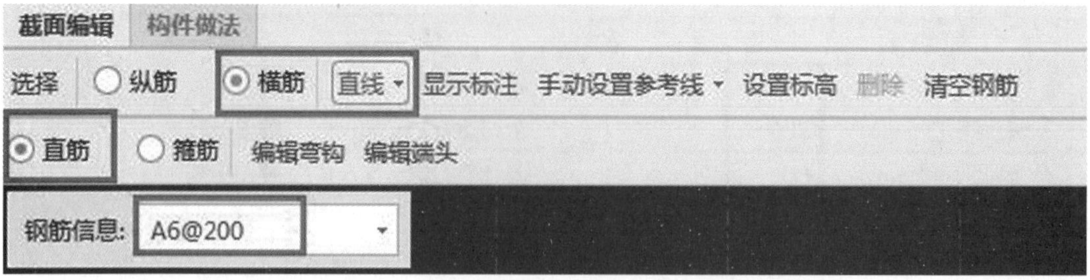

图 11.1.4

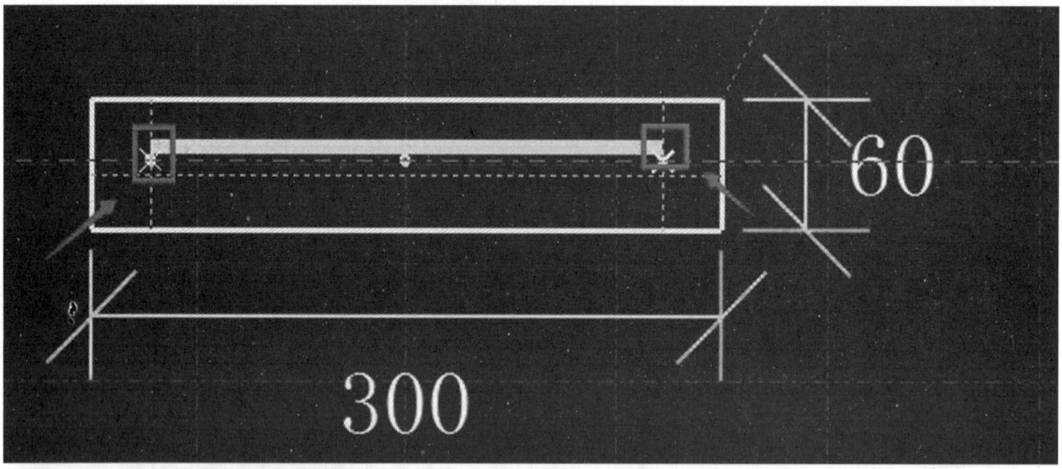

图 11.1.5

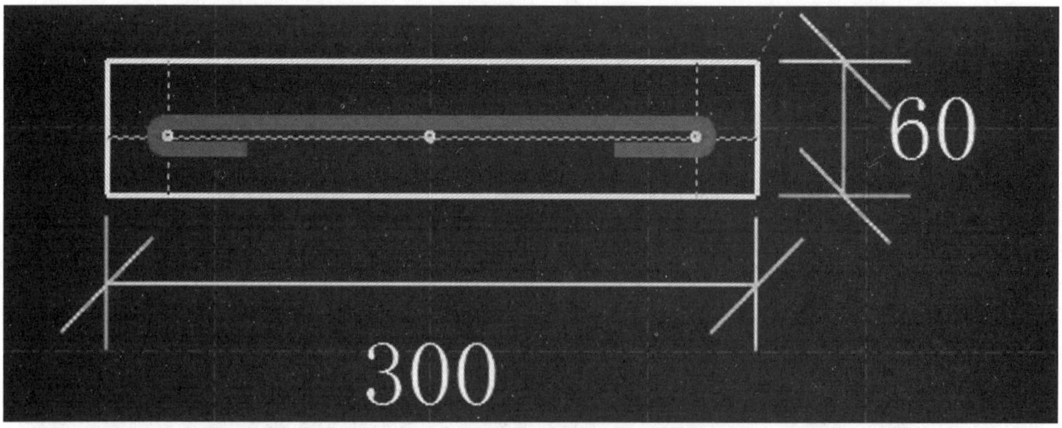

图 11.1.6

点击“构件做法”,在“查询匹配清单”中选择压顶的项目清单,检查所选清单的工程量表达式,填写项目特征,如图 11.1.7 所示。

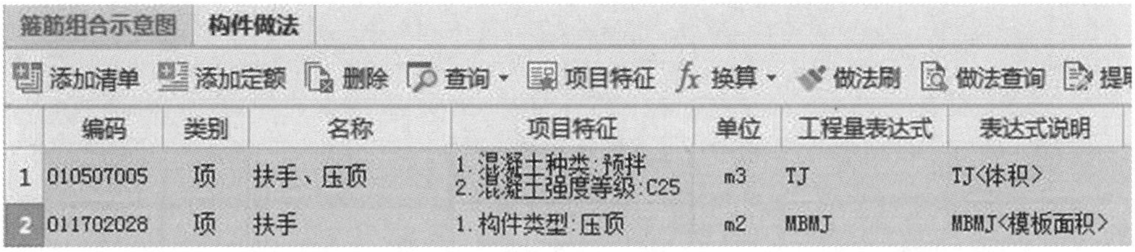

	编码	类别	名称	项目特征	单位	工程量表达式	表达式说明
1	010507005	项	扶手、压顶	1. 混凝土种类:预拌 2. 混凝土强度等级:C25	m3	TJ	TJ<体积>
2	011702028	项	扶手	1. 构件类型:压顶	m2	MBMJ	MBMJ<模板面积>

图 11.1.7

11.1.2　绘制压顶

关闭定义界面，进入绘图界面，点击“绘图”面板中的“智能布置”，选择“墙中心线”，如图 11.1.8 所示。框选所有墙体，鼠标右键单击，完成压顶的绘制，如图 11.1.9 所示。

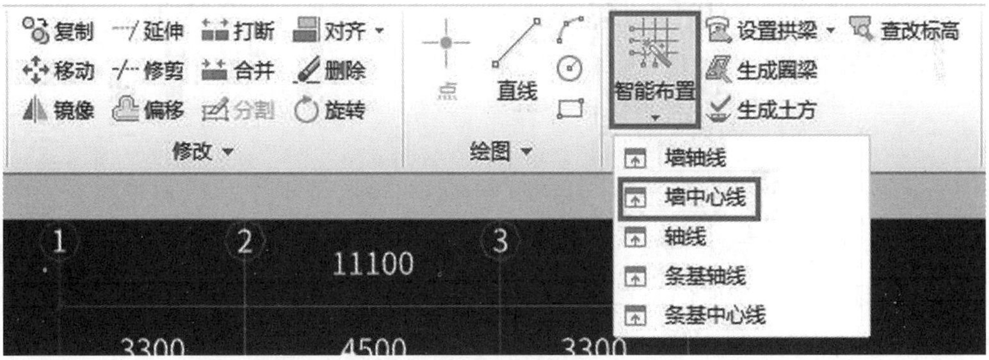

图 11.1.8

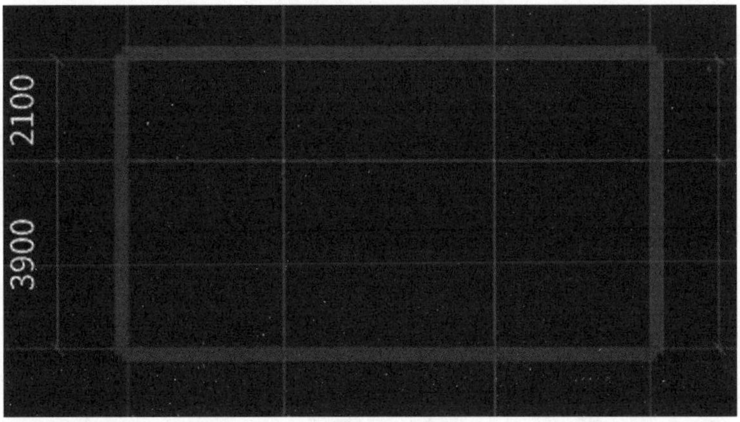

图 11.1.9

11.2　防水保温的定义及绘制

11.2.1　定义防水保温

双击“导航树”中的“屋面”进入屋面定义界面，左键单击“构件列表”中的“新建”，再单击“新建屋面”，新建“WM-1”，不修改“属性列表”中的信息，如图 11.2.1 所示。

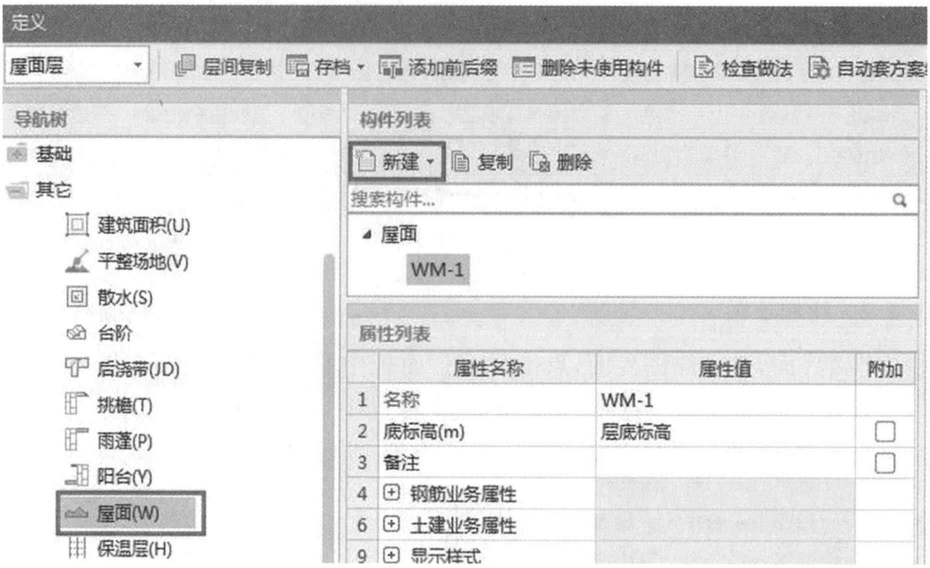

图 11.2.1

点击“构件做法”，在“查询匹配清单”中选择防水保温的项目清单，根据图纸，选择清单项目，如图 11.2.2 所示。修改“屋面卷材防水”清单项的工程量表达式为“防水面积”（代码为 FSMJ），修改“平面砂浆找平层”清单项的工程量表达式为“面积”（代码为 MJ），填写项目特征，如图 11.2.3 所示。

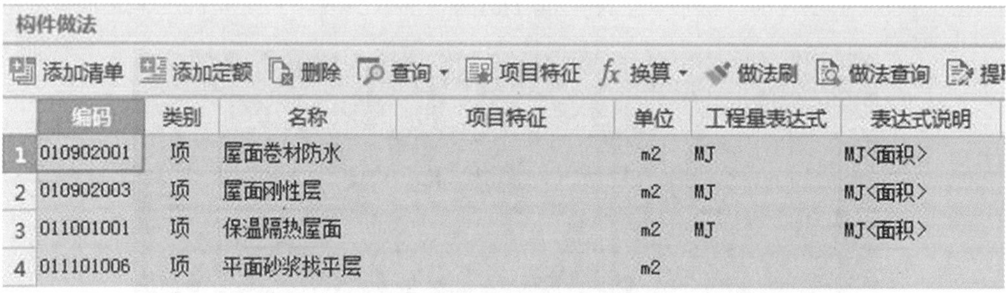

	编码	类别	名称	项目特征	单位	工程量表达式	表达式说明
1	010902001	项	屋面卷材防水		m2	MJ	MJ<面积>
2	010902003	项	屋面刚性层		m2	MJ	MJ<面积>
3	011001001	项	保温隔热屋面		m2	MJ	MJ<面积>
4	011101006	项	平面砂浆找平层		m2		

图 11.2.2

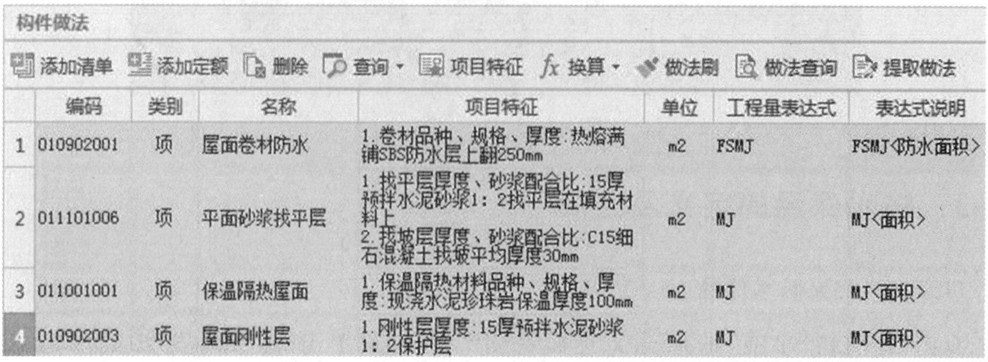

	编码	类别	名称	项目特征	单位	工程量表达式	表达式说明
1	010902001	项	屋面卷材防水	1.卷材品种、规格、厚度:热熔满铺SBS防水层上翻250mm	m2	FSMJ	FSMJ<防水面积>
2	011101006	项	平面砂浆找平层	1.找平层厚度、砂浆配合比:15厚预拌水泥砂浆1:2找平层在填充材料上 2.找坡层厚度、砂浆配合比:C15细石混凝土找坡平均厚度30mm	m2	MJ	MJ<面积>
3	011001001	项	保温隔热屋面	1.保温隔热材料品种、规格、厚度:现浇水泥珍珠岩保温厚度100mm	m2	MJ	MJ<面积>
4	010902003	项	屋面刚性层	1.刚性层厚度:15厚预拌水泥砂浆1:2保护层	m2	MJ	MJ<面积>

图 11.2.3

11.2.2 绘制防水保温

关闭定义界面，进入绘图界面。点击“绘图”面板中的“点”命令，如图 11.2.4 所示。在屋面空白处鼠标左键单击，如图 11.2.5 所示。点击“屋面二次编辑”面板中的“设置防水卷边”，如图 11.2.6 所示。选择“指定图元”，如图 11.2.7 所示。鼠标左键单击绘制完成的屋面，按鼠标右键，在弹出的“设置防水卷边”窗口中输入“250”，如图 11.2.8 所示，点击“确定”。完成屋面防水保温轮廓的绘制，如图 11.2.9 所示。

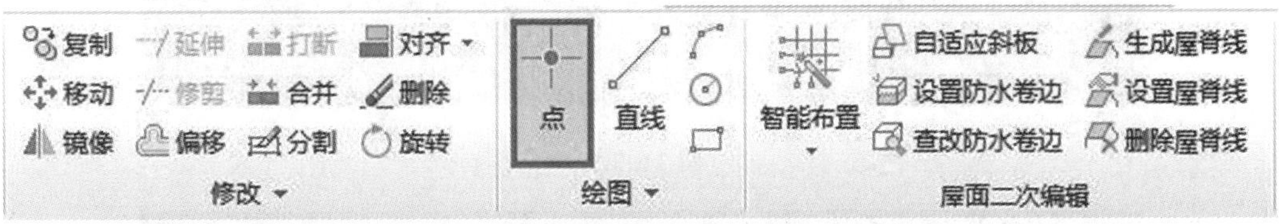

图 11.2.4

图 11.2.5

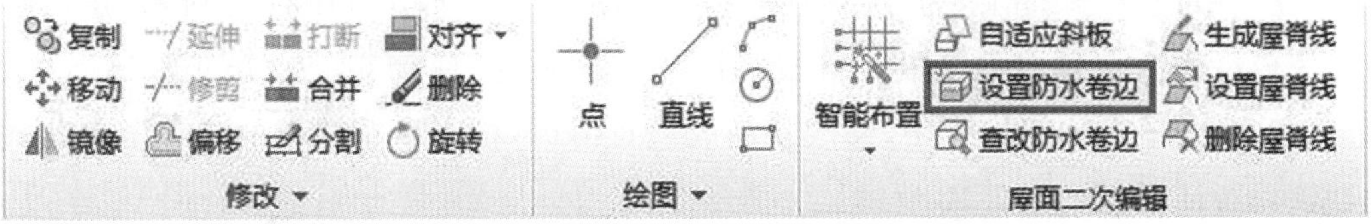

图 11.2.6

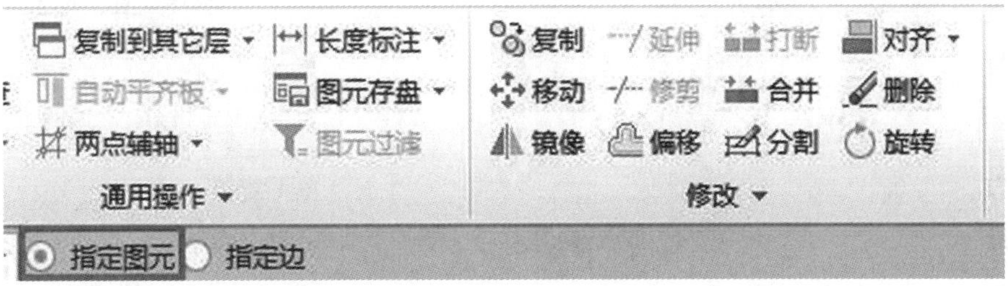

图 11.2.7

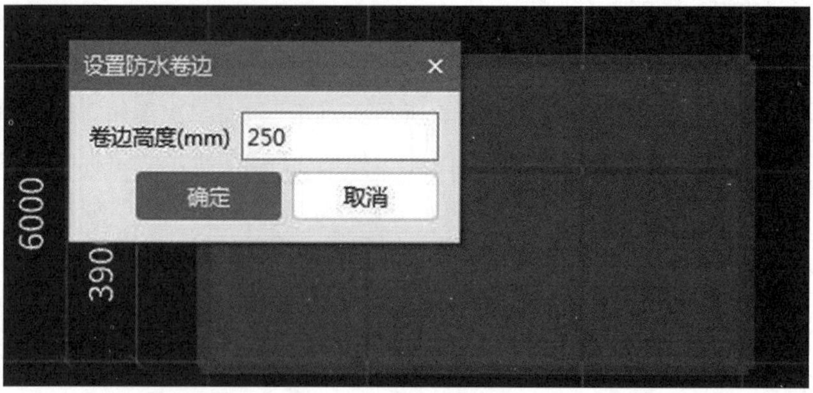

图 11.2.8

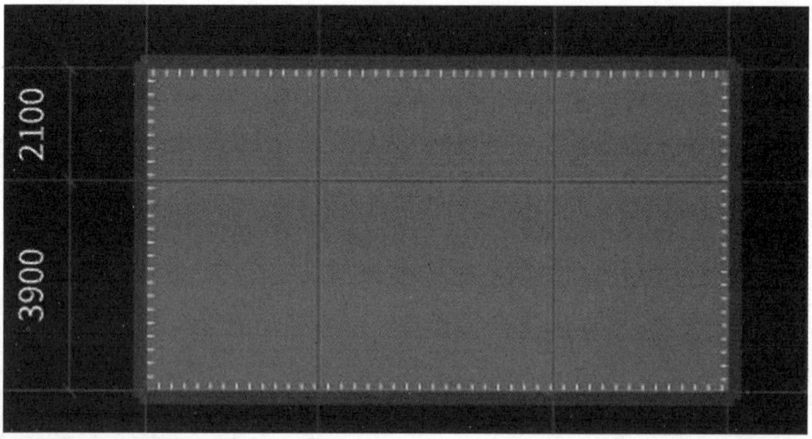

图 11.2.9

将楼层修改为“第 2 层”，点击“层间复制”，如图 11.2.10 所示。在弹出的“层间复制构件”窗口中选择“源楼层”为“屋面层”，再选择“WM-1”，如图 11.2.11 所示，点击“确定”，完成屋面防水保温的复制。修改“属性列表”中的“底标高”为“层顶标高”，如图 11.2.12 所示，在“构件做法”中，修改复制的项目清单，检查所选清单的工程量表达式，填写项目特征，如图 11.2.13 所示。

图 11.2.10

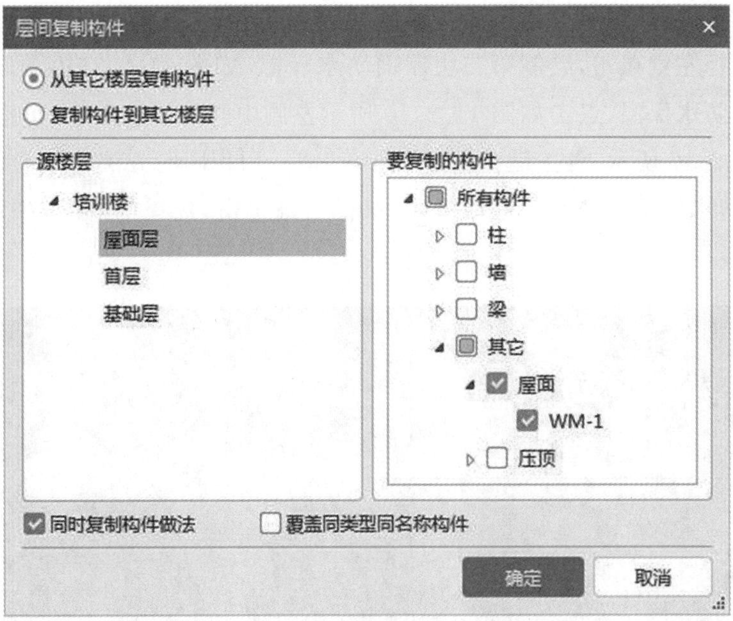

图 11.2.11

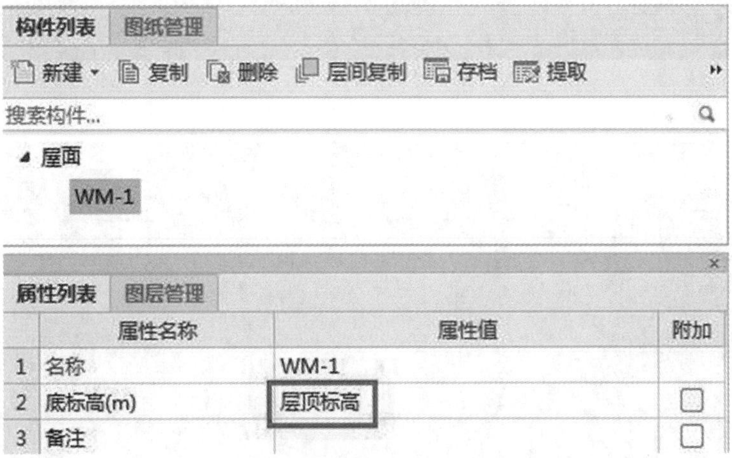

图 11.2.12

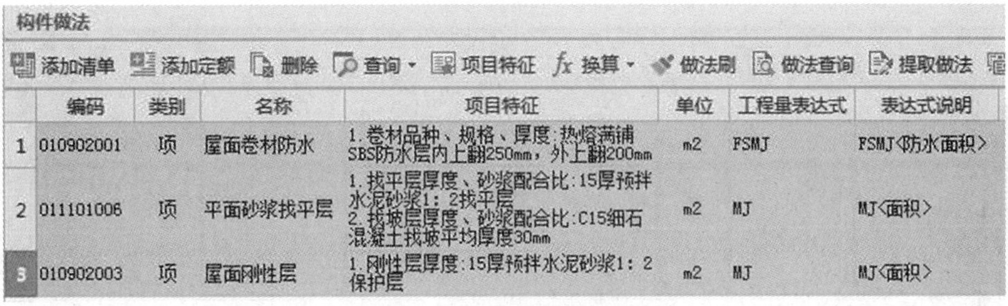

	编码	类别	名称	项目特征	单位	工程量表达式	表达式说明
1	010902001	项	屋面卷材防水	1.卷材品种、规格、厚度:热熔满铺SBS防水层内上翻250mm，外上翻200mm	m2	FSMJ	FSMJ<防水面积>
2	011101006	项	平面砂浆找平层	1.找平层厚度、砂浆配合比:15厚预拌水泥砂浆1:2找平层 2.找坡层厚度、砂浆配合比:C15细石混凝土找坡平均厚度30mm	m2	MJ	MJ<面积>
3	010902003	项	屋面刚性层	1.刚性层厚度:15厚预拌水泥砂浆1:2保护层	m2	MJ	MJ<面积>

图 11.2.13

关闭定义界面，进入绘图界面，点击“绘图”面板中的“点”命令，在 600 mm 宽雨篷空白处鼠标左键单击,绘制第一块屋面防水保温,如图 11.2.14 所示。继续在 1200 mm 宽雨篷空白处鼠标左键单击,绘制第二块屋面防水保温,如图 11.2.15 所示。鼠标左键单击第一块屋面防水保温,点击如图 11.2.16 所示左侧中间的捕捉点,往右拖曳鼠标,输入"60",如图 11.2.17 所示,再按键盘上的"Enter"键。用相同的方法修改右侧中间的捕捉点,完成屋面防水保温的修改。选择屋面,鼠标右键单击,选择"合并",如图 11.2.18 所示。

图 11.2.14

图 11.2.15

图 11.2.16

图 11.2.17

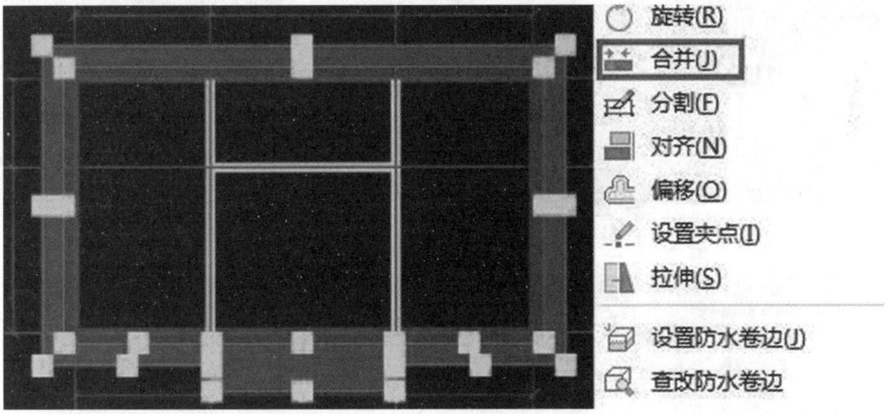

图 11.2.18

点击“屋面二次编辑”面板中的“设置防水卷边”，如图 11.2.19 所示。选择“指定边”，如图 11.2.20 所示。鼠标左键单击绘制屋面外边线，如图 11.2.21 所示。鼠标右键单击，在弹出的“设置防水卷边”窗口中输入“200”，点击“确定”，如图 11.2.22 所示。鼠标左键单击绘制屋面内边线，按鼠标右键，在弹出的“设置防水卷边”窗口中输入“250”，点击“确定”，如图 11.2.23 所示，完成雨篷顶处屋面防水保温的绘制。

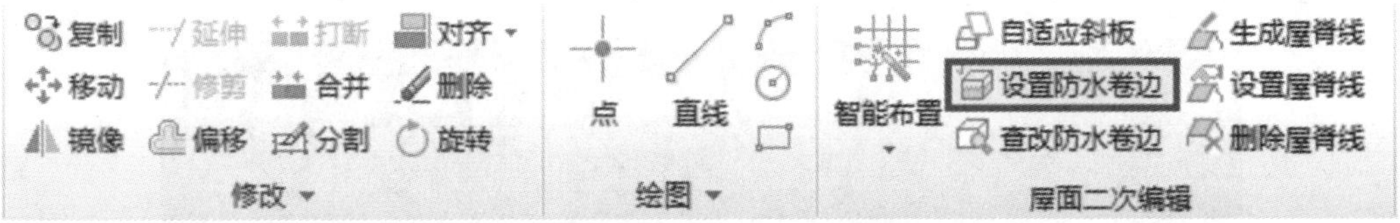

图 11.2.19

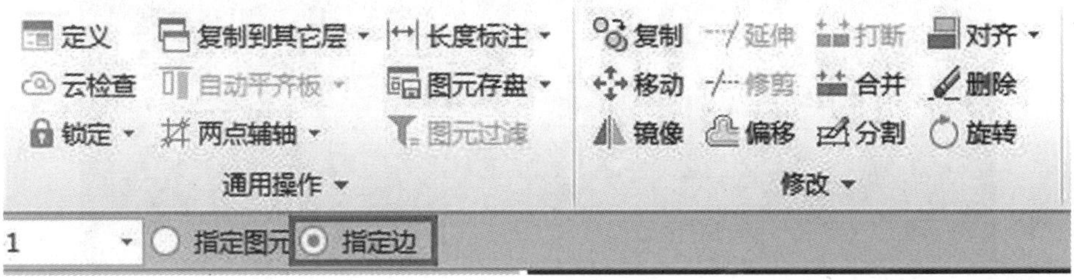

图 11.2.20

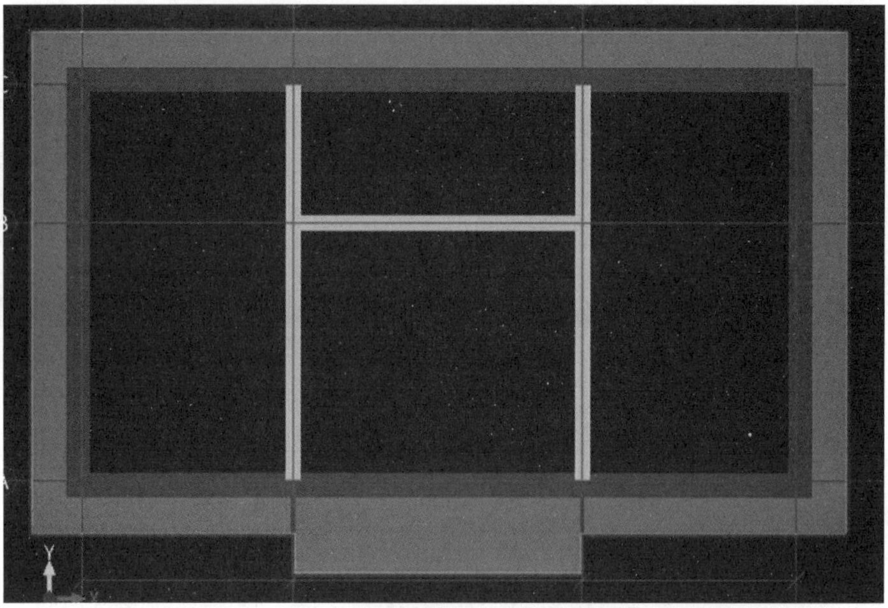

图 11.2.21

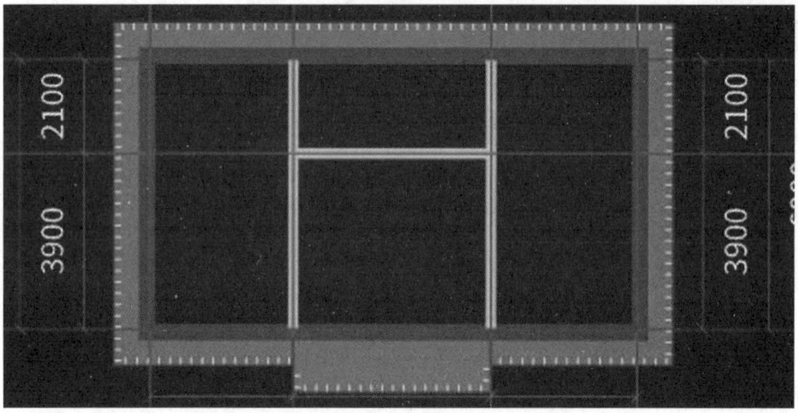

图 11.2.22

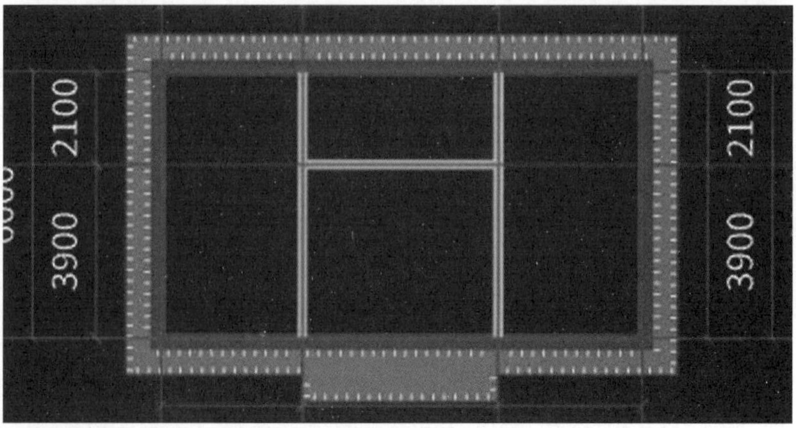

图 11.2.23

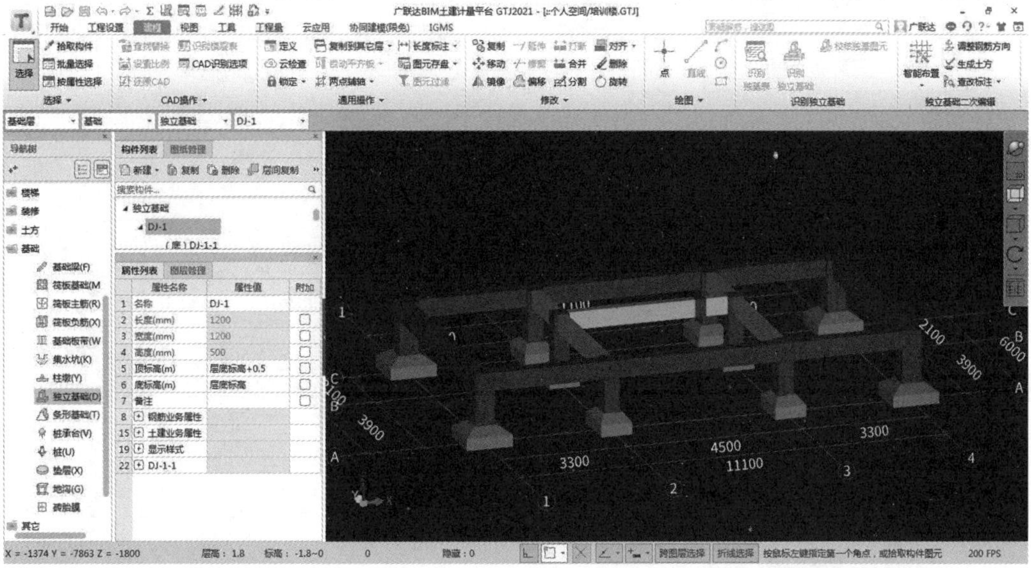

任务 12 独立基础的定义及绘制

能力目标

(1)能定义并绘制独立基础；

(2)能根据图纸构件做法正确套用清单。

知识目标

(1)掌握独立基础的定义及绘制方法；

(2)掌握实体项目、措施项目的清单列项以及填写主要项目特征的操作。

12.1 定义独立基础

将楼层改为“基础层”，根据图纸，独立基础为锥台形独立基础。双击“导航树”中的“独立基础”进入独立基础定义界面，左键单击“构件列表”中的“新建”，再单击“新建独立基础”，新建“DJ-1”不修改“属性列表”中的信息，再点击“新建参数化独立基础单元”新建“DJ-1-1”，如图 12.1.1 所示。

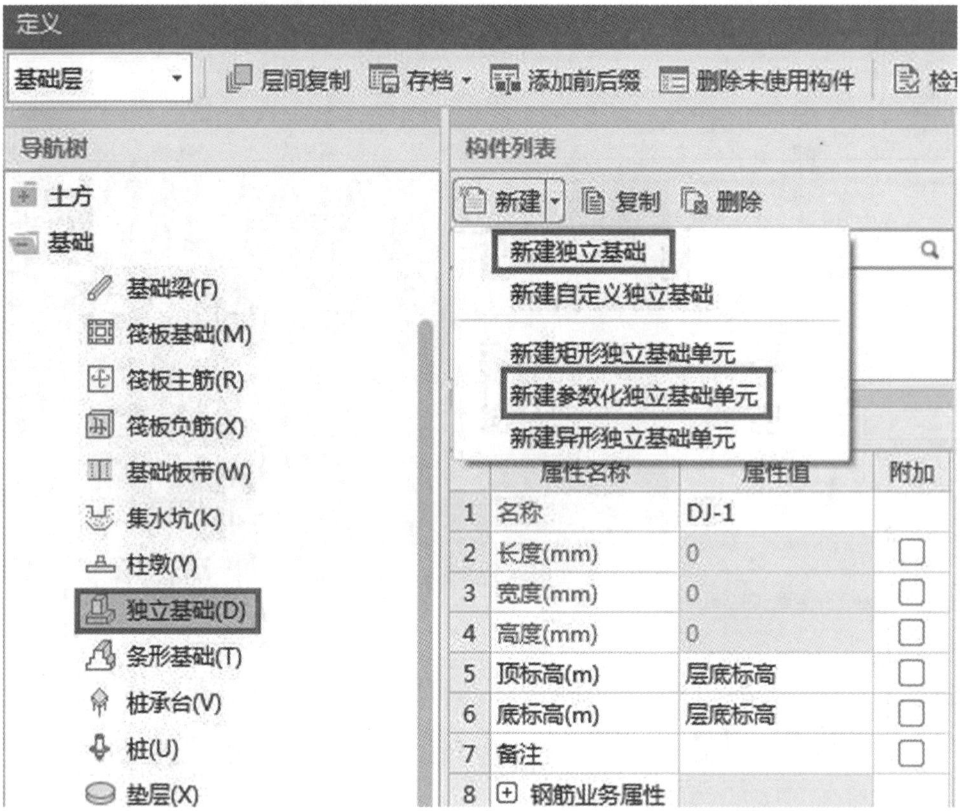

图 12.1.1

点击“DJ-1-1”，根据图纸，修改“DJ-1-1”参数图中的数据，其中，a、b 为独立基础底宽、底长，直接在“基础大样图”中读取；a1、b1 为独立基础面宽、面长，由“1-1 剖面图”可知，a1、b1 尺寸为柱尺寸每边加 50 mm，如图 12.1.2 所示。依据“基础平面图”，“DJ-1”为 KZ1，即 a1、b1 尺寸均为 600 mm，输入 a1、b1 尺寸，如图 12.1.3 所示。

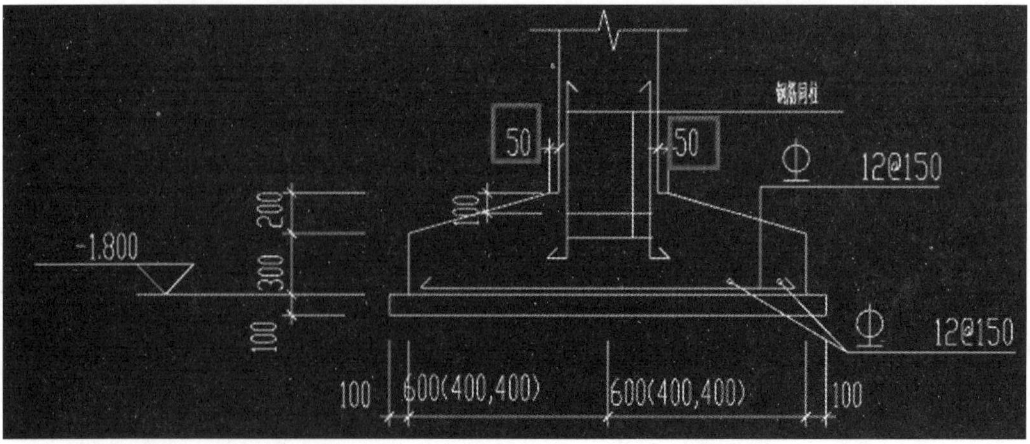

图 12.1.2

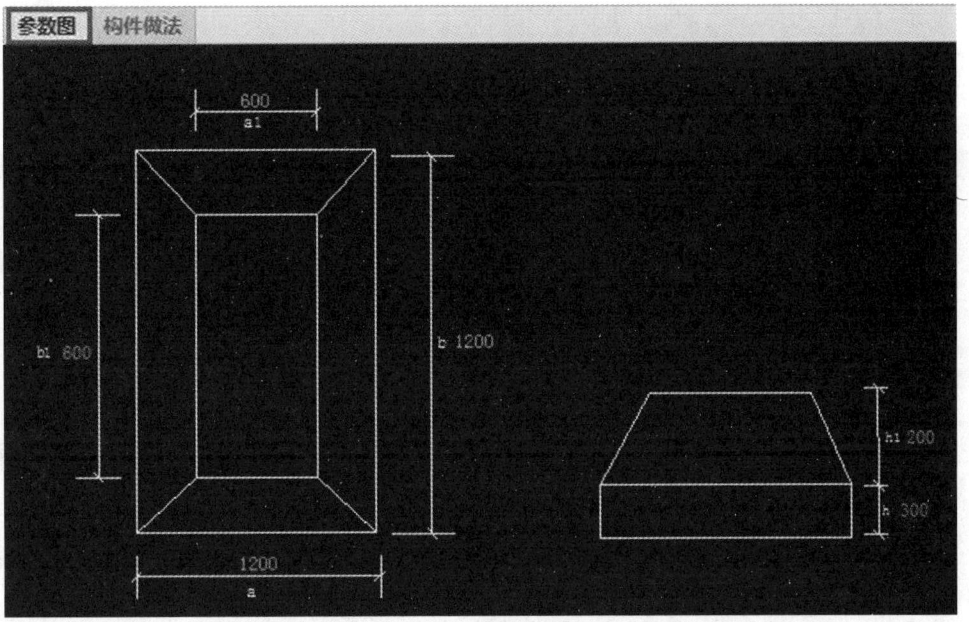

图 12.1.3

根据“1-1 剖面图”，修改“属性列表”中的钢筋信息，如图 12.1.4 所示。

属性列表　图层管理

	属性名称	属性值	附加
1	名称	DJ-1-1	
2	截面形状	四棱锥台形独...	☐
3	截面长度(mm)	1200	☐
4	截面宽度(mm)	1200	☐
5	高度(mm)	500	☐
6	横向受力筋	⌀12@150	☐
7	纵向受力筋	⌀12@150	☐
8	材质	商品混凝土	☐
9	混凝土类型	(混凝土20石)	☐
10	混凝土强度等级	(C30)	☐
11	混凝土外加剂	(无)	
12	泵送类型	(混凝土泵)	
13	相对底标高(m)	(0)	☐
14	截面面积(m²)	1.44	☐
15	备注		☐
16	+ 钢筋业务属性		
20	+ 土建业务属性		
22	+ 显示样式		

图 12.1.4

点击“构件做法”，在“查询匹配清单”中选择独立基础的项目清单，检查所选清单的工程量表达式，填写项目特征，如图 12.1.5 所示。

参数图　构件做法

添加清单　添加定额　删除　查询　项目特征　*fx* 换算　做法刷　做法查询　提取做法　当前构

	编码	类别	名称	项目特征	单位	工程量表达式	表达式说明
1	010501003	项	独立基础	1. 混凝土种类:预拌 2. 混凝土强度等级:C30	m3	TJ	TJ<体积>
2	011702001	项	基础	1. 基础类型:独立基础	m2	MBMJ	MBMJ<模板面积>

图 12.1.5

复制“DJ-1”为“DJ-2”,点击“DJ-2-1”,修改参数图中的数据,如图 12.1.6 所示,不修改“属性列表”中的信息与清单项目特征。

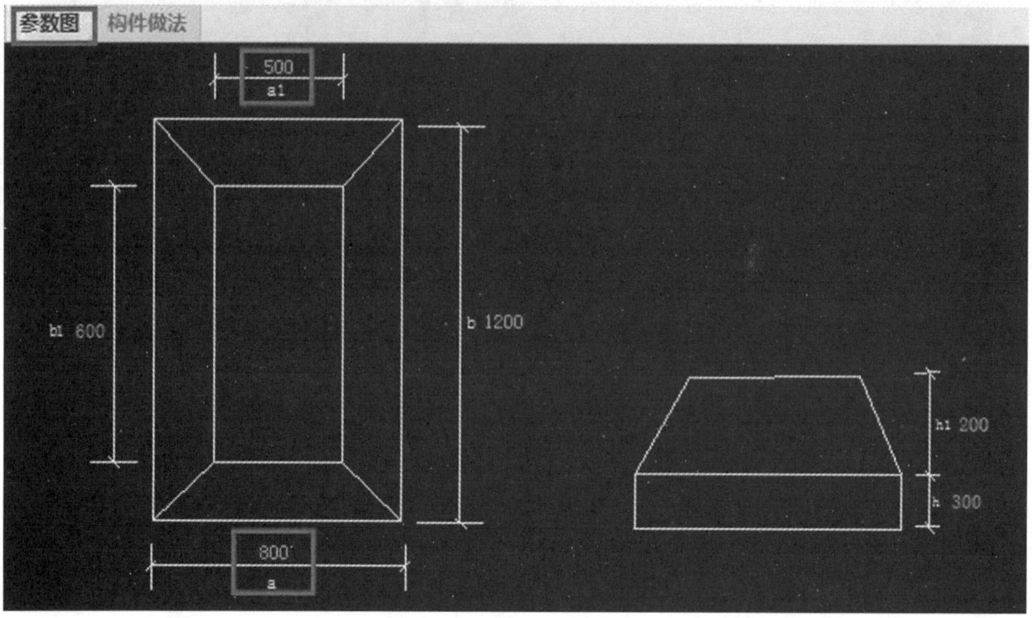

图 12.1.6

复制“DJ-2”为“DJ-3”,点击“DJ-3-1”,修改参数图中的数据,如图 12.1.7 所示,不修改“属性列表”中的信息与清单项目特征。

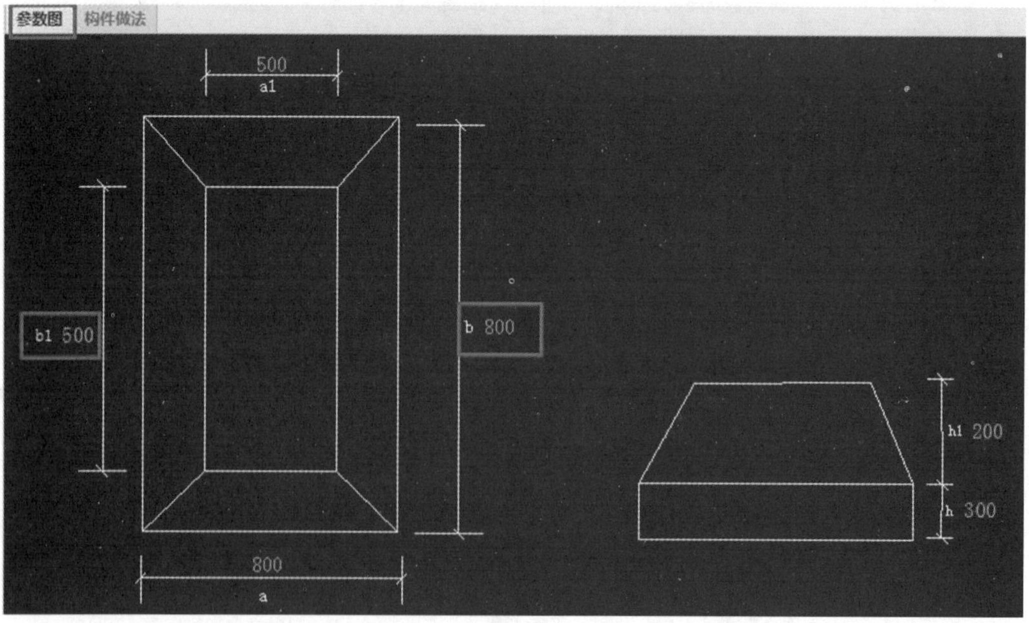

图 12.1.7

12.2　绘制独立基础

关闭定义界面，进入绘图界面，定位“基础平面图”。点击“绘图”面板中的“点”命令，如图 12.2.1 所示。根据定位图纸，找到独立基础的位置，完成独立基础的绘制，如图 12.2.2 所示。

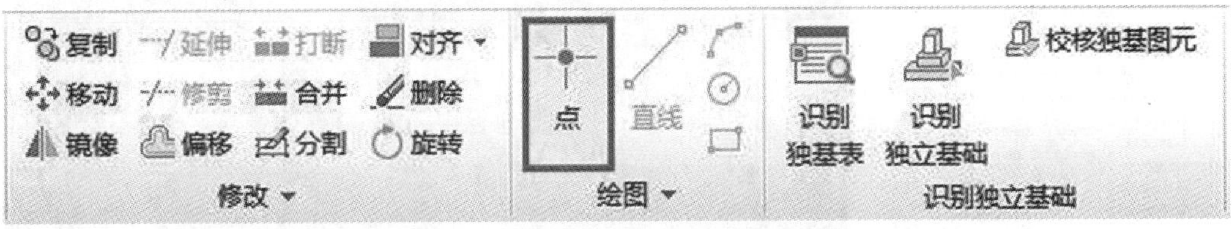

图 12.2.1

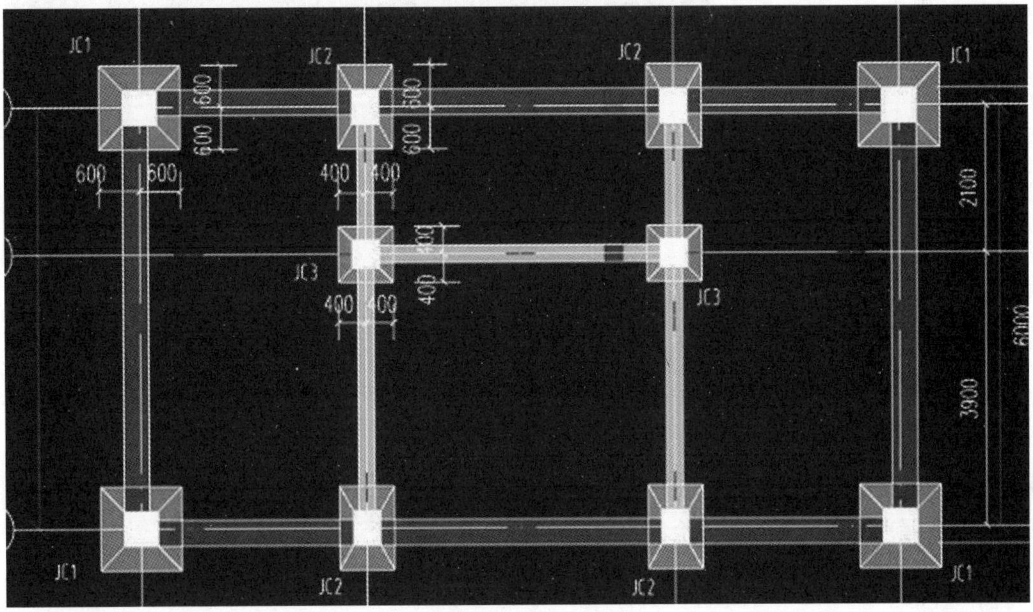

图 12.2.2

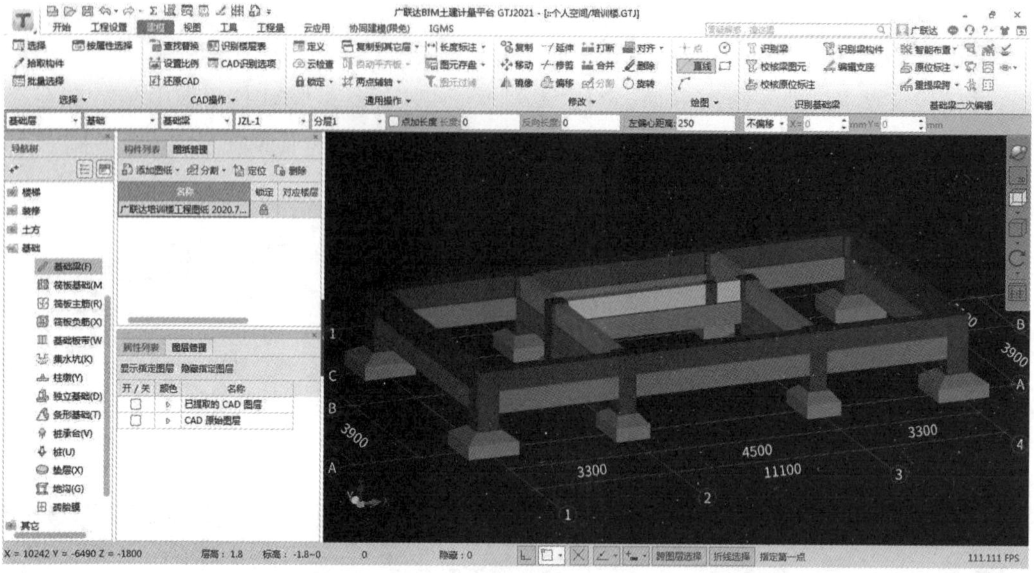

任务13　基础梁的定义及绘制

能力目标

(1)能定义并绘制基础梁；

(2)能根据图纸构件做法正确套用清单。

知识目标

(1)掌握基础梁的定义及绘制方法；

(2)掌握实体项目、措施项目的清单列项以及填写主要项目特征的操作。

13.1　定义基础梁

双击“导航树”中的“基础梁”进入基础梁定义界面，左键单击“构件列表”中的“新建”，再单击“新建矩形基础梁”，新建“JZL-1”，根据图纸，修改“属性列表”中的信息，如图13.1.1所示。

属性列表

	属性名称	属性值	附加
1	名称	JZL-1	
2	类别	基础主梁	☐
3	截面宽度(mm)	500	☐
4	截面高度(mm)	500	☐
5	轴线距梁左边...	(250)	☐
6	跨数量		☐
7	箍筋	Φ12@100/200	☐
8	肢数	6	
9	下部通长筋	6Φ25	☐
10	上部通长筋		☐
11	侧面构造或受...		☐
12	拉筋		☐
13	材质	商品混凝土	☐

属性列表

	属性名称	属性值	附加
14	混凝土类型	(混凝土20石)	☐
15	混凝土强度等级	(C30)	☐
16	混凝土外加剂	(无)	
17	泵送类型	(混凝土泵)	
18	截面周长(m)	2	☐
19	截面面积(m²)	0.25	☐
20	起点顶标高(m)	-0.45	☐
21	终点顶标高(m)	-0.45	☐
22	备注		☐
23	⊞ 钢筋业务属性		
34	⊞ 土建业务属性		
38	⊞ 显示样式		

图 13.1.1

点击“构件做法”,在“查询匹配清单”中选择基础梁的实体项目清单和措施项目清单,检查所选清单的工程量表达式是否正确,填写项目特征,如图 13.1.2 所示。

箍筋组合示意图　构件做法

添加清单　添加定额　删除　查询　项目特征　fx 换算　做法刷　做法查询　提取做法　当前构件

	编码	类别	名称	项目特征	单位	工程量表达式	表达式说明
1	010503001	项	基础梁	1. 混凝土种类:预拌 2. 混凝土强度等级:C30	m3	TJ	TJ<体积>
2	011702005	项	基础梁	1. 梁截面形状:矩形	m2	MBMJ	MBMJ<模板面积>

图 13.1.2

复制“JZL-1”为“JZL-2”,修改“属性列表”中的信息,如图 13.1.3 所示;清单项目内容不变,不修改,如图 13.1.4 所示。

属性列表

	属性名称	属性值	附加
1	名称	JZL-2	
2	类别	基础主梁	☐
3	截面宽度(mm)	500	☐
4	截面高度(mm)	500	☐
5	轴线距梁左边...	(250)	☐
6	跨数量		☐
7	箍筋	Φ12@100/200	☐
8	肢数	6	
9	下部通长筋	6Φ25	☐
10	上部通长筋	6Φ25	☐
11	侧面构造或受...		☐
12	拉筋		☐
13	材质	商品混凝土	☐

属性列表

	属性名称	属性值	附加
14	混凝土类型	(混凝土20石)	☐
15	混凝土强度等级	(C30)	☐
16	混凝土外加剂	(无)	
17	泵送类型	(混凝土泵)	
18	截面周长(m)	2	☐
19	截面面积(m²)	0.25	☐
20	起点顶标高(m)	-0.45	☐
21	终点顶标高(m)	-0.45	☐
22	备注		☐
23	⊞ 钢筋业务属性		
34	⊞ 土建业务属性		
38	⊞ 显示样式		

图 13.1.3

箍筋组合示意图 | 构件做法

添加清单 添加定额 删除 查询 项目特征 fx 换算 做法刷 做法查询 提取做法 当前构件

	编码	类别	名称	项目特征	单位	工程量表达式	表达式说明
1	010503001	项	基础梁	1.混凝土种类:预拌 2.混凝土强度等级:C30	m3	TJ	TJ<体积>
2	011702005	项	基础梁	1.梁截面形状:矩形	m2	MBMJ	MBMJ<模板面积>

图 13.1.4

复制"JZL-2"为"JZL-3",修改"属性列表"中的信息,如图 13.1.5 所示;清单项目内容不变,不修改,如图 13.1.6 所示。

属性列表

	属性名称	属性值	附加
1	名称	JZL-3	
2	类别	基础主梁	☐
3	截面宽度(mm)	400	☐
4	截面高度(mm)	500	☐
5	轴线距梁左边...	(200)	☐
6	跨数量		☐
7	箍筋	Φ12@100/200	☐
8	肢数	4	
9	下部通长筋	4Φ25	☐
10	上部通长筋		☐
11	侧面构造或受...		☐
12	拉筋		☐
13	材质	商品混凝土	☐

属性列表

	属性名称	属性值	附加
14	混凝土类型	(混凝土20石)	☐
15	混凝土强度等级	(C30)	☐
16	混凝土外加剂	(无)	
17	泵送类型	(混凝土泵)	
18	截面周长(m)	1.8	☐
19	截面面积(m²)	0.2	☐
20	起点顶标高(m)	-0.45	☐
21	终点顶标高(m)	-0.45	☐
22	备注		☐
23	⊞ 钢筋业务属性		
34	⊞ 土建业务属性		
38	⊞ 显示样式		

图 13.1.5

箍筋组合示意图 | 构件做法

添加清单 添加定额 删除 查询 项目特征 fx 换算 做法刷 做法查询 提取做法 当前构件

	编码	类别	名称	项目特征	单位	工程量表达式	表达式说明
1	010503001	项	基础梁	1.混凝土种类:预拌 2.混凝土强度等级:C30	m3	TJ	TJ<体积>
2	011702005	项	基础梁	1.梁截面形状:矩形	m2	MBMJ	MBMJ<模板面积>

图 13.1.6

复制"JZL-3"为"JZL-4",修改"属性列表"中的信息,如图 13.1.7 所示;清单项目内容不变,不修改,如图 13.1.8 所示。

属性列表

	属性名称	属性值	附加
1	名称	JZL-4	
2	类别	基础主梁	☐
3	截面宽度(mm)	400	☐
4	截面高度(mm)	500	☐
5	轴线距梁左边...	(200)	☐
6	跨数量		☐
7	箍筋	Φ12@100/200	☐
8	肢数	5	
9	下部通长筋	5Φ25	☐
10	上部通长筋	5Φ25	☐
11	侧面构造或受...		☐
12	拉筋		☐
13	材质	商品混凝土	☐

属性列表

	属性名称	属性值	附加
14	混凝土类型	(混凝土20石)	☐
15	混凝土强度等级	(C30)	☐
16	混凝土外加剂	(无)	
17	泵送类型	(混凝土泵)	
18	截面周长(m)	1.8	☐
19	截面面积(m²)	0.2	☐
20	起点顶标高(m)	-0.45	☐
21	终点顶标高(m)	-0.45	☐
22	备注		☐
23	⊞ 钢筋业务属性		
34	⊞ 土建业务属性		
38	⊞ 显示样式		

图 13.1.7

箍筋组合示意图　构件做法

添加清单　添加定额　删除　查询　项目特征　*fx* 换算　做法刷　做法查询　提取做法　当前构件

	编码	类别	名称	项目特征	单位	工程量表达式	表达式说明
1	010503001	项	基础梁	1. 混凝土种类：预拌 2. 混凝土强度等级：C30	m3	TJ	TJ<体积>
2	011702005	项	基础梁	1. 梁截面形状：矩形	m2	MBMJ	MBMJ<模板面积>

图 13.1.8

13.2　绘制基础梁

关闭定义界面，进入绘制基础梁界面，在“图纸管理”中，双击培训楼工程图纸，在绘图界面中，找到“基础梁配筋图”，点击“图纸管理”中的“定位”命令，捕捉 1 轴和 C 轴相交点，拖曳图纸至绘制完成的轴网 1 轴和 C 轴相交点上，左键单击，完成图纸定位，如图 13.2.1 所示。

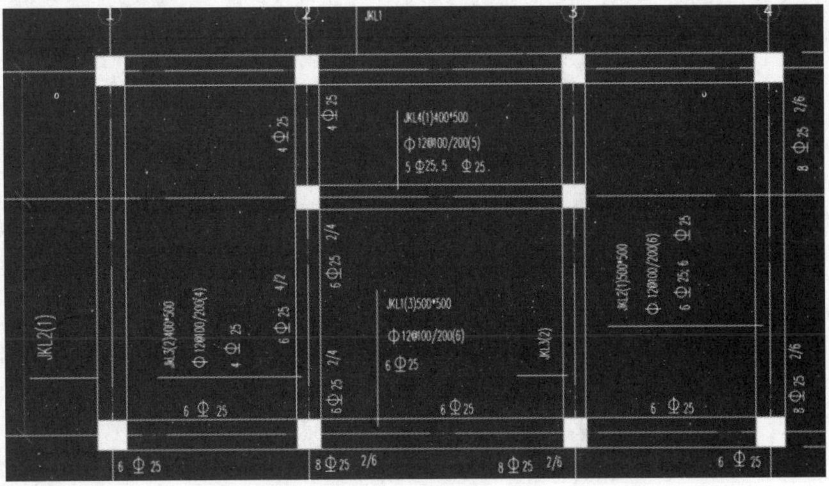

图 13.2.1

在“绘图”面板中，选择“智能布置”，点击“轴线”，如图 13.2.2 所示。在“构件列表”中，选择“JZL-1”，根据定位图纸，基础梁外边线与柱边线对齐，鼠标左键点击 JKL1 位置，完成“JZL-1”的绘制，如图 13.2.3 所示。用相同的绘制方法完成“JZL-2”“JZL-3”的绘制。

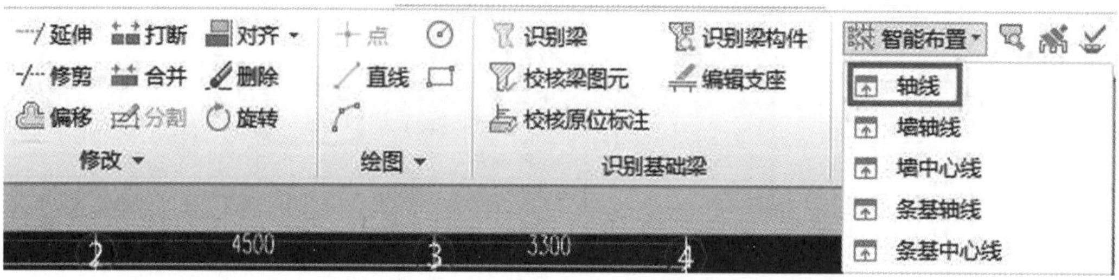

图 13.2.2

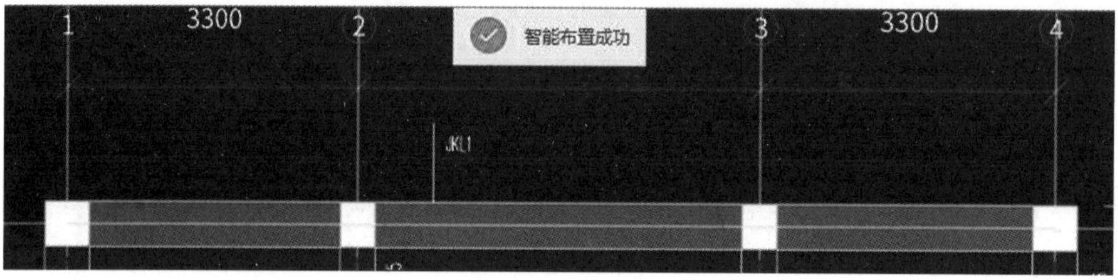

图 13.2.3

在“构件列表”中，选择“JZL-4”，根据定位图纸，基础梁起点为 2 轴与 B 轴相交处的 KZ3 中心点，终点为 3 轴与 B 轴相交点上的 KZ3 中心点，在“绘图”面板中，选择“智能布置”，点击“轴线”，框选 JKL4 范围，如图 13.2.4 所示。基础梁的绘制完成，如图 13.2.5 所示。

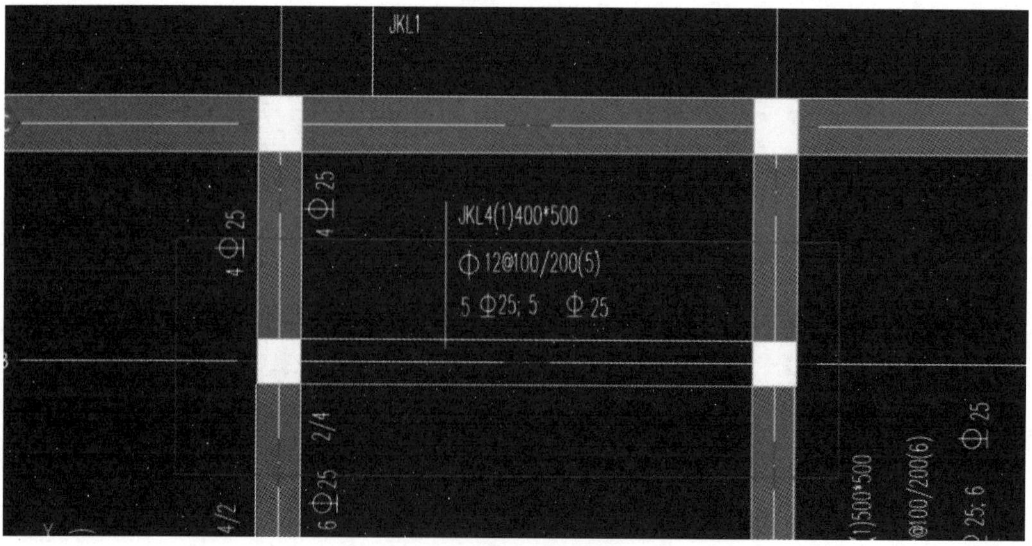

图 13.2.4

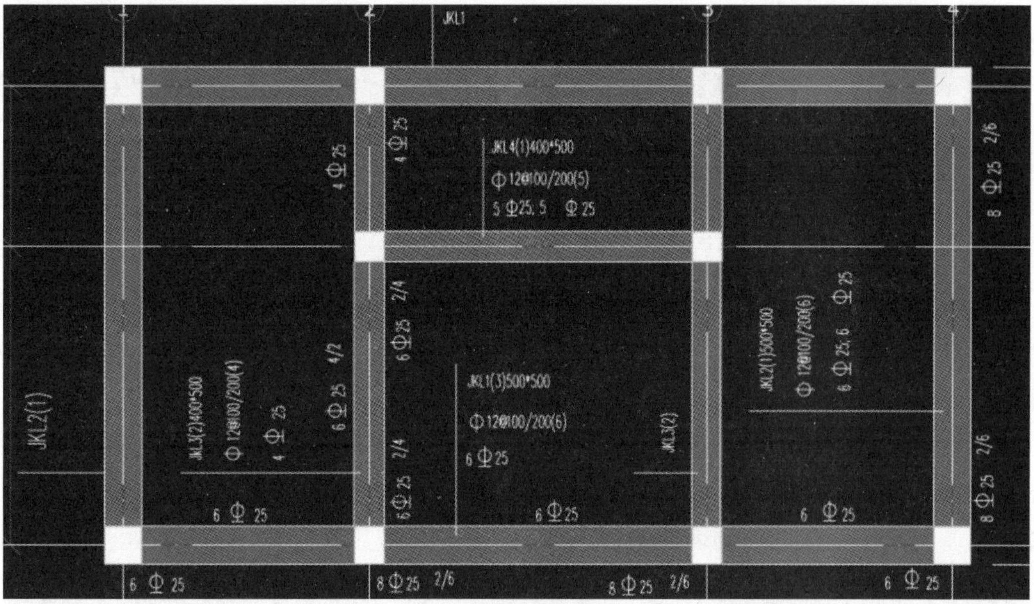

图 13.2.5

13.3　基础梁原位标注

将 JKL1 位置放大，如图 13.3.1 所示。点击“基础梁二次编辑”面板中的“原位标注”，如图 13.3.2 所示。

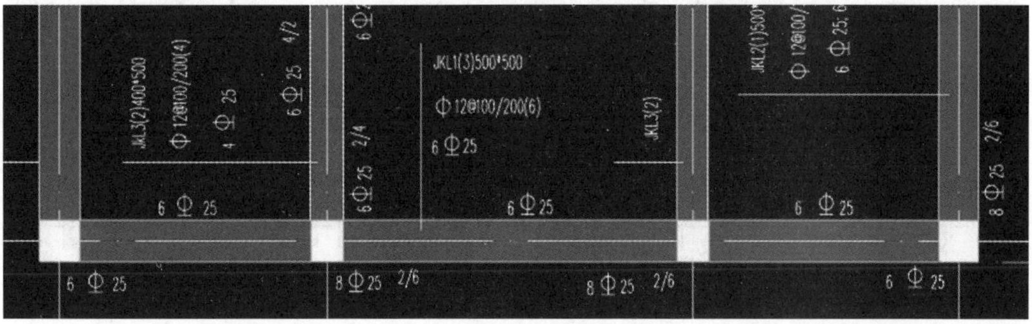

图 13.3.1

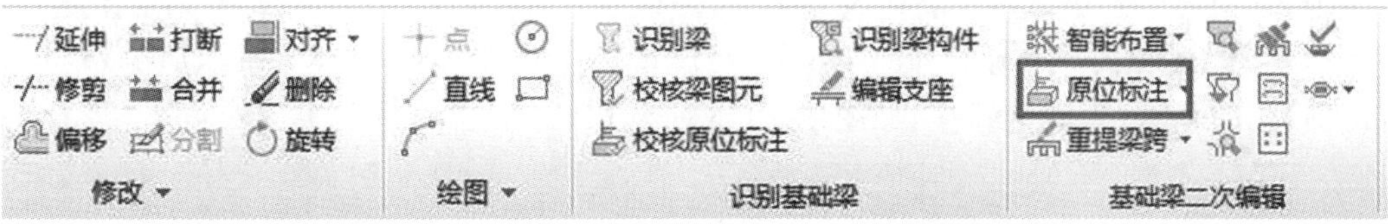

图 13.3.2

将弹出的“基础梁平法表格”关闭，点击 JKL1，每一跨都出现四个框，根据图纸，在四个框中输入钢筋信息，如图 13.3.3 所示。

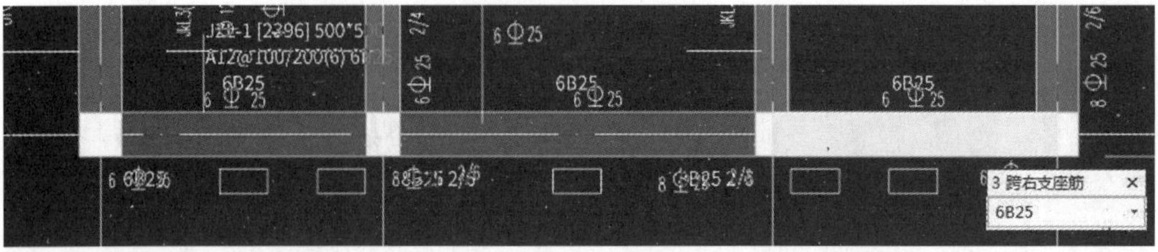

图 13.3.3

【注意】基础梁输入原位标注后，即提取了基础梁跨，表现为基础梁颜色变成绿色，在汇总计算时，才能计算基础梁中的钢筋质量，否则，汇总计算时会提醒“基础梁跨未提取”。

鼠标左键选择完成原位标注的 JKL1，按鼠标右键，在弹出的常用功能框中选择“应用到同名基础梁”，在绘图界面上方选择“所有同名称基础梁”，按鼠标右键，屏幕显示“1 道同名基础梁应用成功”，则两个位置上的 JKL1 信息应用为一致，如图 13.3.4 所示。

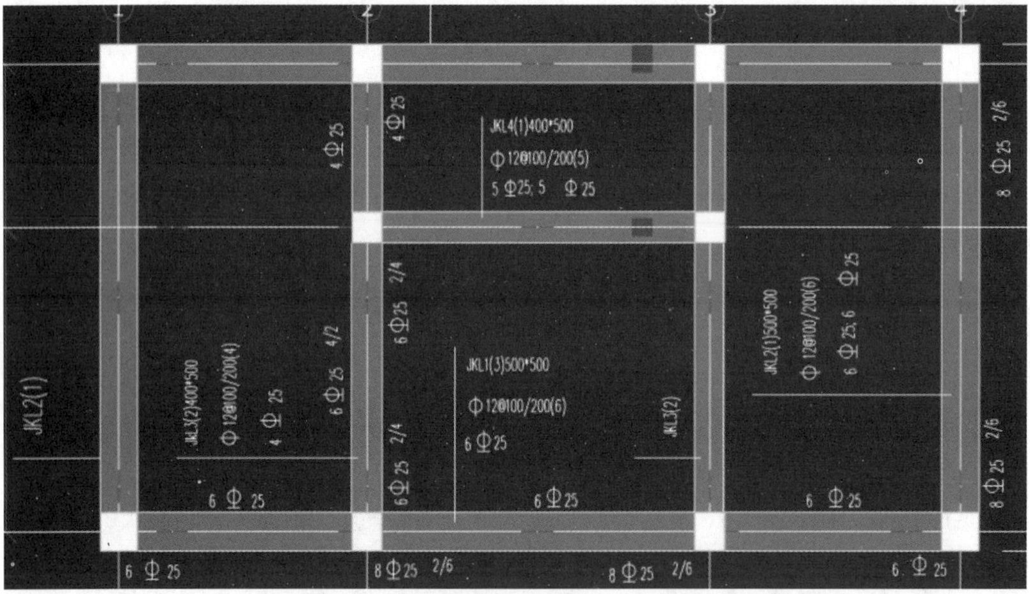

图 13.3.4

根据定位图纸，完成 JKL2、JKL3 原位标注，将 JKL2、JKL3 应用同名基础梁到相同名称基础梁。JKL4 没有原位标注，点击“原位标注”，选择 JKL4，无须输入信息，按鼠标右键即可完成 JKL4 原位标注，如图 13.3.5 所示。

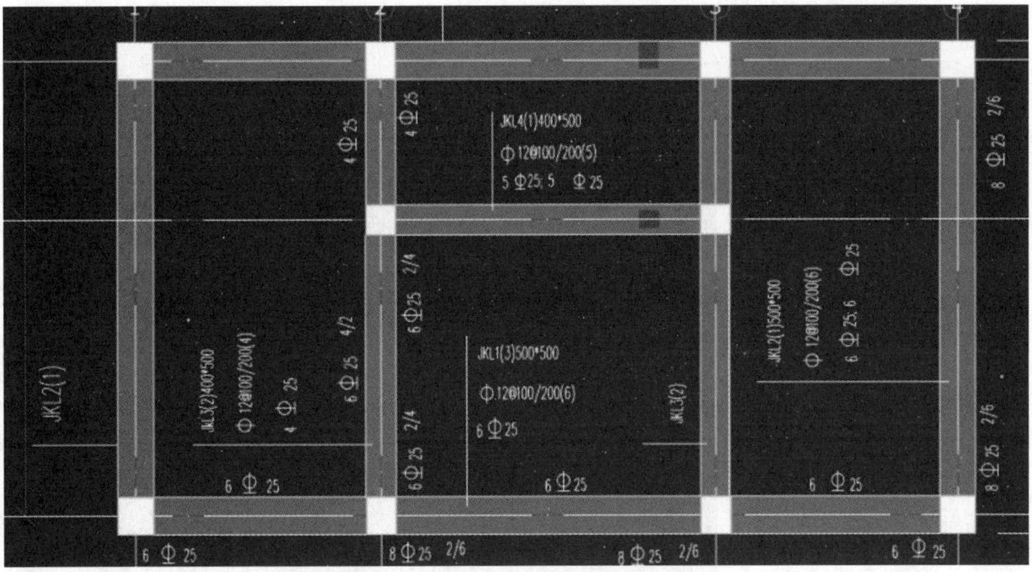
JKL4(1)400*500
Φ12@100/200(5)
5Φ25; 5 Φ25
JKL1(3)500*500
Φ12@100/200(6)
6Φ25
JKL3(2)400*500
Φ12@100/200(4)
4 Φ25
JKL2(1)500*500
Φ12@100/200(6)
6 Φ25; 6 Φ25
JKL2(1)
JKL3(2)

图 13.3.5

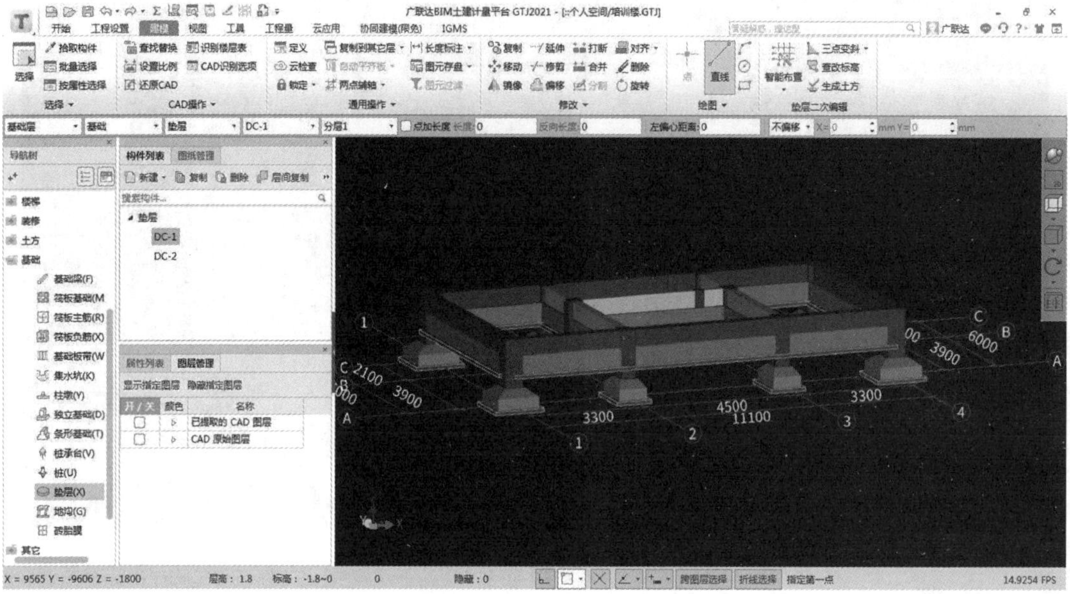

任务 14　垫层的定义及绘制

能力目标

(1)能定义并绘制垫层；

(2)能根据图纸构件做法正确套用清单。

知识目标

(1)掌握垫层的定义及绘制方法；

(2)掌握实体项目、措施项目的清单列项以及填写主要项目特征的操作。

14.1　定义垫层

双击“导航树”中的“垫层”进入垫层定义界面，左键单击“构件列表”中的“新建”，再单击“新建线式垫层”，新建“DC-1”，修改名称为“DC-基础梁”，再修改“属性列表”中的信息，如图 14.1.1 所示。

属性列表

	属性名称	属性值	附加
1	名称	DC-基础梁	
2	形状	线型	☐
3	宽度(mm)		☐
4	厚度(mm)	100	☐
5	轴线距左边线...	(0)	☐
6	材质	商品混凝土C15	☐
7	混凝土类型	(混凝土20石)	☐
8	混凝土强度等级	(C15)	☐
9	混凝土外加剂	(无)	

属性列表

	属性名称	属性值	附加
10	泵送类型	(混凝土泵)	
11	截面面积(m^2)	0	☐
12	起点顶标高(m)	基础梁底标高	☐
13	终点顶标高(m)	基础梁底标高	☐
14	备注		☐
15	⊞ 钢筋业务属性		
18	⊞ 土建业务属性		
23	⊞ 显示样式		

图 14.1.1

点击“构件做法”，在“查询匹配清单”中选择垫层的项目清单，检查所选清单的工程量表达式是否正确，填写项目特征，如图 14.1.2 所示。

构件做法

添加清单　添加定额　删除　查询　项目特征　fx 换算　做法刷　做法查询　提取做法　当前构

	编码	类别	名称	项目特征	单位	工程量表达式	表达式说明
1	010501001	项	垫层	1. 混凝土种类:预拌 2. 混凝土强度等级:C15	m3	TJ	TJ<体积>
2	011702001	项	基础	1. 基础类型:垫层	m2	MBMJ	MBMJ<模板面积>

图 14.1.2

左键单击“构件列表”中的“新建”，再单击“新建面式垫层”，新建“DC-2”，修改名称为“DC-独立基础”，再修改“属性列表”中的信息，如图 14.1.3 所示。

属性列表

	属性名称	属性值	附加
1	名称	DC-独立基础	
2	形状	面型	☐
3	厚度(mm)	100	☐
4	材质	商品混凝土C15	☐
5	混凝土类型	(混凝土20石)	☐
6	混凝土强度等级	(C15)	☐
7	混凝土外加剂	(无)	
8	泵送类型	(混凝土泵)	
9	顶标高(m)	基础底标高	☐

属性列表

	属性名称	属性值	附加
6	混凝土强度等级	(C15)	☐
7	混凝土外加剂	(无)	
8	泵送类型	(混凝土泵)	
9	顶标高(m)	基础底标高	☐
10	备注		☐
11	⊞ 钢筋业务属性		
14	⊞ 土建业务属性		
19	⊞ 显示样式		

图 14.1.3

点击“构件做法”，在“查询匹配清单”中选择垫层的项目清单，检查所选清单的工程量表达式是否正确，填写项目特征，如图 14.1.4 所示。

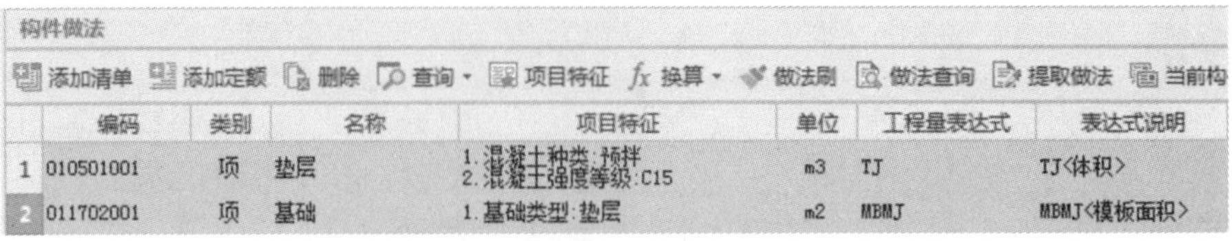

图 14.1.4

14.2 绘制垫层

关闭定义界面，进入绘图界面。在“构件列表”中选择“DC-基础梁”，点击“绘图”面板中的“智能布置”，选择“梁中心线”，如图 14.2.1 所示。

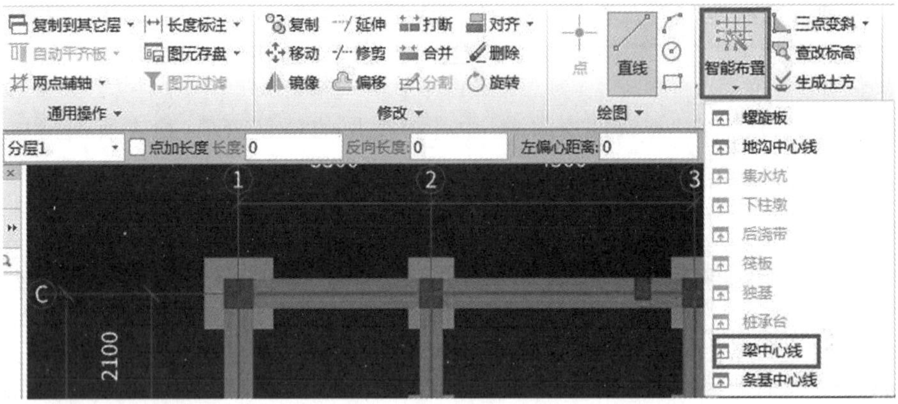

图 14.2.1

框选所有基础梁，鼠标右键单击，在弹出的“设置出边距离”窗口中，将“左右出边距离(mm)”修改为“100”，如图 14.2.2 所示，点击“确定”，完成基础梁下垫层的绘制，如图 14.2.3 所示。

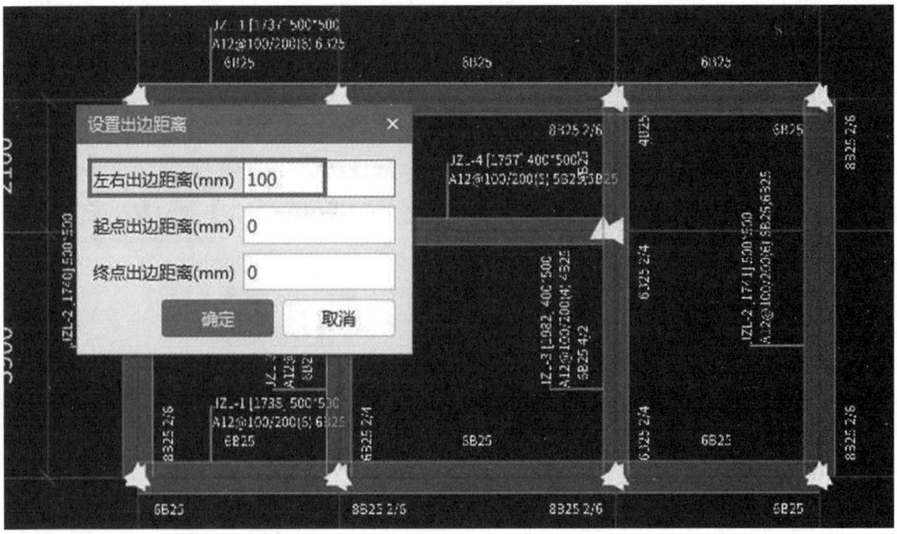

图 14.2.2

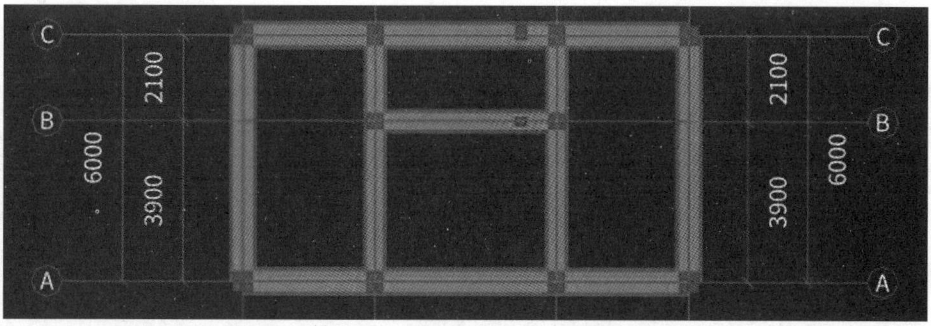

图 14.2.3

在“构件列表”中选择“DC-独立基础”，点击“绘图”面板中的“智能布置”，选择“独基”，如图 14.2.4 所示。

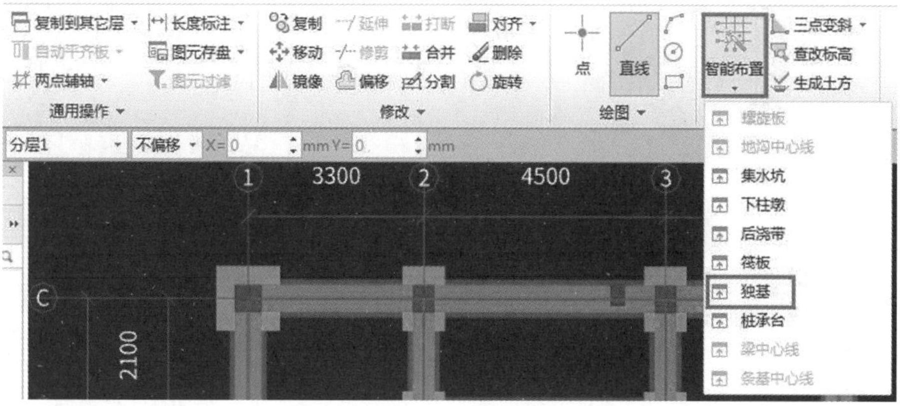

图 14.2.4

框选所有独立基础，鼠标右键单击，在弹出的“设置出边距离”窗口中，将“出边距离(mm)”修改为“100”，如图 14.2.5 所示，点击“确定”，完成独立基础下垫层的绘制，如图 14.2.6 所示。

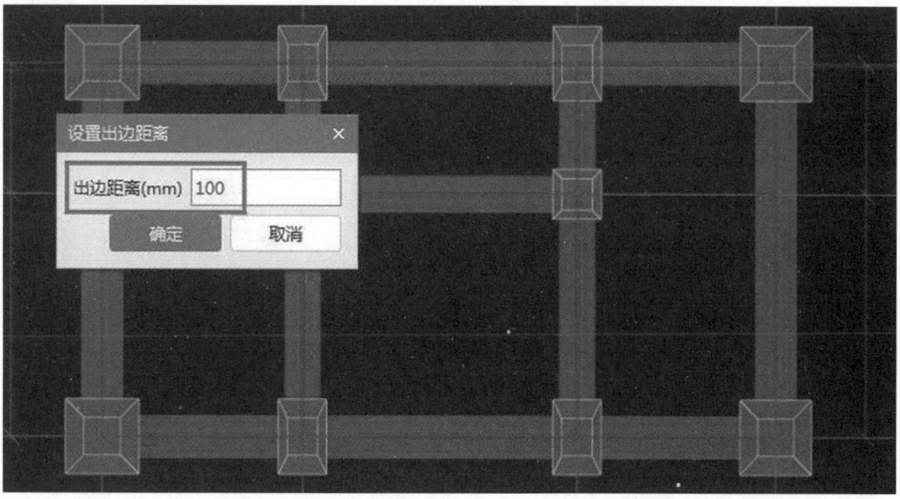

图 14.2.5

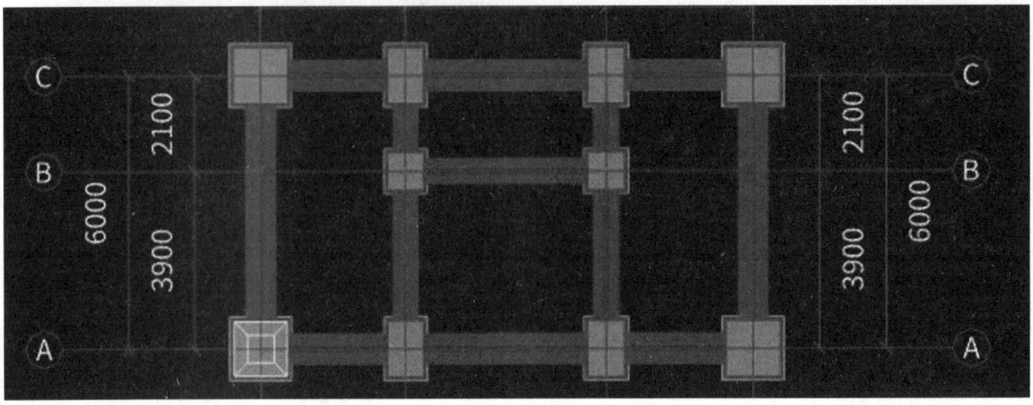

图 14.2.6

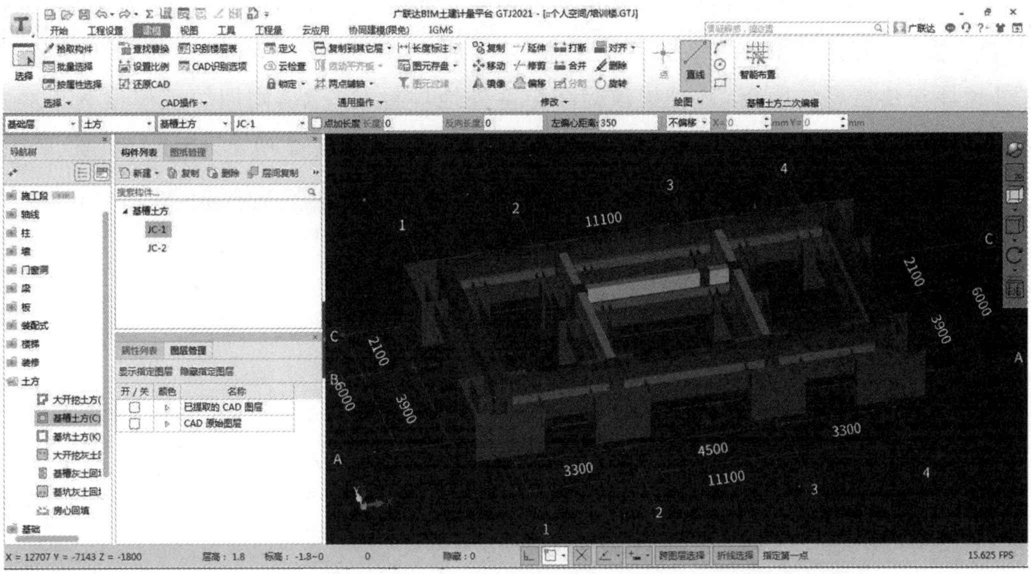

任务15　土方、房心回填的定义及绘制

能力目标

（1）能定义并绘制土方、房心回填；

（2）能根据图纸构件做法正确套用清单。

知识目标

（1）掌握土方、房心回填的定义及绘制方法；

（2）掌握实体项目、措施项目的清单列项以及填写主要项目特征的操作。

15.1　土方的定义及绘制

15.1.1　自动生成土方

完成垫层的绘制后，在“构件列表”中选择“DC-基础梁”，点击“垫层二次编辑”面板中的“生成土方”命令，如图15.1.1所示。

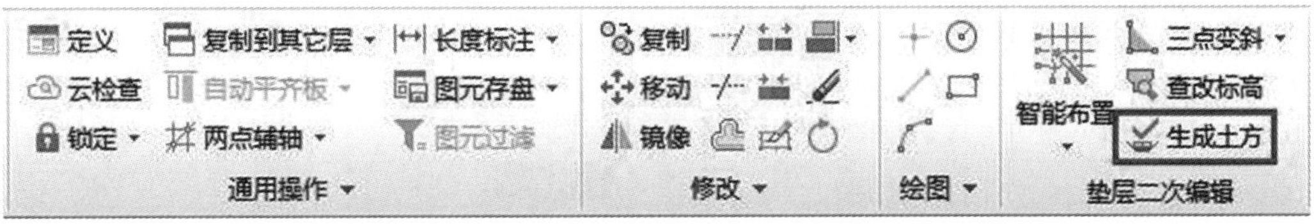

图15.1.1

在弹出的“生成土方”窗口中,设置土方参数。根据清单计算规则,“土方类型”选择“基槽土方”,“起始放坡位置”选择“垫层底”,“生成方式”选择“手动生成”,回填土厚度为室外地坪与垫层底的距离,基础梁顶标高与室外地坪标高一致,则回填土厚度为梁高加上垫层高,即 600 mm。填写“生成土方”中的信息,如图 15.1.2 所示,点击“确定”。

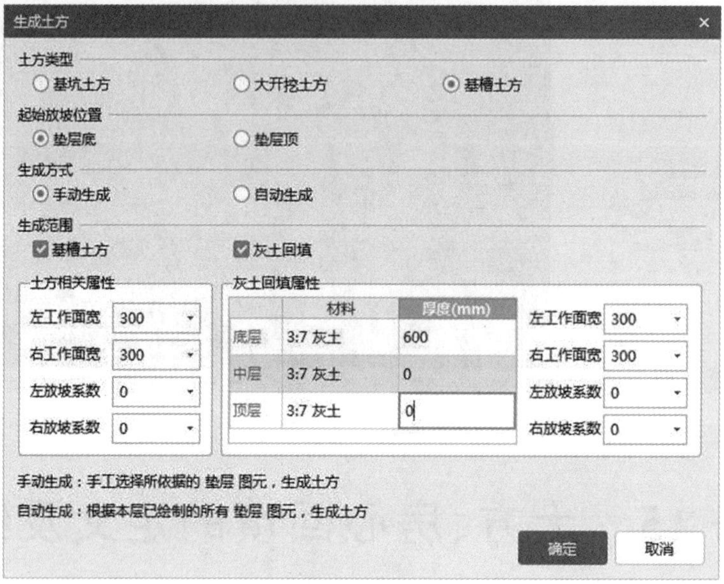

图 15.1.2

【注意】土方的“生成方式”如选择“自动生成”,则生成的全部土方类型一致;“生成方式”如选择“手动生成”,则可以通过筛选构件生成不同类型的土方。本工程有独立基础和基础梁,根据计算规则,独立基础开挖土方类型应为基坑土方,基础梁开挖土方类型应为基槽土方,所以应该选择“手动生成”方式生成土方。

点击“批量选择”(快捷键为“F3”),在弹出的“批量选择”窗口中选择“DC-基础梁”,如图 15.1.3 所示,点击“确定”。

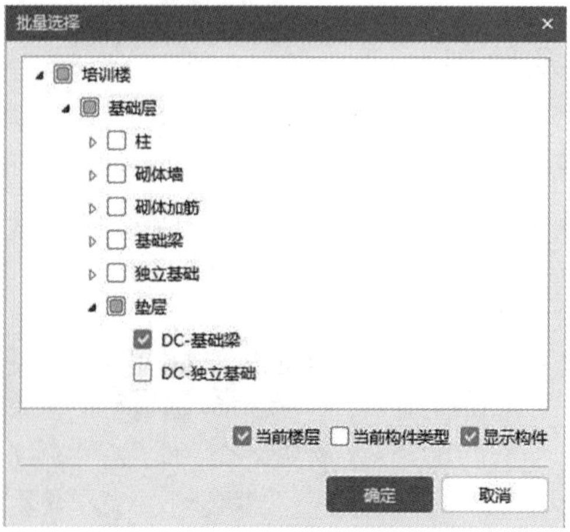

图 15.1.3

鼠标右键单击，完成基槽土方的绘制，如图 15.1.4 所示。

图 15.1.4

在“构件列表”中选择“DC-独立基础”，点击“垫层二次编辑”面板中的“生成土方”命令，在弹出的“生成土方”窗口中，设置土方参数。根据清单计算规则，“土方类型”选择“基坑土方”，回填土厚度为室外地坪与垫层底的距离，根据图纸，为 1450 mm。填写“生成土方”中的信息，如图 15.1.5 所示。

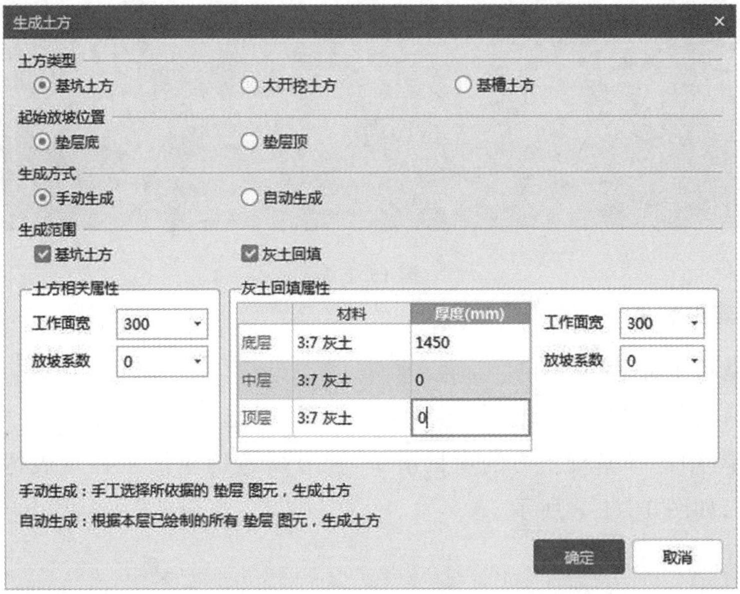

图 15.1.5

点击“批量选择”（快捷键为“F3”），在弹出的“批量选择”窗口中选择“DC-独立基础”，如图 15.1.6 所示，点击“确定”。

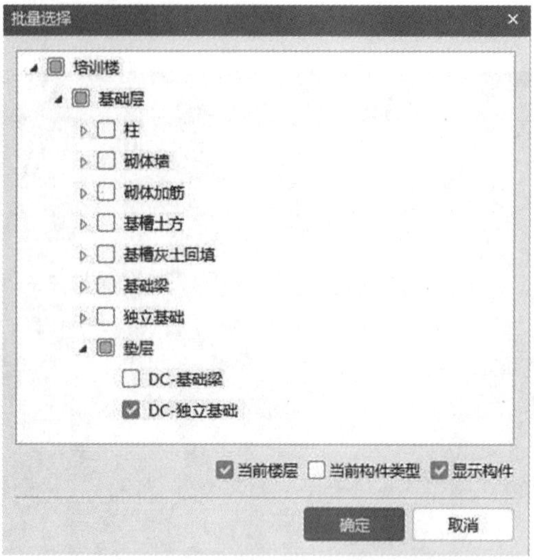

图 15.1.6

鼠标右键单击，完成基坑土方的绘制，如图 15.1.7 所示。

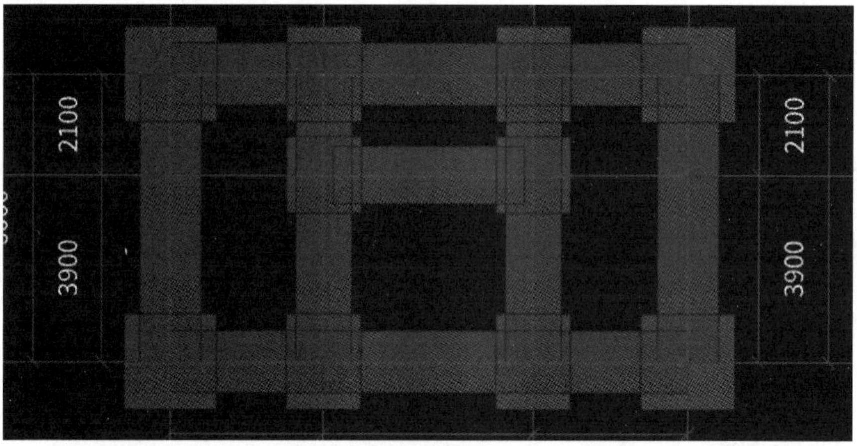

图 15.1.7

15.1.2 套用清单

(1)套用基槽土方清单。

单击“导航树”中的“基槽土方”，在“构件列表”中选择“JC-1”，点击“构件做法”，在“查询匹配清单”中选择基槽土方的项目清单，检查所选清单的工程量表达式是否正确，填写项目特征，如图 15.1.8 所示。

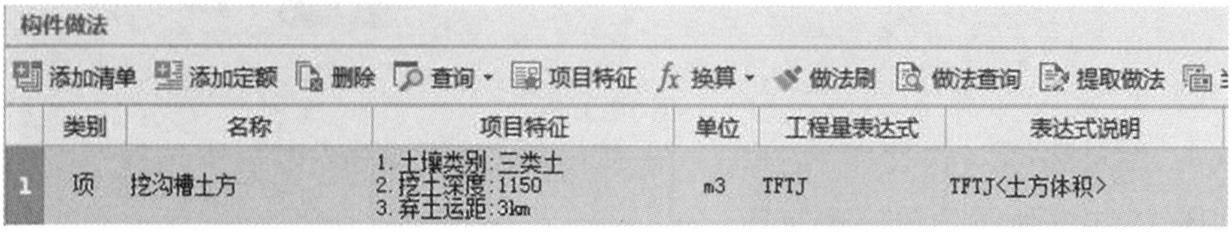

	类别	名称	项目特征	单位	工程量表达式	表达式说明
1	项	挖沟槽土方	1. 土壤类别：三类土 2. 挖土深度：1150 3. 弃土运距：3km	m3	TFTJ	TFTJ<土方体积>

图 15.1.8

在“构件列表”中选择“JC-2”，点击“构件做法”，在“查询匹配清单”中选择基槽土方的项目清单，检查所选清单的工程量表达式是否正确，填写项目特征，如图 15.1.9 所示。

构件做法

添加清单 添加定额 删除 查询 项目特征 fx 换算 做法刷 做法查询 提取做法

	类别	名称	项目特征	单位	工程量表达式	表达式说明
1	项	挖沟槽土方	1. 土壤类别：三类土 2. 挖土深度：1150 3. 弃土运距：3km	m3	TFTJ	TFTJ<土方体积>

图 15.1.9

(2)套用基坑土方清单。

单击“导航树”中的“基坑土方”，在“构件列表”中选择“JK-1”，点击“构件做法”，在“查询匹配清单”中选择基坑土方的项目清单，检查所选清单的工程量表达式是否正确，填写项目特征，如图 15.1.10 所示。

构件做法

添加清单 添加定额 删除 查询 项目特征 fx 换算 做法刷 做法查询 提取做法 当前构件

	编码	类别	名称	项目特征	单位	工程量表达式	表达式说明
1	010101004	项	挖基坑土方	1. 土壤类别：三类土 2. 挖土深度：1450 3. 弃土运距：3km	m3	TFTJ	TFTJ<土方体积>

图 15.1.10

在“构件列表”中选择“JK-2”，点击“构件做法”，在“查询匹配清单”中选择基坑土方的项目清单，检查所选清单的工程量表达式是否正确，填写项目特征，如图 15.1.11 所示。

构件做法

添加清单 添加定额 删除 查询 项目特征 fx 换算 做法刷 做法查询 提取做法 当前构件

	编码	类别	名称	项目特征	单位	工程量表达式	表达式说明
1	010101004	项	挖基坑土方	1. 土壤类别：三类土 2. 挖土深度：1450 3. 弃土运距：3km	m3	TFTJ	TFTJ<土方体积>

图 15.1.11

在“构件列表”中选择“JK-3”，点击“构件做法”，在“查询匹配清单”中选择基坑土方的项目清单，检查所选清单的工程量表达式是否正确，填写项目特征，如图 15.1.12 所示。

构件做法

添加清单 添加定额 删除 查询 项目特征 fx 换算 做法刷 做法查询 提取做法 当前构件

	编码	类别	名称	项目特征	单位	工程量表达式	表达式说明
1	010101004	项	挖基坑土方	1. 土壤类别：三类土 2. 挖土深度：1450 3. 弃土运距：3km	m3	TFTJ	TFTJ<土方体积>

图 15.1.12

(3)套用基槽回填土方清单。

单击“导航树”中的“基槽灰土回填”，在“构件列表”中选择“底 JCHT-1-1”，点击“构件做法”，在“查询匹配清单”中选择基槽灰土回填的项目清单，检查所选清单的工程量表达式是否正确，填写项目特征，如图 15.1.13 所示。

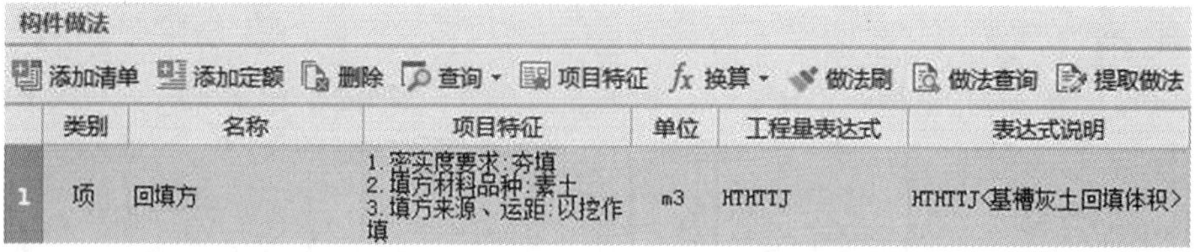

	类别	名称	项目特征	单位	工程量表达式	表达式说明
1	项	回填方	1.密实度要求:夯填 2.填方材料品种:素土 3.填方来源、运距:以挖作填	m3	HTHTTJ	HTHTTJ<基槽灰土回填体积>

图 15.1.13

在“构件列表”中选择“底 JCHT-2-1”，点击“构件做法”，在“查询匹配清单”中选择基槽灰土回填的项目清单，检查所选清单的工程量表达式是否正确，填写项目特征，如图 15.1.14 所示。

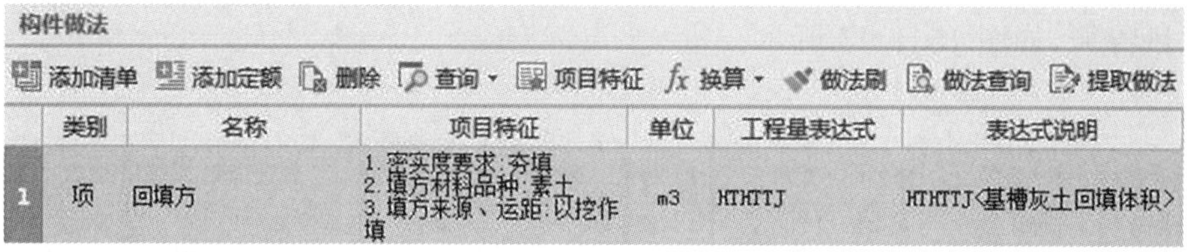

	类别	名称	项目特征	单位	工程量表达式	表达式说明
1	项	回填方	1.密实度要求:夯填 2.填方材料品种:素土 3.填方来源、运距:以挖作填	m3	HTHTTJ	HTHTTJ<基槽灰土回填体积>

图 15.1.14

(4)套用基坑回填土方清单。

单击“导航树”中的“基坑灰土回填”，在“构件列表”中选择“底 JKHT-1-1”，点击“构件做法”，在“查询匹配清单”中选择基坑灰土回填的项目清单，检查所选清单的工程量表达式是否正确，填写项目特征，如图 15.1.15 所示。

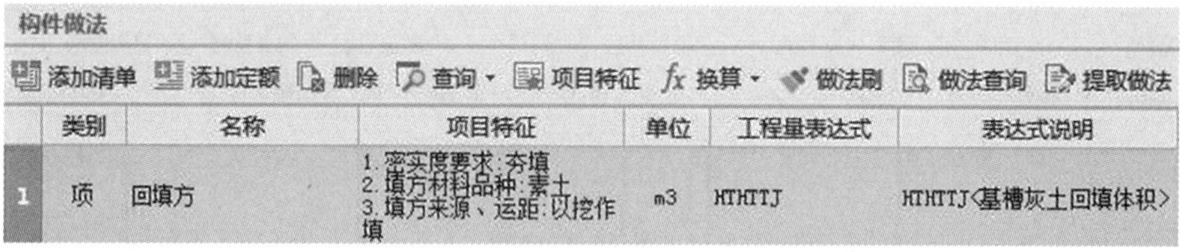

	类别	名称	项目特征	单位	工程量表达式	表达式说明
1	项	回填方	1.密实度要求:夯填 2.填方材料品种:素土 3.填方来源、运距:以挖作填	m3	HTHTTJ	HTHTTJ<基槽灰土回填体积>

图 15.1.15

在“构件列表”中选择“底 JKHT-2-1”，点击“构件做法”，在“查询匹配清单”中选择基坑灰土回填的项目清单，检查所选清单的工程量表达式是否正确，填写项目特征，如图 15.1.16 所示。

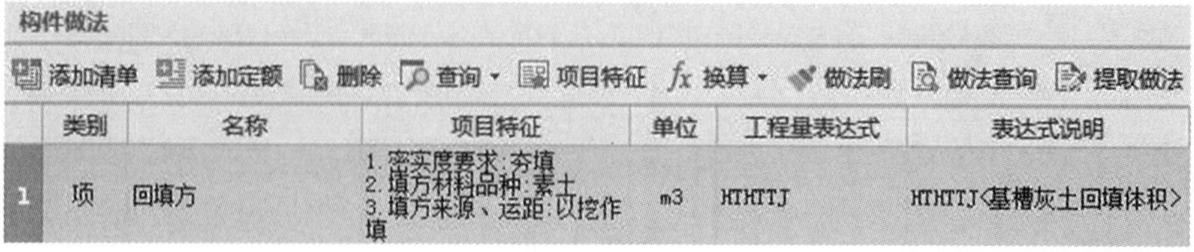

	类别	名称	项目特征	单位	工程量表达式	表达式说明
1	项	回填方	1.密实度要求:夯填 2.填方材料品种:素土 3.填方来源、运距:以挖作填	m3	HTHTTJ	HTHTTJ<基槽灰土回填体积>

图 15.1.16

在“构件列表”中选择“底 JKHT-3-1”，点击“构件做法”，在“查询匹配清单”中选择基坑灰土回填的项目清单，检查所选清单的工程量表达式是否正确，填写项目特征，如图 15.1.17 所示。

构件做法

添加清单　添加定额　删除　查询　项目特征　fx 换算　做法刷　做法查询　提取做法

	类别	名称	项目特征	单位	工程量表达式	表达式说明
1	项	回填方	1. 密实度要求：夯填 2. 填方材料品种：素土 3. 填方来源、运距：以挖作填	m3	HTHTTJ	HTHTTJ<基槽灰土回填体积>

图 15.1.17

在“构件列表”中选择“底 JKHT-4-1”，点击“构件做法”，在“查询匹配清单”中选择基坑灰土回填的项目清单，检查所选清单的工程量表达式是否正确，填写项目特征，如图 15.1.18 所示。

构件做法

添加清单　添加定额　删除　查询　项目特征　fx 换算　做法刷　做法查询　提取做法

	类别	名称	项目特征	单位	工程量表达式	表达式说明
1	项	回填方	1. 密实度要求：夯填 2. 填方材料品种：素土 3. 填方来源、运距：以挖作填	m3	HTHTTJ	HTHTTJ<基槽灰土回填体积>

图 15.1.18

在“构件列表”中选择“底 JKHT-5-1”，点击“构件做法”，在“查询匹配清单”中选择基坑灰土回填的项目清单，检查所选清单的工程量表达式是否正确，填写项目特征，如图 15.1.19 所示。

构件做法

添加清单　添加定额　删除　查询　项目特征　fx 换算　做法刷　做法查询　提取做法

	类别	名称	项目特征	单位	工程量表达式	表达式说明
1	项	回填方	1. 密实度要求：夯填 2. 填方材料品种：素土 3. 填方来源、运距：以挖作填	m3	HTHTTJ	HTHTTJ<基槽灰土回填体积>

图 15.1.19

在“构件列表”中选择“底 JKHT-6-1”，点击“构件做法”，在“查询匹配清单”中选择基坑灰土回填的项目清单，检查所选清单的工程量表达式是否正确，填写项目特征，如图 15.1.20 所示。

构件做法

添加清单　添加定额　删除　查询　项目特征　fx 换算　做法刷　做法查询　提取做法

	类别	名称	项目特征	单位	工程量表达式	表达式说明
1	项	回填方	1. 密实度要求：夯填 2. 填方材料品种：素土 3. 填方来源、运距：以挖作填	m3	HTHTTJ	HTHTTJ<基槽灰土回填体积>

图 15.1.20

15.2 房心回填的定义及绘制

15.2.1 定义房心回填

双击“导航树”中的“房心回填”进入房心回填定义界面，左键单击“构件列表”中的“新建”，再单击“新建房心回填”，新建“FXHT-1”，修改名称为“FXHT-地 1”。根据图纸，计算装饰厚度为 8 mm＋30 mm＋2 mm＋50 mm＋150 mm＝240 mm，如图 15.2.1 所示。根据房心回填厚度为室内外地坪高度扣除装饰厚度，修改“属性列表”中的信息，如图 15.2.2 所示。

编号	装饰做法名称	用料
地1	实木地板地面	1.8厚普通实木地板(企口拼接)
		2.30厚C20细石混凝土保护层
		3.2厚单组份聚氨酯涂膜防水，上翻高度200mm
		4.50厚C20细石混凝土找平层
		5.150厚3:7灰土垫层
		6.素土夯实，压实系数0.90

图 15.2.1

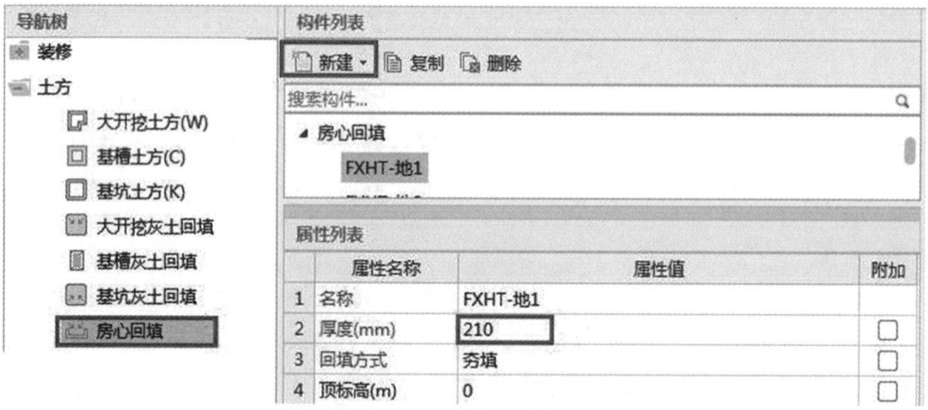

图 15.2.2

点击“构件做法”，在“查询匹配清单”中选择房心回填的项目清单，检查所选清单的工程量表达式是否正确，填写项目特征，如图 15.2.3 所示。

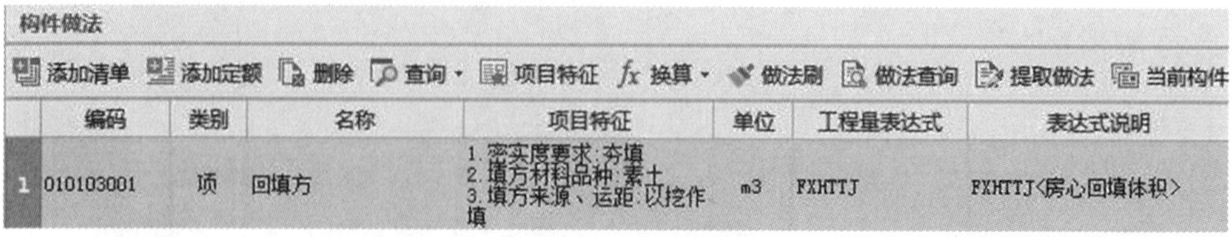

图 15.2.3

复制“FXHT-地 1”为“FXHT-地 2”，根据图纸，计算装饰厚度为 10 mm＋20 mm＋50 mm＋150 mm＝230mm，如图 15.2.4 所示。修改“属性列表”中的信息，如图 15.2.5

所示。清单项目内容不变，不修改。

图 15.2.4

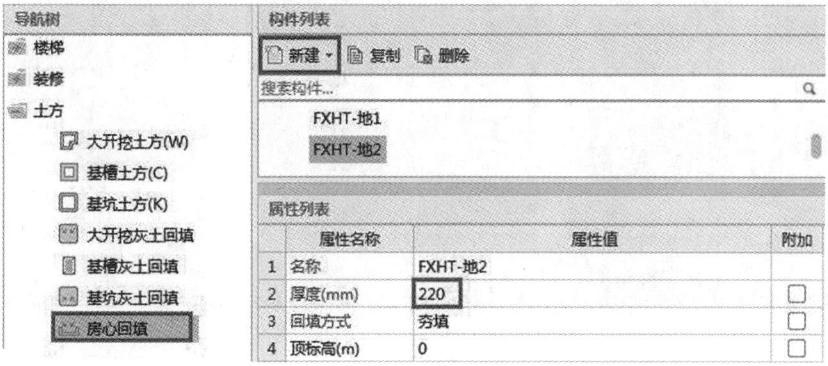

图 15.2.5

15.2.2　绘制房心回填

关闭定义界面，进入绘图界面，定位“首层平面图”，如图 15.2.6 所示。在“构件列表”中选择“FXHT-地 1”，点击“绘图”面板中的“点”命令，如图 15.2.7 所示。点击定位图纸中的接待室，如图 15.2.8 所示。

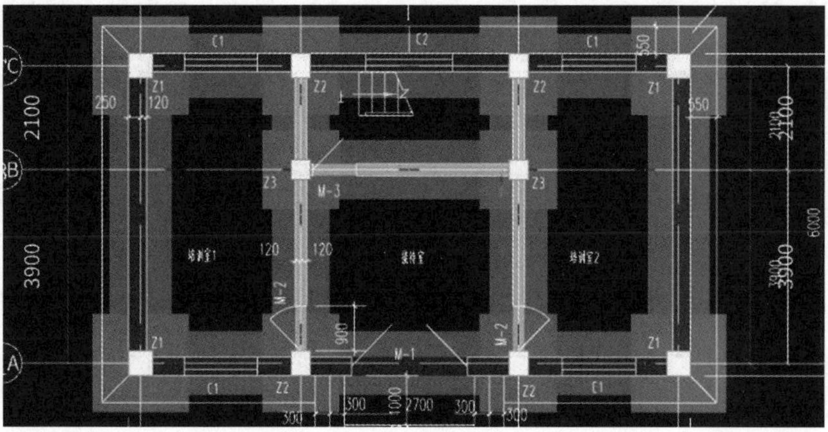

图 15.2.6

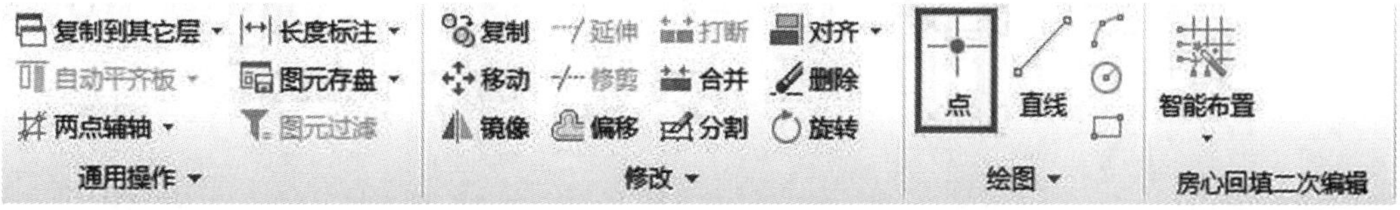

图 15.2.7

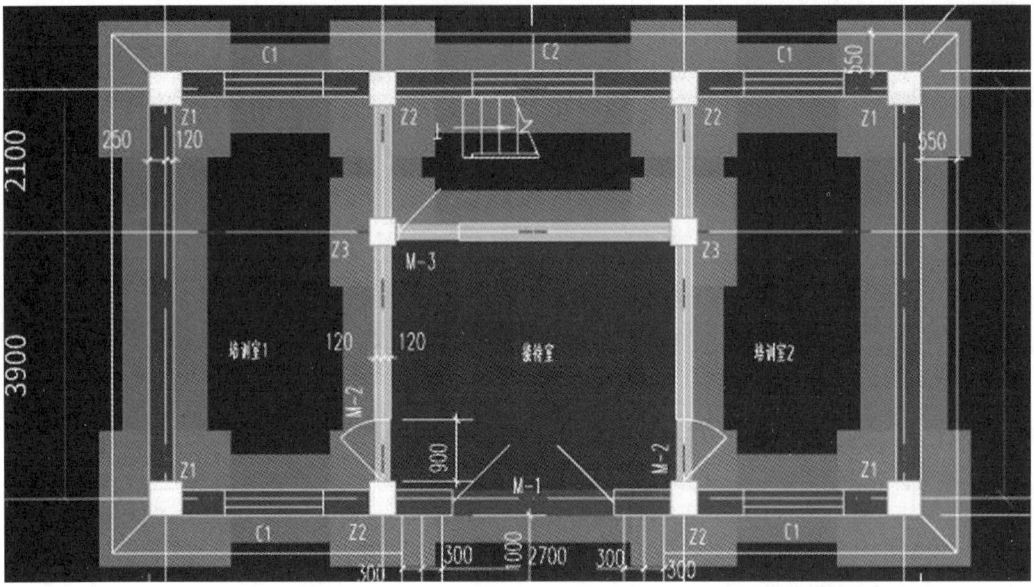

图 15.2.8

采用同样的绘制方法，在定位图纸中的培训室 1、培训室 2、楼梯间位置绘制“FXHT-地 2”，完成房心回填的绘制如图 15.2.9 所示。

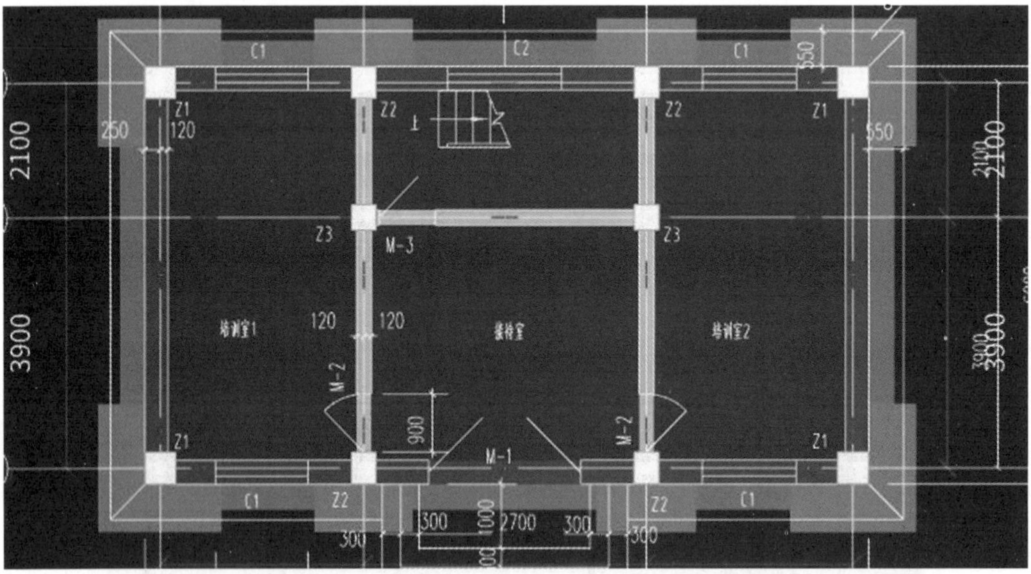

图 15.2.9

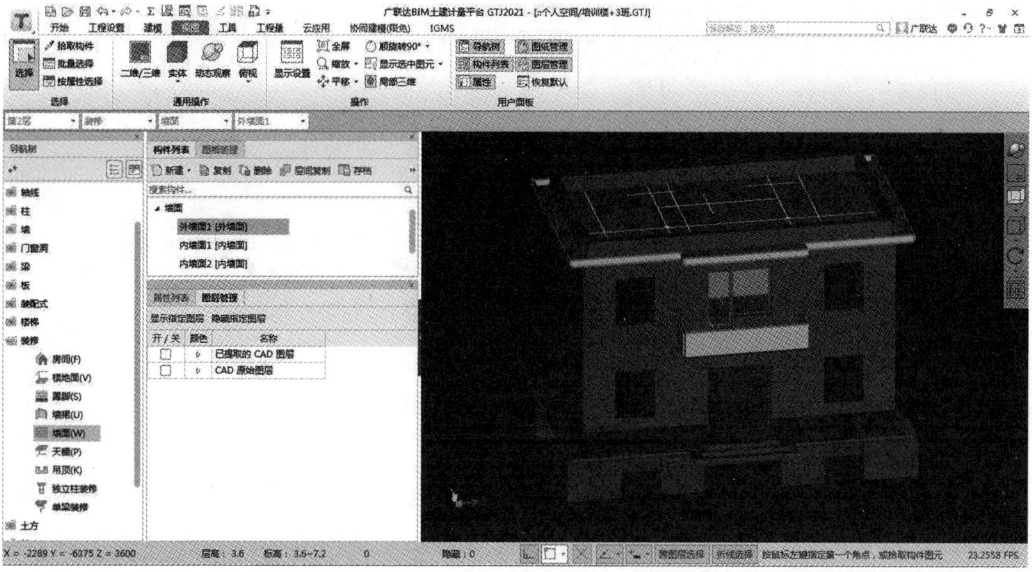

任务 16　装饰的定义及绘制

能力目标

(1)能定义并绘制装饰；

(2)能根据图纸构件做法正确套用清单。

知识目标

(1)掌握装饰的定义及绘制方法；

(2)掌握实体项目、措施项目的清单列项以及填写主要项目特征的操作。

16.1　首层室内装饰的定义

16.1.1　定义楼地面

将楼层改为“首层”，根据图纸中的“工程装饰做法表”，双击“导航树”中的“楼地面”进入楼地面定义界面，左键单击“构件列表”中的“新建”，再单击“新建楼地面”，新建“地1”，不修改“属性列表”中的信息，如图 16.1.1 所示。

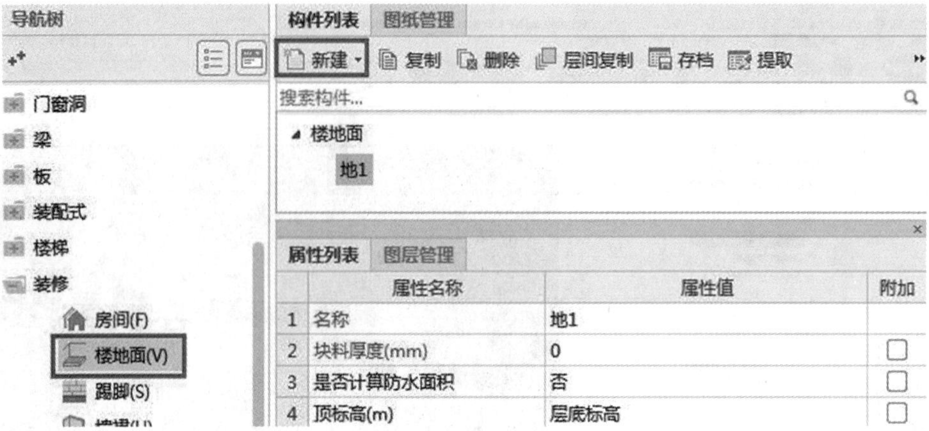

图 16.1.1

点击“构件做法”,在“查询匹配清单”中选择楼地面的项目清单,检查所选清单的工程量表达式是否正确,填写项目特征,如图 16.1.2 所示。

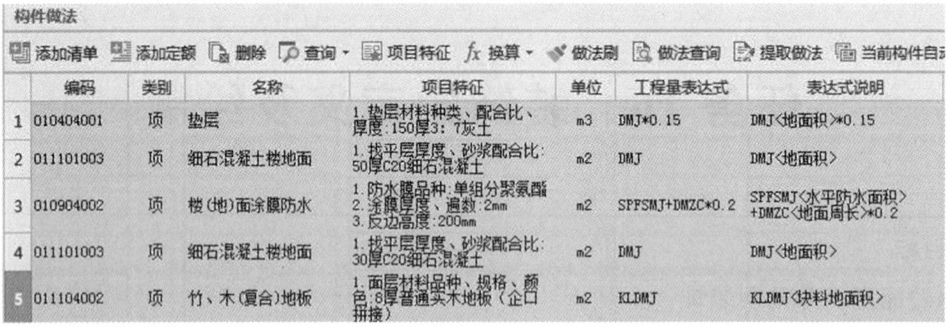
构件做法

添加清单 添加定额 删除 查询 项目特征 换算 做法刷 做法查询 提取做法 当前构件自

	编码	类别	名称	项目特征	单位	工程量表达式	表达式说明
1	010404001	项	垫层	1.垫层材料种类、配合比、厚度:150厚3:7灰土	m3	DMJ*0.15	DMJ<地面积>*0.15
2	011101003	项	细石混凝土楼地面	1.找平层厚度、砂浆配合比:50厚C20细石混凝土	m2	DMJ	DMJ<地面积>
3	010904002	项	楼(地)面涂膜防水	1.防水膜品种:单组分聚氨酯 2.涂膜厚度、遍数:2mm 3.反边高度:200mm	m2	SPFSMJ+DMZC*0.2	SPFSMJ<水平防水面积>+DMZC<地面周长>*0.2
4	011101003	项	细石混凝土楼地面	1.找平层厚度、砂浆配合比:30厚C20细石混凝土	m2	DMJ	DMJ<地面积>
5	011104002	项	竹、木(复合)地板	1.面层材料品种、规格、颜色:8厚普通实木地板(企口拼接)	m2	KLDMJ	KLDMJ<块料地面积>

图 16.1.2

左键单击“构件列表”中的“新建”,再单击“新建楼地面”,新建“地 2”,不修改“属性列表”中的信息,如图 16.1.3 所示。

图 16.1.3

点击“构件做法”，在“查询匹配清单”中选择楼地面的项目清单，检查所选清单的工程量表达式是否正确，填写项目特征，如图 16.1.4 所示。

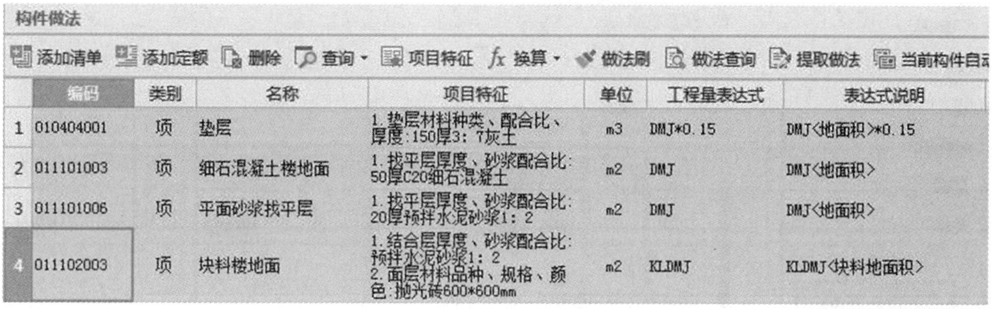

	编码	类别	名称	项目特征	单位	工程量表达式	表达式说明
1	010404001	项	垫层	1.垫层材料种类、配合比、厚度:150厚3:7灰土	m3	DMJ*0.15	DMJ<地面积>*0.15
2	011101003	项	细石混凝土楼地面	1.找平层厚度、砂浆配合比:50厚C20细石混凝土	m2	DMJ	DMJ<地面积>
3	011101006	项	平面砂浆找平层	1.找平层厚度、砂浆配合比:20厚预拌水泥砂浆1:2	m2	DMJ	DMJ<地面积>
4	011102003	项	块料楼地面	1.结合层厚度、砂浆配合比:预拌水泥砂浆1:2 2.面层材料品种、规格、颜色:抛光砖600*600mm	m2	KLDMJ	KLDMJ<块料地面积>

图 16.1.4

左键单击“构件列表”中的“新建”，再单击“新建楼地面”，新建“楼 1”，不修改“属性列表”中的信息，如图 16.1.5 所示。

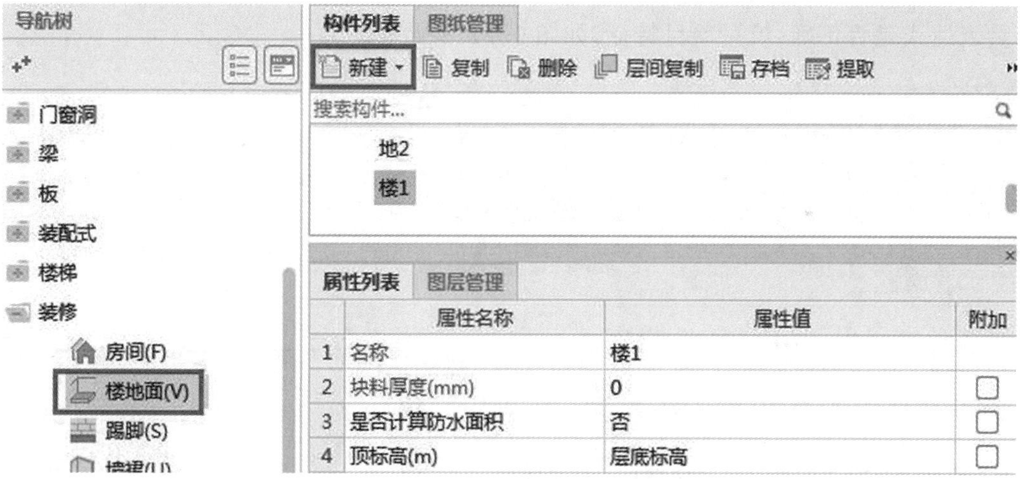

图 16.1.5

点击“构件做法”，在“查询匹配清单”中选择楼地面的项目清单，检查所选清单的工程量表达式是否正确，填写项目特征，如图 16.1.6 所示。

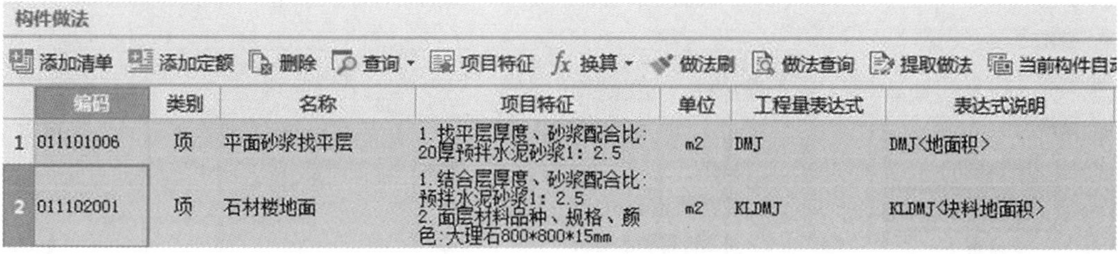

	编码	类别	名称	项目特征	单位	工程量表达式	表达式说明
1	011101006	项	平面砂浆找平层	1.找平层厚度、砂浆配合比:20厚预拌水泥砂浆1:2.5	m2	DMJ	DMJ<地面积>
2	011102001	项	石材楼地面	1.结合层厚度、砂浆配合比:预拌水泥砂浆1:2.5 2.面层材料品种、规格、颜色:大理石800*800*15mm	m2	KLDMJ	KLDMJ<块料地面积>

图 16.1.6

左键单击“构件列表”中的“新建”，再单击“新建楼地面”，新建“楼 2”，不修改“属性列表”中的信息，如图 16.1.7 所示。

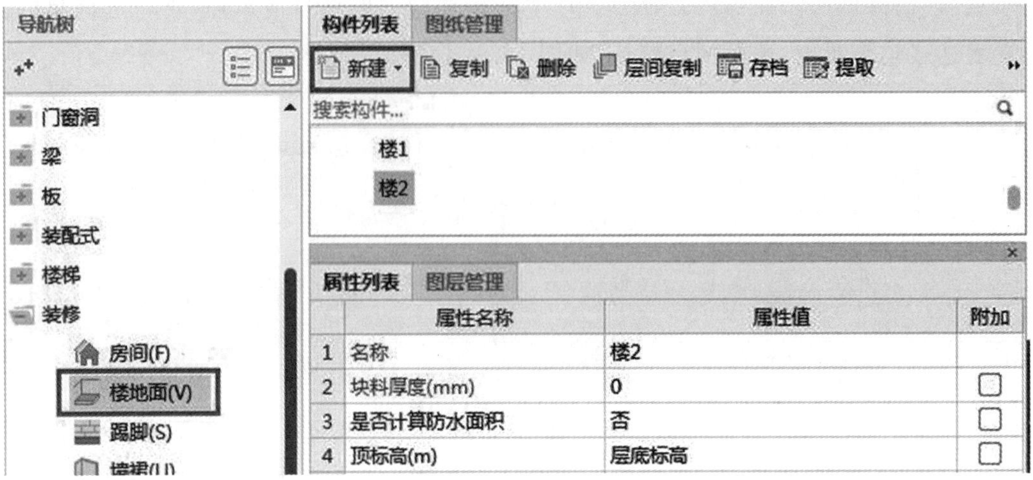

图 16.1.7

点击“构件做法”，在“查询匹配清单”中选择楼地面的项目清单，检查所选清单的工程量表达式是否正确，填写项目特征，如图 16.1.8 所示。

构件做法

添加清单 添加定额 删除 查询 项目特征 fx 换算 做法刷 做法查询 提取做法 当前构件自

	编码	类别	名称	项目特征	单位	工程量表达式	表达式说明
1	011101006	项	平面砂浆找平层	1.找平层厚度、砂浆配合比:20厚预拌水泥砂浆1:2.5	m2	DMJ	DMJ<地面积>
2	011104001	项	地毯楼地面	1.面层材料品种、规格、颜色:防静电地毯	m2	KLDMJ	KLDMJ<块料地面积>

图 16.1.8

左键单击“构件列表”中的“新建”，再单击“新建楼地面”，新建“楼 3”，不修改“属性列表”中的信息，如图 16.1.9 所示。

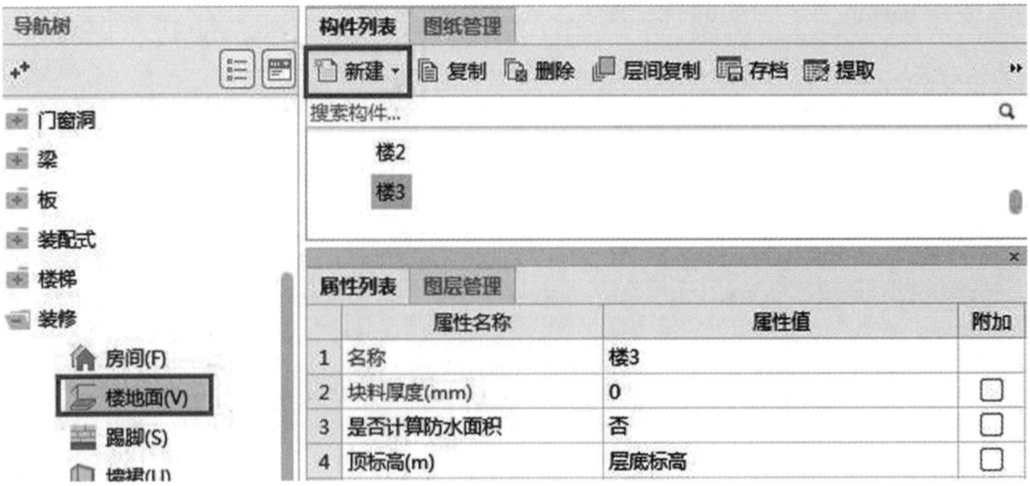

图 16.1.9

点击“构件做法”，在“查询匹配清单”中选择楼地面的项目清单，检查所选清单的工程量表达式是否正确，填写项目特征，如图 16.1.10 所示。

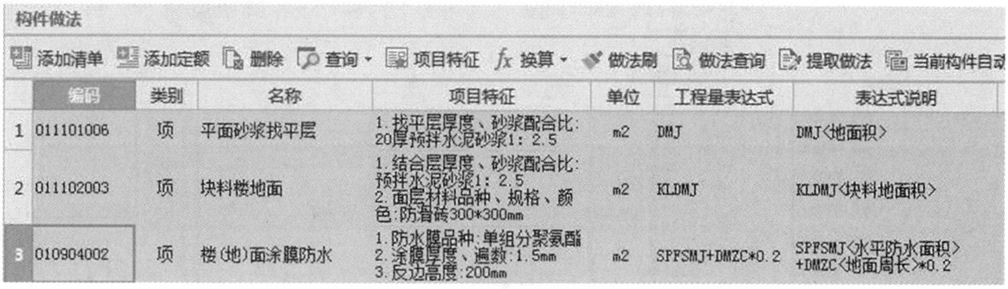

构件做法

添加清单 添加定额 删除 查询 项目特征 换算 做法刷 做法查询 提取做法 当前构件自动

	编码	类别	名称	项目特征	单位	工程量表达式	表达式说明
1	011101006	项	平面砂浆找平层	1.找平层厚度、砂浆配合比:20厚预拌水泥砂浆1:2.5	m2	DMJ	DMJ<地面积>
2	011102003	项	块料楼地面	1.结合层厚度、砂浆配合比:预拌水泥砂浆1:2.5 2.面层材料品种、规格、颜色:防滑砖300*300mm	m2	KLDMJ	KLDMJ<块料地面积>
3	010904002	项	楼(地)面涂膜防水	1.防水膜品种:单组分聚氨酯 2.涂膜厚度、遍数:1.5mm 3.反边高度:200mm	m2	SPFSMJ+DMZC*0.2	SPFSMJ<水平防水面积>+DMZC<地面周长>*0.2

图 16.1.10

16.1.2 定义踢脚

根据图纸中的“工程装饰做法表”，双击“导航树”中的“踢脚”进入踢脚定义界面，左键单击“构件列表”中的“新建”，再单击“新建踢脚”，新建“踢 1”，不修改“属性列表”中的信息，如图 16.1.11 所示。

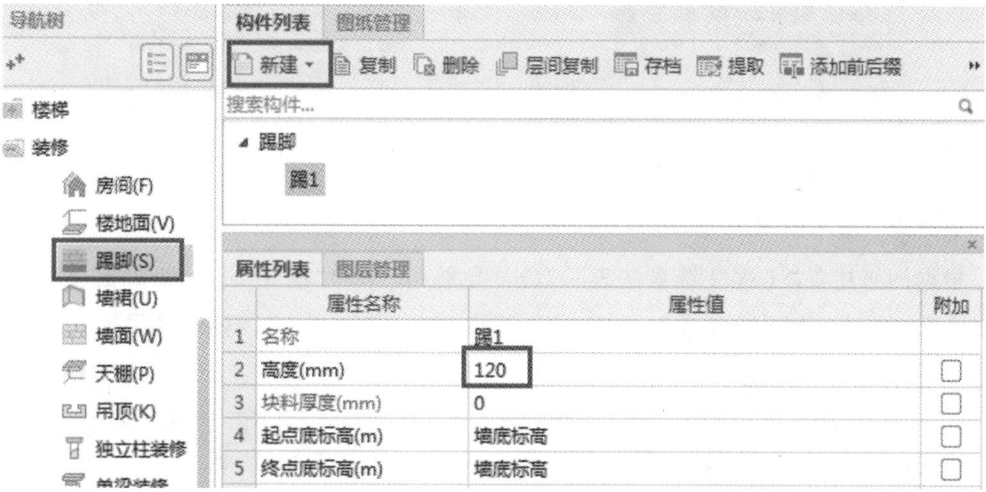

图 16.1.11

点击“构件做法”，在“查询匹配清单”中选择踢脚的项目清单，检查所选清单的工程量表达式是否正确，填写项目特征，如图 16.1.12 所示。

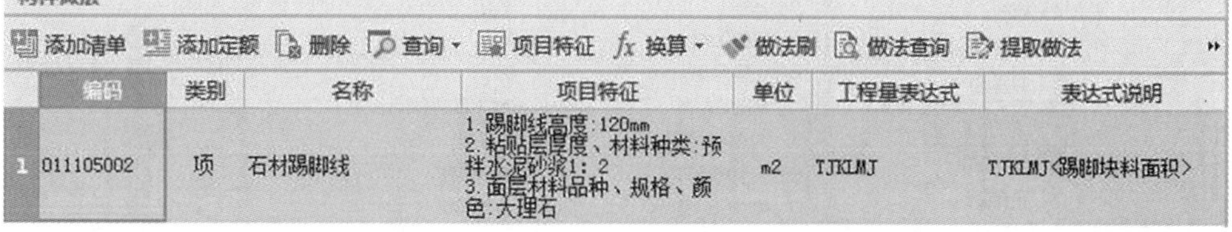

构件做法

添加清单 添加定额 删除 查询 项目特征 换算 做法刷 做法查询 提取做法

	编码	类别	名称	项目特征	单位	工程量表达式	表达式说明
1	011105002	项	石材踢脚线	1.踢脚线高度:120mm 2.粘贴层厚度、材料种类:预拌水泥砂浆1:2 3.面层材料品种、规格、颜色:大理石	m2	TJKLMJ	TJKLMJ<踢脚块料面积>

图 16.1.12

左键单击“构件列表”中的“新建”，再单击“新建踢脚”，新建“踢 2”，不修改“属性列表”中的信息，如图 16.1.13 所示。

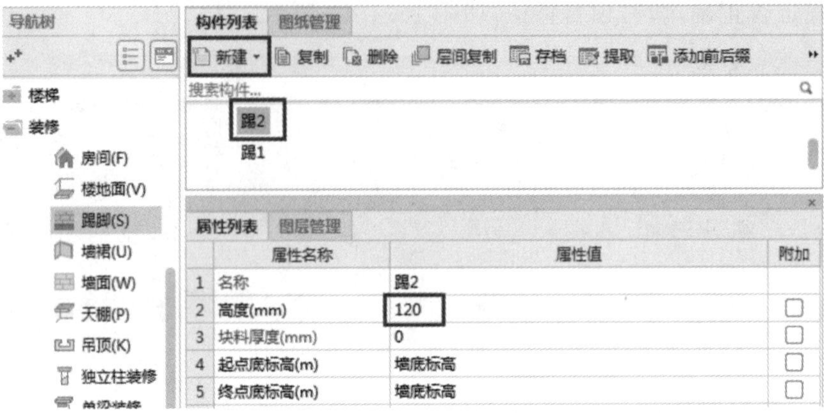

图 16.1.13

点击“构件做法”,在“查询匹配清单”中选择踢脚的项目清单,检查所选清单的工程量表达式是否正确,填写项目特征,如图 16.1.14 所示。

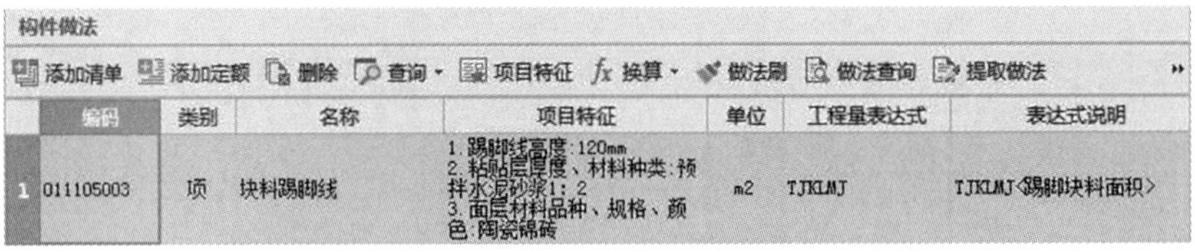

图 16.1.14

16.1.3 定义墙裙

根据图纸中的“工程装饰做法表”,双击“导航树”中的“墙裙”进入墙裙定义界面,左键单击“构件列表”中的“新建”,再单击“新建墙裙”,新建“裙 1”,不修改“属性列表”中的信息,如图 16.1.15 所示。

图 16.1.15

点击“构件做法”,在“查询匹配清单”中选择墙裙的项目清单,检查所选清单的工程量表达式是否正确,填写项目特征,如图 16.1.16 所示。

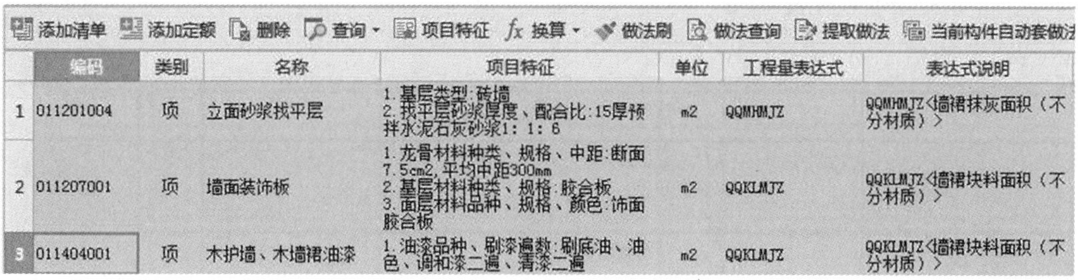

	编码	类别	名称	项目特征	单位	工程量表达式	表达式说明
1	011201004	项	立面砂浆找平层	1. 基层类型:砖墙 2. 找平层砂浆厚度、配合比:15厚预拌水泥石灰砂浆1: 1: 6	m2	QQMHMJZ	QQMHMJZ<墙裙抹灰面积（不分材质）>
2	011207001	项	墙面装饰板	1. 龙骨材料种类、规格、中距:断面7.5cm2,平均中距300mm 2. 基层材料种类、规格:胶合板 3. 面层材料品种、规格、颜色:饰面胶合板	m2	QQKLMJZ	QQKLMJZ<墙裙块料面积（不分材质）>
3	011404001	项	木护墙、木墙裙油漆	1. 油漆品种、刷漆遍数:刷底油、油色、调和漆二遍、清漆二遍	m2	QQKLMJZ	QQKLMJZ<墙裙块料面积（不分材质）>

图 16.1.16

16.1.4　定义墙面

根据图纸中的“工程装饰做法表”，双击“导航树”中的“墙面”进入墙面定义界面，左键单击“构件列表”中的“新建”，再单击“新建墙面”，新建“内墙面 1”，不修改“属性列表”中的信息，如图 16.1.17 所示。

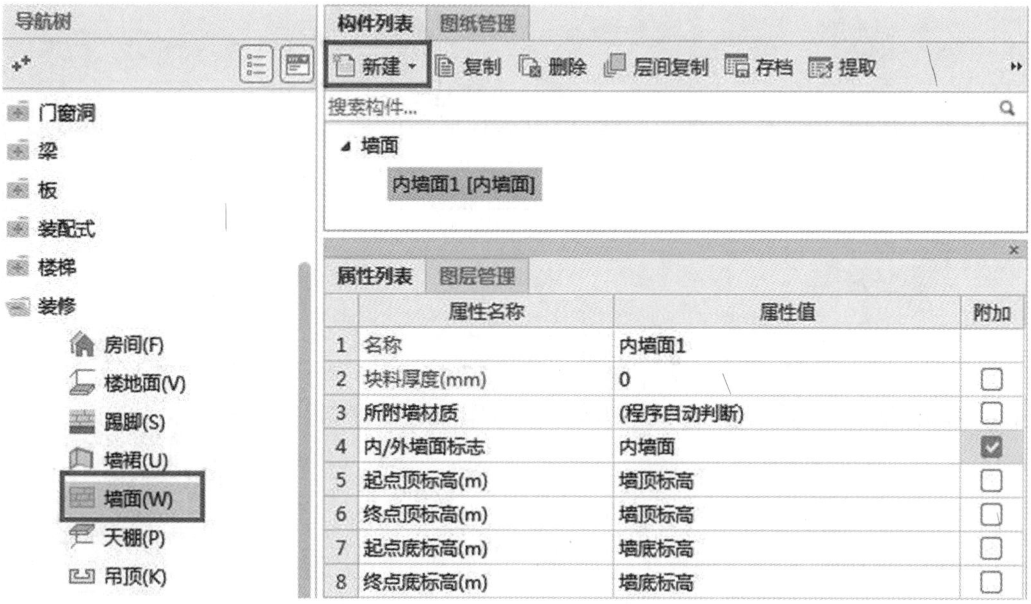

图 16.1.17

点击“构件做法”，在“查询匹配清单”中选择墙面的项目清单，检查所选清单的工程量表达式是否正确，填写项目特征，如图 16.1.18 所示。

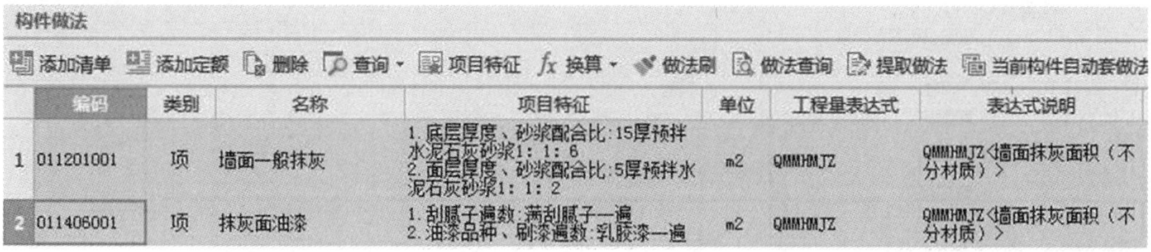

	编码	类别	名称	项目特征	单位	工程量表达式	表达式说明
1	011201001	项	墙面一般抹灰	1. 底层厚度、砂浆配合比:15厚预拌水泥石灰砂浆1: 1: 6 2. 面层厚度、砂浆配合比:5厚预拌水泥石灰砂浆1: 1: 2	m2	QMMHMJZ	QMMHMJZ<墙面抹灰面积（不分材质）>
2	011406001	项	抹灰面油漆	1. 刮腻子遍数:满刮腻子一遍 2. 油漆品种、刷漆遍数:乳胶漆一遍	m2	QMMHMJZ	QMMHMJZ<墙面抹灰面积（不分材质）>

图 16.1.18

左键单击“构件列表”中的“新建”,再单击“新建墙面”,新建“内墙面 2”,不修改“属性列表”中的信息,如图 16.1.19 所示。

图 16.1.19

点击“构件做法”,在“查询匹配清单”中选择墙面的项目清单,检查所选清单的工程量表达式是否正确,填写项目特征,如图 16.1.20 所示。

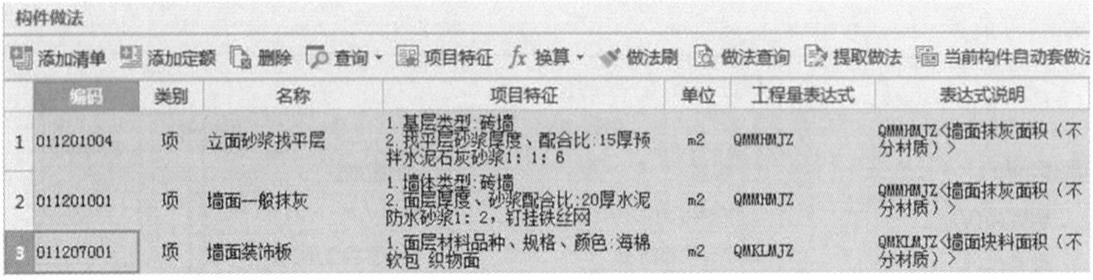

图 16.1.20

16.1.5 定义天棚

根据图纸中的“工程装饰做法表”,双击“导航树”中的“天棚”进入天棚定义界面,左键单击“构件列表”中的“新建”,再单击“新建天棚”,新建“棚 1”,不修改“属性列表”中的信息,如图 16.1.21 所示。

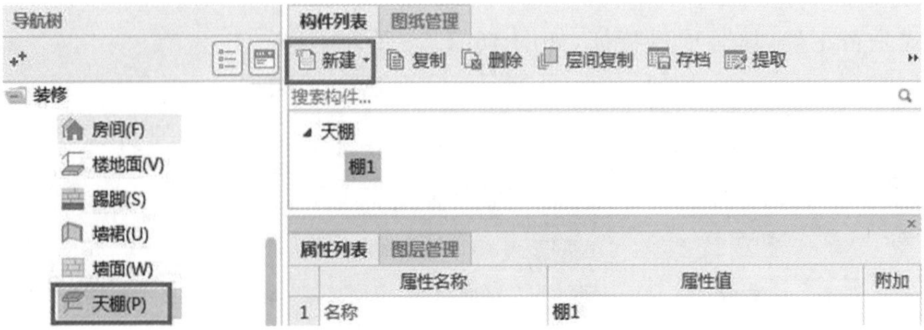

图 16.1.21

点击“构件做法”，在“查询匹配清单”中选择天棚的项目清单，检查所选清单的工程量表达式是否正确，填写项目特征，如图 16.1.22 所示。

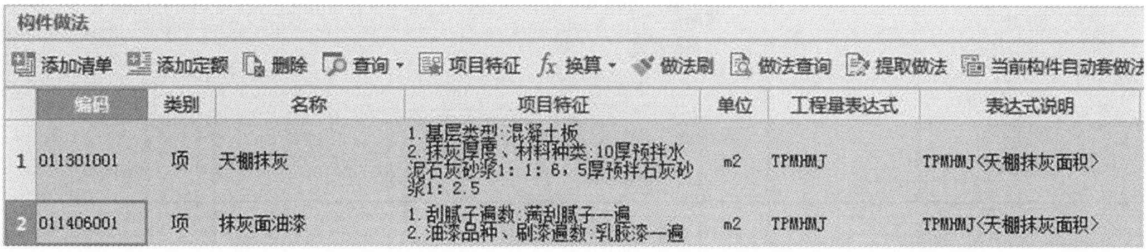

	编码	类别	名称	项目特征	单位	工程量表达式	表达式说明
1	011301001	项	天棚抹灰	1.基层类型:混凝土板 2.抹灰厚度、材料种类:10厚预拌水泥石灰砂浆1:1:6,5厚预拌石灰砂浆1:2.5	m2	TPMHMJ	TPMHMJ<天棚抹灰面积>
2	011406001	项	抹灰面油漆	1.刮腻子遍数:满刮腻子一遍 2.油漆品种、刷漆遍数:乳胶漆一遍	m2	TPMHMJ	TPMHMJ<天棚抹灰面积>

图 16.1.22

16.1.6　定义吊顶

根据图纸中的“工程装饰做法表”，双击“导航树”中的“吊顶”进入吊顶定义界面，左键单击“构件列表”中的“新建”，再单击“新建吊顶”，新建“吊顶 1”，不修改“属性列表”中的信息，如图 16.1.23 所示。

图 16.1.23

点击“构件做法”，在“查询匹配清单”中选择吊顶的项目清单，检查所选清单的工程量表达式是否正确，填写项目特征，如图 16.1.24 所示。

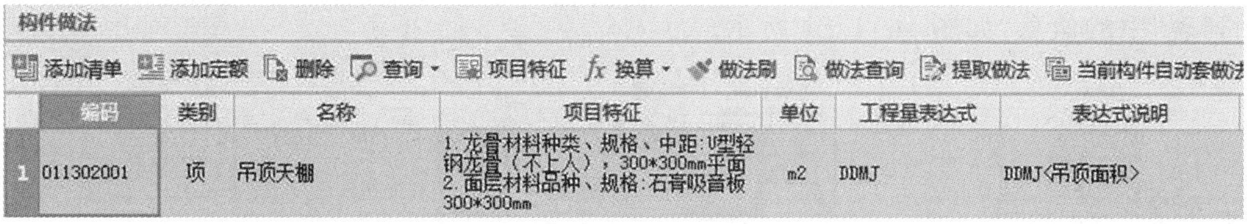

	编码	类别	名称	项目特征	单位	工程量表达式	表达式说明
1	011302001	项	吊顶天棚	1.龙骨材料种类、规格、中距:U型轻钢龙骨（不上人），300*300mm平面 2.面层材料品种、规格:石膏吸音板300*300mm	m2	DDMJ	DDMJ<吊顶面积>

图 16.1.24

16.1.7　定义首层房间

根据图纸中的“工程装饰做法表”，双击“导航树”中的“房间”进入房间定义界面，左键单击“构件列表”中的“新建”，再单击“新建房间”，新建“房间 1”，修改名称为“接待室”，不修改“属性列表”中的信息，如图 16.1.25 所示。

图 16.1.25

根据图纸可知，在“构件类型”中，接待室楼地面为“地 1”，无踢脚；墙裙为“裙 1”；墙面为“内墙面 1”，无天棚；吊顶为“吊顶 1”。点击“楼地面”，再点击“添加依附构件”，选择“地 1”；“墙裙”的“添加依附构件”选择“裙 1”，“墙面”的“添加依附构件”选择“内墙面 1”，“吊顶”的“添加依附构件”选择“吊顶 1”，如图 16.1.26 所示。

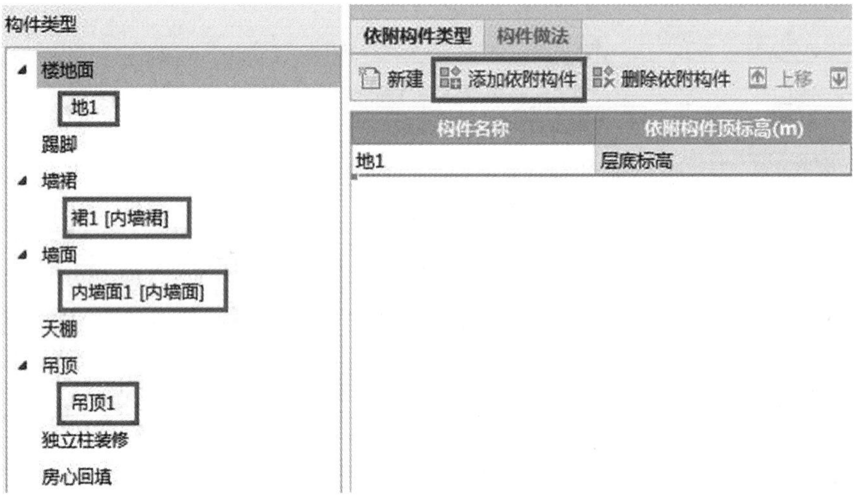

图 16.1.26

左键单击“构件列表”中的“新建”，再单击“新建房间”，新建“培训室 1”，不修改“属性列表”中的信息，如图 16.1.27 所示。

图 16.1.27

在"构件类型"中，根据图纸，点击"楼地面"，再点击"添加依附构件"，选择"地 2"；"踢脚"的"添加依附构件"选择"踢 2"，"墙面"的"添加依附构件"选择"内墙面 1"，"天棚"的"添加依附构件"选择"棚 1"，如图 16.1.28 所示。

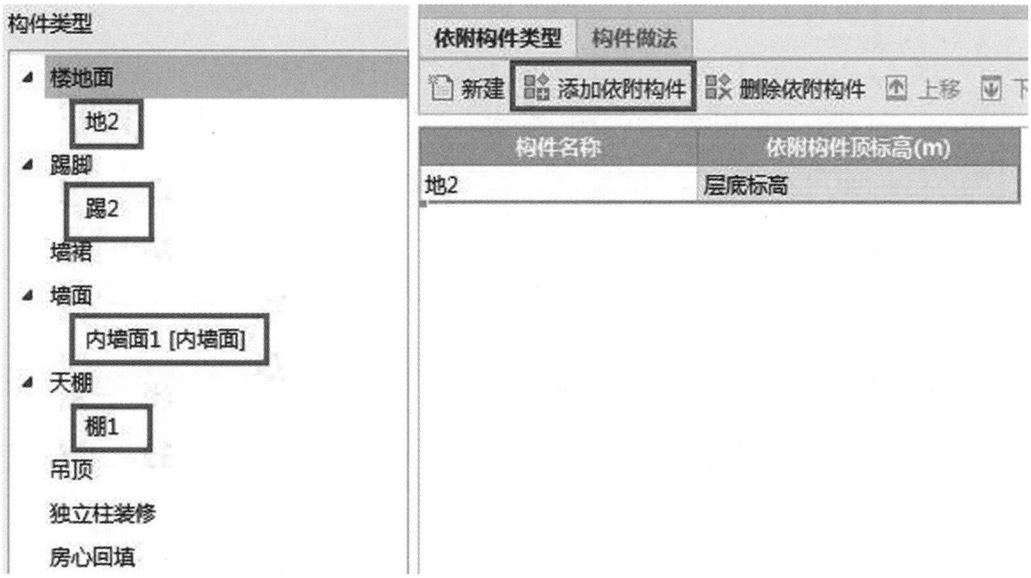

图 16.1.28

左键单击"构件列表"中的"新建"，再单击"新建房间"，新建"培训室 2"，不修改"属性列表"中的信息，如图 16.1.29 所示。

图 16.1.29

在"构件类型"中，根据图纸，点击"楼地面"，再点击"添加依附构件"，选择"地 2"；"踢脚"的"添加依附构件"选择"踢 2"，"墙面"的"添加依附构件"选择"内墙面 1"，"天棚"的"添加依附构件"选择"棚 1"，如图 16.1.30 所示。

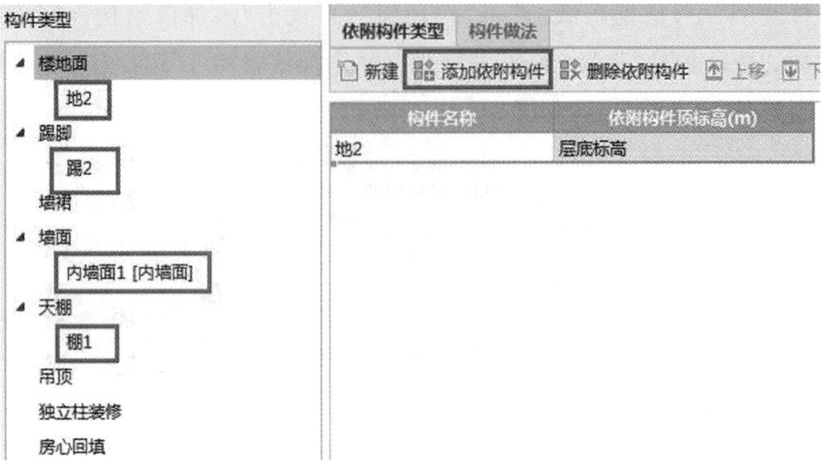

图 16.1.30

左键单击“构件列表”中的“新建”，再单击“新建房间”，新建“楼梯间”，不修改“属性列表”中的信息，如图 16.1.31 所示。

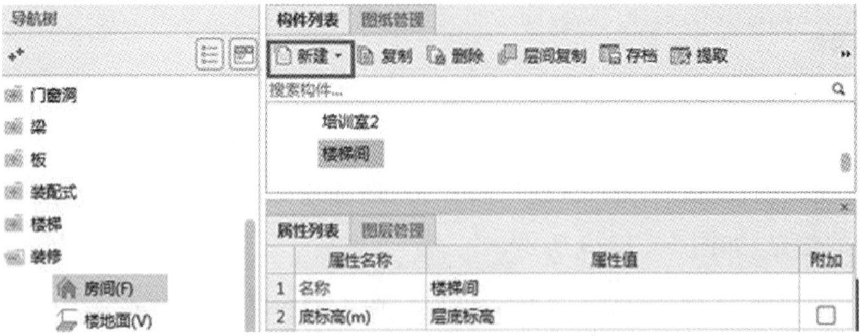

图 16.1.31

在“构件类型”中，根据图纸，点击“楼地面”，再点击“添加依附构件”，选择“地 2”；“踢脚”的“添加依附构件”选择“踢 2”，“墙面”的“添加依附构件”选择“内墙面 1”，如图 16.1.32 所示。

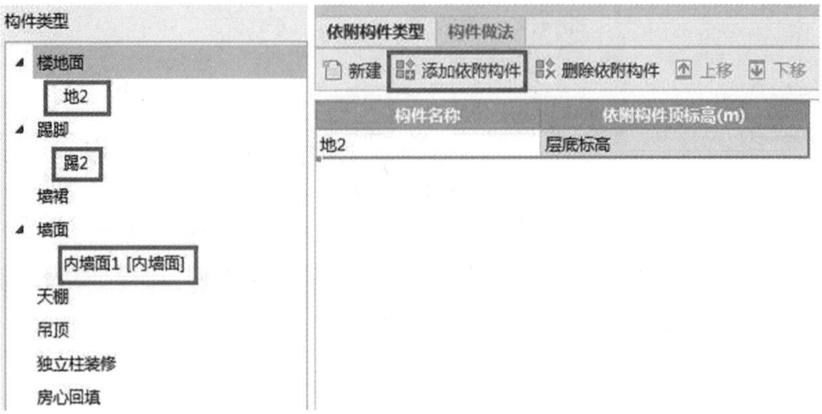

图 16.1.32

16.2　室内装饰的绘制

关闭定义界面，进入绘图界面，定位“首层平面图”。在“构件列表”中选择“接待室”，点击“绘图”面板中的“点”命令，如图 16.2.1 所示。再点击定位图纸中的接待室，完成接待室装饰的绘制。用相同的方法绘制首层其他房间装饰，完成首层房间装饰的绘制，如图 16.2.2 所示。

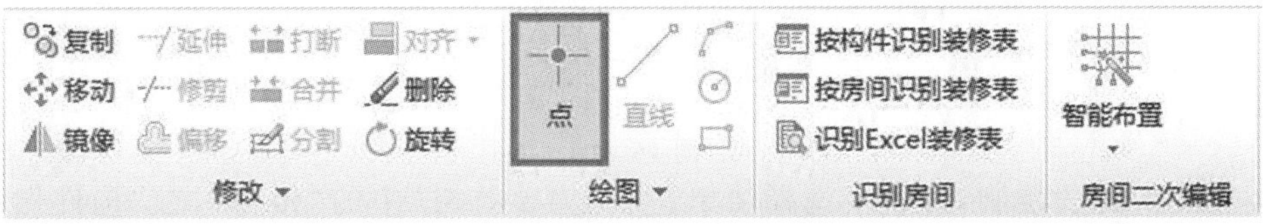

图 16.2.1

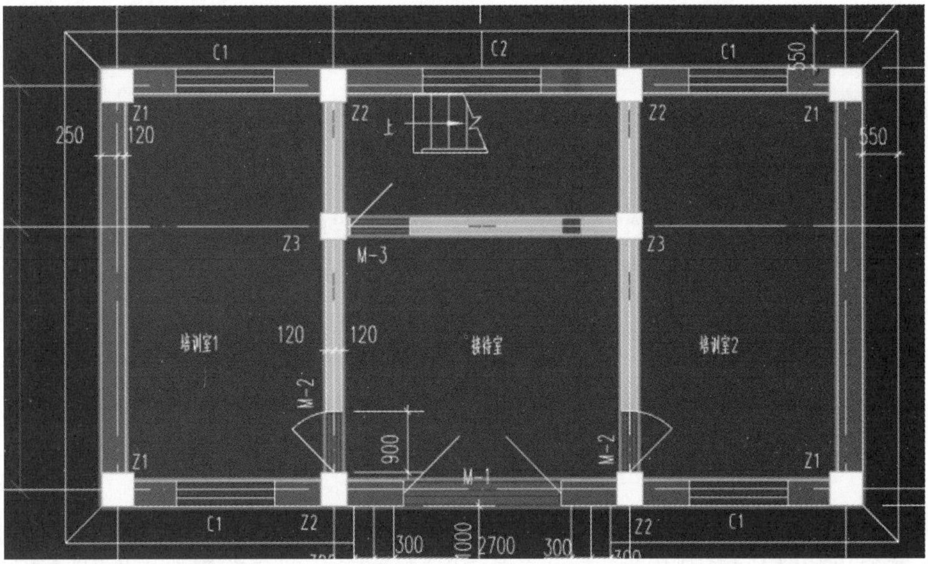

图 16.2.2

单击“导航树”中的“天棚”，在楼梯位置的楼板处鼠标左键点击，绘制楼板的天棚，如图 16.2.3 所示。双击“导航树”中的“现浇板”，在“构件列表”中选择“B-楼梯间板”，复制“楼 3”清单，选择工程量表达式，如图 16.2.4 所示。

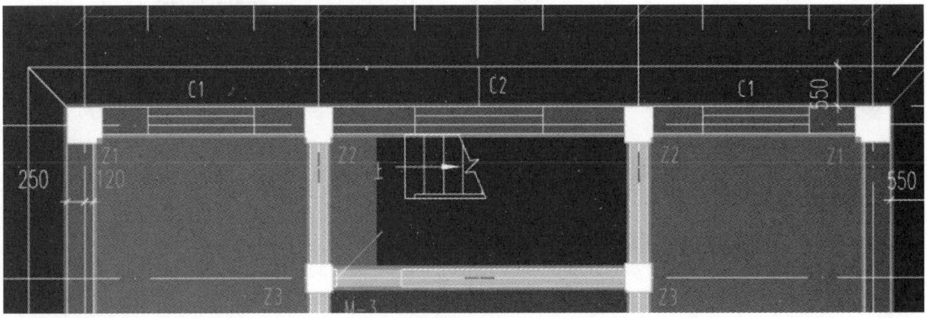

图 16.2.3

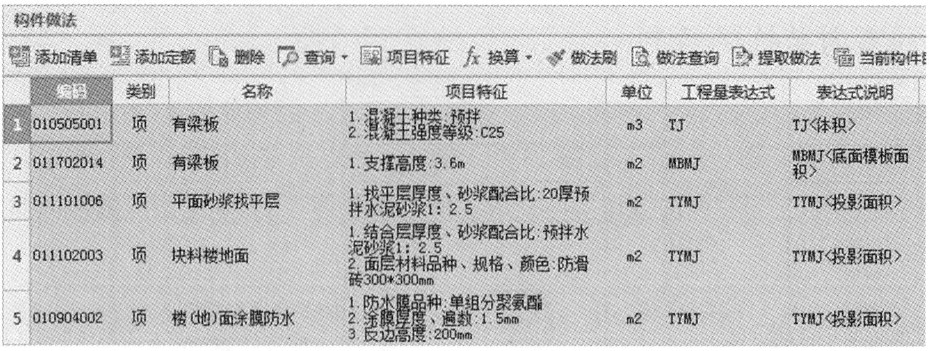

	编码	类别	名称	项目特征	单位	工程量表达式	表达式说明
1	010505001	项	有梁板	1.混凝土种类:预拌 2.混凝土强度等级:C25	m3	TJ	TJ<体积>
2	011702014	项	有梁板	1.支撑高度:3.6m	m2	MBMJ	MBMJ<底面模板面积>
3	011101006	项	平面砂浆找平层	1.找平层厚度、砂浆配合比:20厚预拌水泥砂浆1:2.5	m2	TYMJ	TYMJ<投影面积>
4	011102003	项	块料楼地面	1.结合层厚度、砂浆配合比:预拌水泥砂浆1:2.5 2.面层材料品种、规格、颜色:防滑砖300*300mm	m2	TYMJ	TYMJ<投影面积>
5	010904002	项	楼(地)面涂膜防水	1.防水膜品种:单组分聚氨酯 2.涂膜厚度、遍数:1.5mm 3.反边高度:200mm	m2	TYMJ	TYMJ<投影面积>

图 16.2.4

楼梯装饰无法绘制,可直接选择清单。双击“导航树”中的“楼梯”,在“构件做法”中选择楼梯装饰的清单,如图 16.2.5 所示。

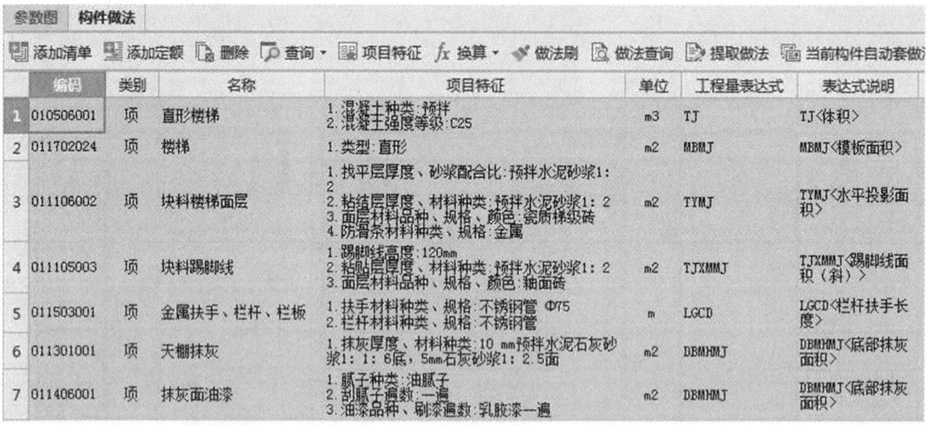

	编码	类别	名称	项目特征	单位	工程量表达式	表达式说明
1	010506001	项	直形楼梯	1.混凝土种类:预拌 2.混凝土强度等级:C25	m3	TJ	TJ<体积>
2	011702024	项	楼梯	1.类型:直形	m2	MBMJ	MBMJ<模板面积>
3	011106002	项	块料楼梯面层	1.找平层厚度、砂浆配合比:预拌水泥砂浆1:2 2.粘结层厚度、材料种类:预拌水泥砂浆1:2 3.面层材料品种、规格、颜色:瓷质梯级砖 4.防滑条材料种类、规格:金属	m2	TYMJ	TYMJ<水平投影面积>
4	011105003	项	块料踢脚线	1.踢脚线高度:120mm 2.粘贴层厚度、材料种类:预拌水泥砂浆1:2 3.面层材料品种、规格、颜色:釉面砖	m2	TJXMMJ	TJXMMJ<踢脚线面积(斜)>
5	011503001	项	金属扶手、栏杆、栏板	1.扶手材料种类、规格:不锈钢管 Φ75 2.栏杆材料种类、规格:不锈钢管	m	LGCD	LGCD<栏杆扶手长度>
6	011301001	项	天棚抹灰	1.抹灰厚度、材料种类:10 mm预拌水泥石灰砂浆1:1:6底,5mm石灰砂浆1:2.5面	m2	DBMHMJ	DBMHMJ<底部抹灰面积>
7	011406001	项	抹灰面油漆	1.腻子种类:油腻子 2.刮腻子遍数:一遍 3.油漆品种、刷漆遍数:乳胶漆一遍	m2	DBMHMJ	DBMHMJ<底部抹灰面积>

图 16.2.5

将楼层改成“第 2 层”,点击“导航树”中的“房间”,选择“层间复制”命令,如图 16.2.6 所示。在弹出的“层间复制构件”中,“源楼屋”选择“首层”,“要复制的构件”选择“装修”,如图 16.2.7 所示,点击“确定”,将首层室内装饰定义复制到二层。

图 16.2.6

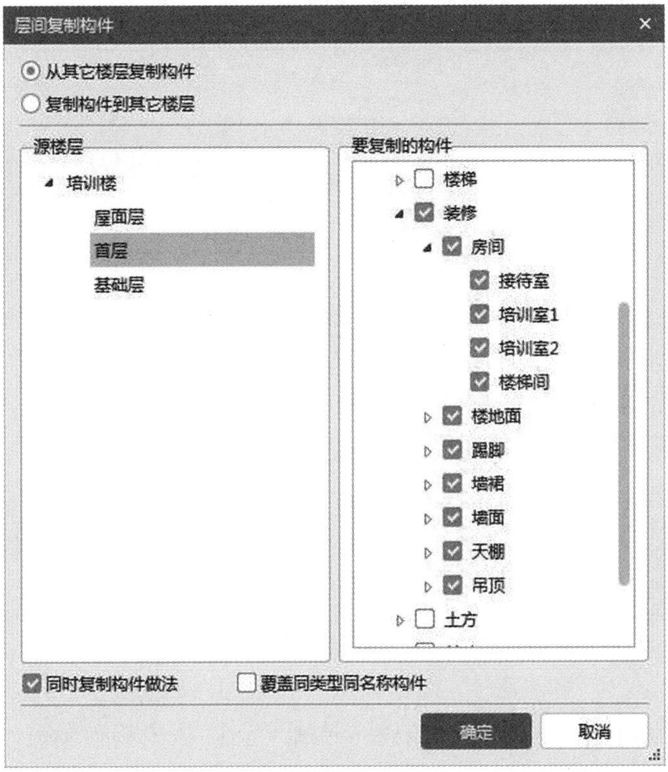

图 16.2.7

将"接待室"改为"会客室",根据图纸,"楼地面"做法为"楼 1","踢脚"做法为"踢 1","墙面"做法为"内墙面 2","天棚"做法为"棚 1",在"依附构件类型"的"构件名称"下拉菜单中按图纸选择相应装修做法,如图 16.2.8 所示。

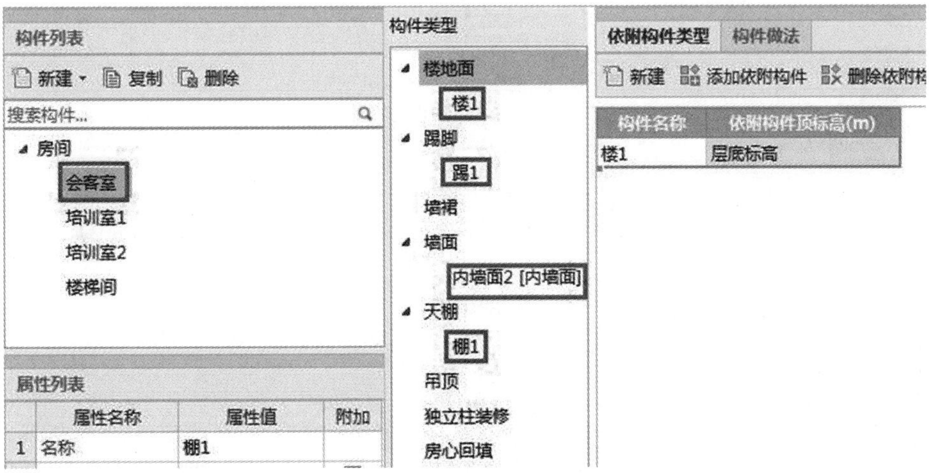

图 16.2.8

将"培训室 1"改为"培训室 3",根据图纸,"楼地面"做法为"楼 2","踢脚"做法为"踢 2","墙面"做法为"内墙面 1","天棚"做法为"棚 1",在"依附构件类型"的"构件名称"下拉菜单中按图纸选择相应装修做法,如图 16.2.9 所示。

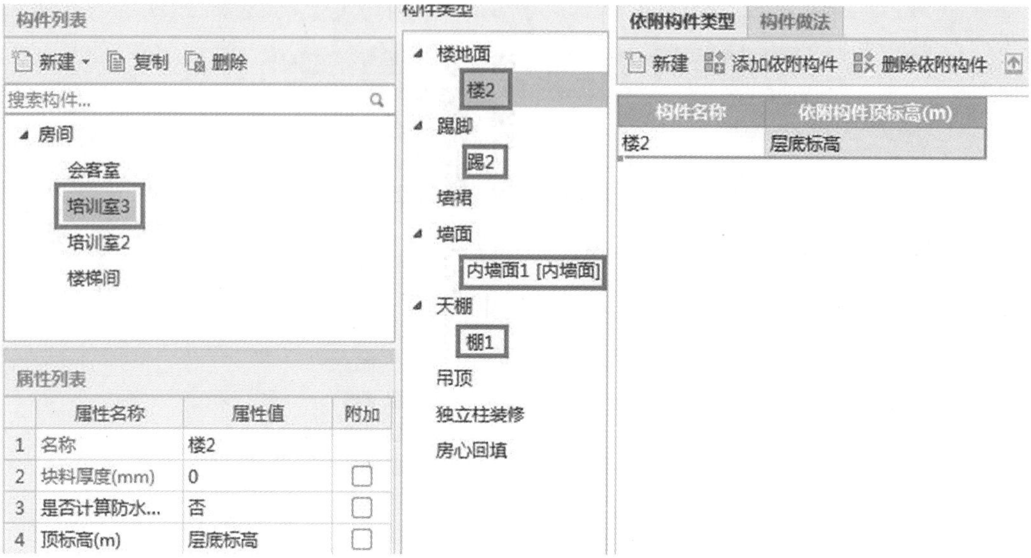

图 16.2.9

将“培训室 2”改为“培训室 4”,根据图纸,“楼地面”做法为“楼 2”,“踢脚”做法为“踢 2”,“墙面”做法为“内墙面 1”,“天棚”做法为“棚 1”,在“依附构件类型”的“构件名称”下拉菜单中按图纸选择相应装修做法,如图 16.2.10 所示。

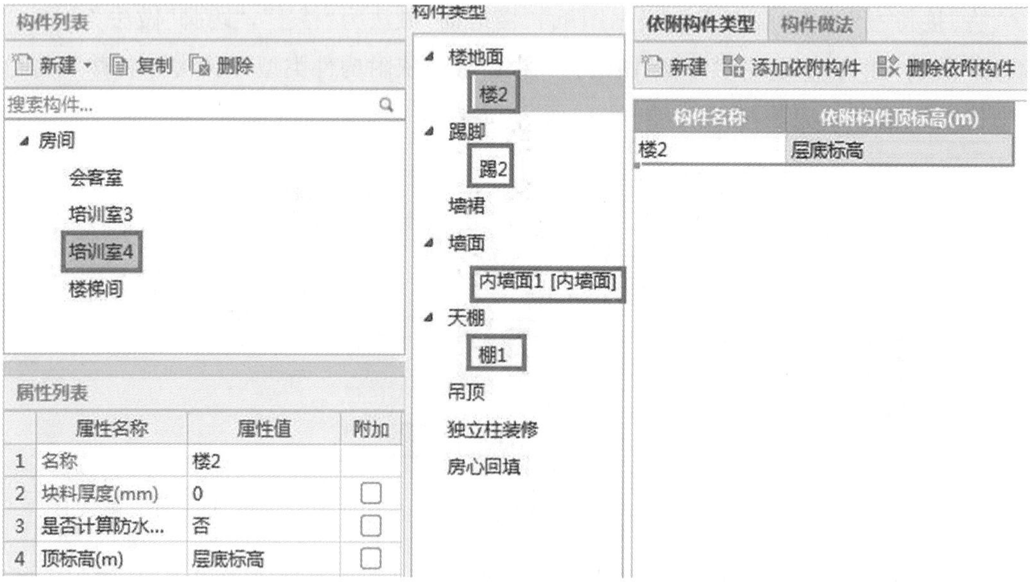

图 16.2.10

“楼梯间”不修改名称,根据图纸,“踢脚”做法为“踢 2”,“墙面”做法为“内墙面 1”,“天棚”做法为“棚 1”,在“依附构件类型”的“构件名称”下拉菜单中按图纸选择相应装修做法,如图 16.2.11 所示。

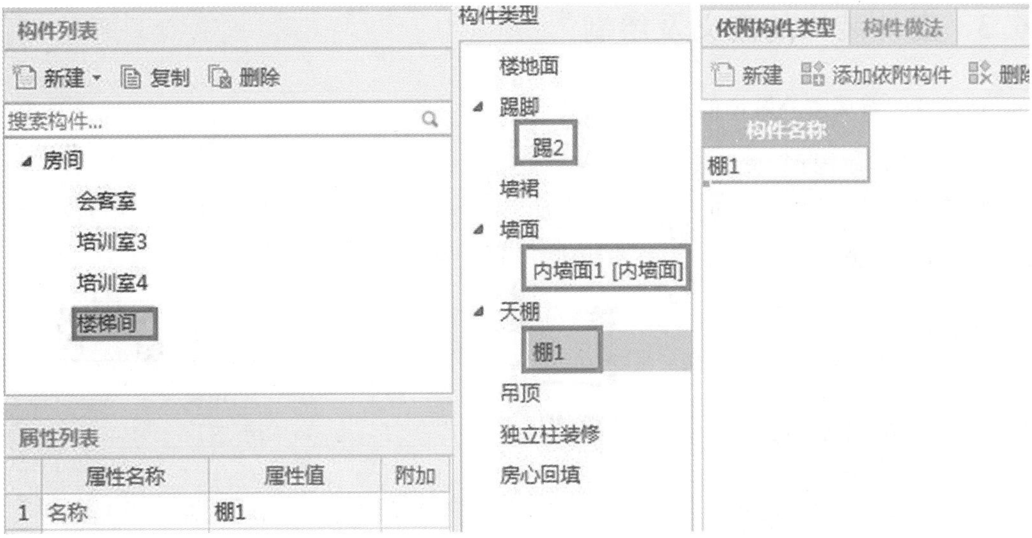

图 16.2.11

关闭定义界面，进入绘图界面，定位“二层平面图”。在“构件列表”中选择“会客室”，点击“绘图”面板中的“点”命令，如图 16.2.12 所示。再点击定位图纸中的会客室，完成会客室装饰的绘制。用相同的方法绘制二层其他房间装饰，完成二层房间装饰的绘制，如图 16.2.13 所示。

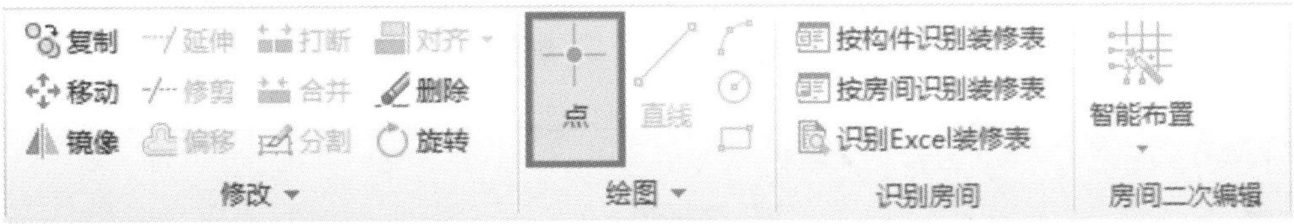

图 16.2.12

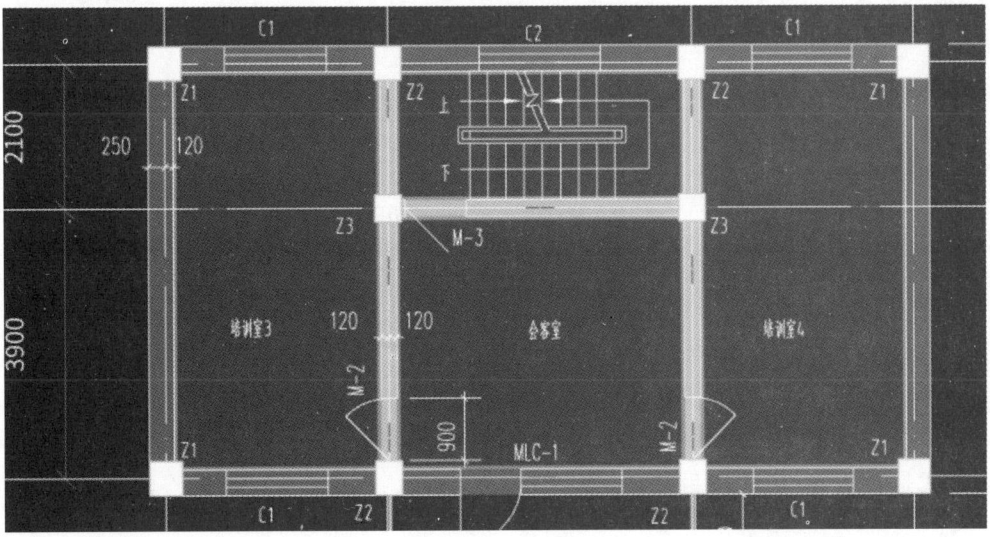

图 16.2.13

16.3 室外装饰的定义及绘制

16.3.1 首层室外装饰的定义及绘制

(1)定义台阶装饰。

将楼层改为“首层”，双击“导航树”中的“台阶”，根据图纸，在“构件做法”中选择台阶装饰清单，检查清单的工程量表达式，填写项目特征，如图 16.3.1 所示。

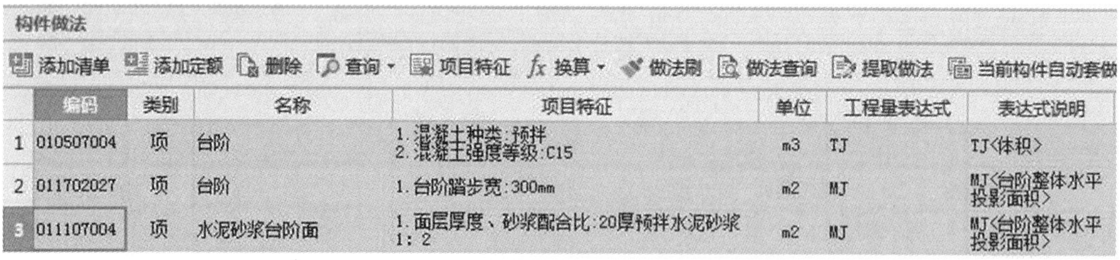

	编码	类别	名称	项目特征	单位	工程量表达式	表达式说明
1	010507004	项	台阶	1.混凝土种类:预拌 2.混凝土强度等级:C15	m3	TJ	TJ<体积>
2	011702027	项	台阶	1.台阶踏步宽:300mm	m2	MJ	MJ<台阶整体水平投影面积>
3	011107004	项	水泥砂浆台阶面	1.面层厚度、砂浆配合比:20厚预拌水泥砂浆1:2	m2	MJ	MJ<台阶整体水平投影面积>

图 16.3.1

(2)定义外墙裙。

双击“导航树”中的“墙裙”，进入墙裙定义界面，点击“新建”，单击“新建外墙裙”，新建“外墙裙 1”修改高度、底标高，如图 16.3.2 所示。

图 16.3.2

点击“构件做法”，在“查询匹配清单”中选择墙裙的项目清单，检查所选清单的工程量表达式是否正确，填写项目特征，如图 16.3.3 所示。

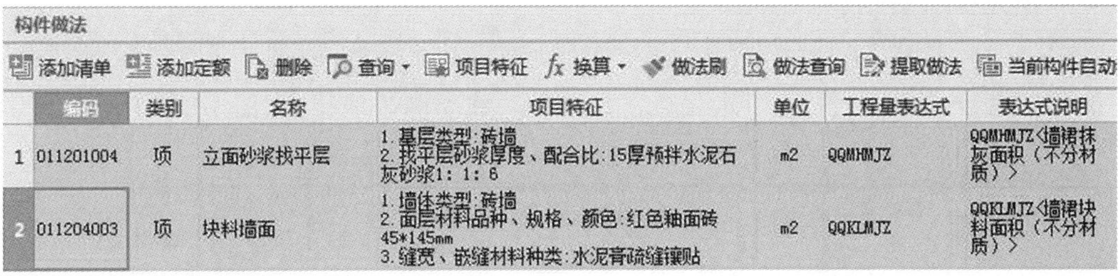

构件做法

添加清单 添加定额 删除 查询 项目特征 fx 换算 做法刷 做法查询 提取做法 当前构件自动

	编码	类别	名称	项目特征	单位	工程量表达式	表达式说明
1	011201004	项	立面砂浆找平层	1.基层类型:砖墙 2.找平层砂浆厚度、配合比:15厚预拌水泥石灰砂浆1:1:6	m2	QQMHMJZ	QQMHMJZ<墙裙抹灰面积(不分材质)>
2	011204003	项	块料墙面	1.墙体类型:砖墙 2.面层材料品种、规格、颜色:红色釉面砖45*145mm 3.缝宽、嵌缝材料种类:水泥膏硫缝镶贴	m2	QQKLMJZ	QQKLMJZ<墙裙块料面积(不分材质)>

图 16.3.3

(3)定义外墙面。

双击“导航树”中的“墙面”,进入墙面定义界面,点击“新建”,单击“新建外墙面”,新建“外墙面 1”修改底标高,如图 16.3.4 所示。

图 16.3.4

点击“构件做法”,在“查询匹配清单”中选择墙面的项目清单,检查所选清单的工程量表达式是否正确,填写项目特征,如图 16.3.5 所示。

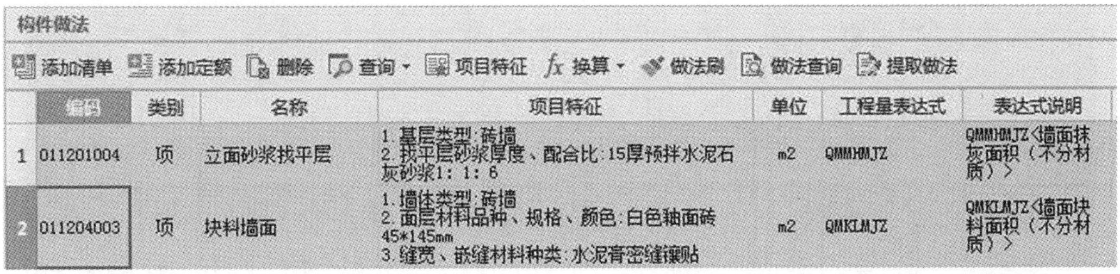

构件做法

添加清单 添加定额 删除 查询 项目特征 fx 换算 做法刷 做法查询 提取做法

	编码	类别	名称	项目特征	单位	工程量表达式	表达式说明
1	011201004	项	立面砂浆找平层	1.基层类型:砖墙 2.找平层砂浆厚度、配合比:15厚预拌水泥石灰砂浆1:1:6	m2	QMMHMJZ	QMMHMJZ<墙面抹灰面积(不分材质)>
2	011204003	项	块料墙面	1.墙体类型:砖墙 2.面层材料品种、规格、颜色:白色釉面砖45*145mm 3.缝宽、嵌缝材料种类:水泥膏密缝镶贴	m2	QMKLMJZ	QMKLMJZ<墙面块料面积(不分材质)>

图 16.3.5

(4)绘制外墙裙。

关闭定义界面,进入绘图界面。在“构件列表”中选择“外墙裙 1”,点击“绘图”面板中的“点”命令,如图 16.3.6 所示。点击外墙外边线绘制外墙裙,如图 16.3.7 所示。

图 16.3.6

图 16.3.7

(5)绘制外墙面。

点击“导航树”中的“墙面”,在“构件列表”中选择“外墙面 1”,点击“绘图”面板中的“点”命令,点击外墙外边线绘制外墙面,如图 16.3.8 所示。

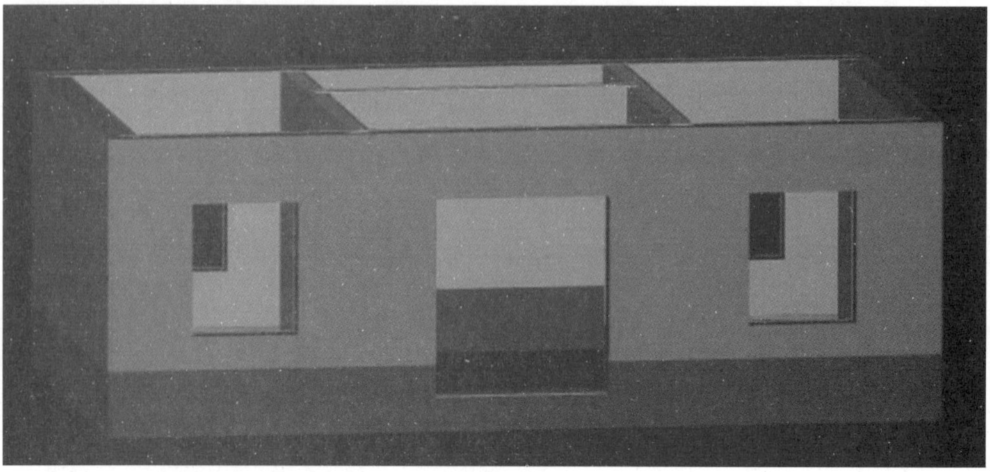

图 16.3.8

16.3.2 二层室外装饰的定义及绘制

(1)定义及绘制外墙面。

将楼层改成“第 2 层”,点击“导航树”中的“墙面”,选择“层间复制”,如图 16.3.9 所示。复制首层“外墙面 1”,修改标高,如图 16.3.10 所示。

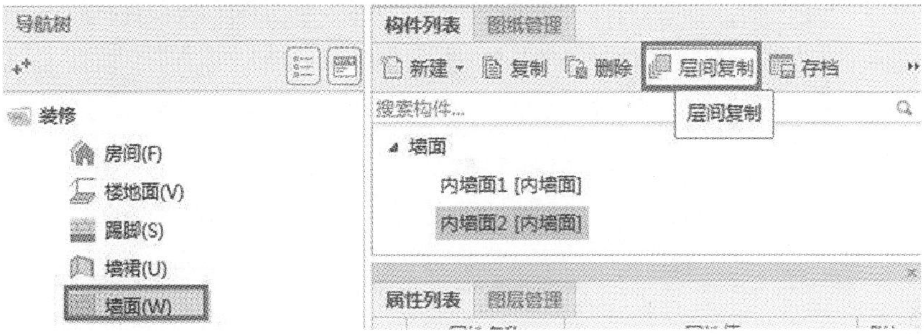

图 16.3.9

图 16.3.10

关闭定义界面,进入绘图界面,在“构件列表”中选择“外墙面 1”,点击“绘图”面板中的“点”命令,点击外墙外边线绘制外墙面,如图 16.3.11 所示。

图 16.3.11

(2)定义阳台装饰。

双击“导航树”中的“阳台”,根据图纸,在“构件做法”中选择阳台装饰清单,检查清单的工程量表达式,填写项目特征,如图 16.3.12 所示。

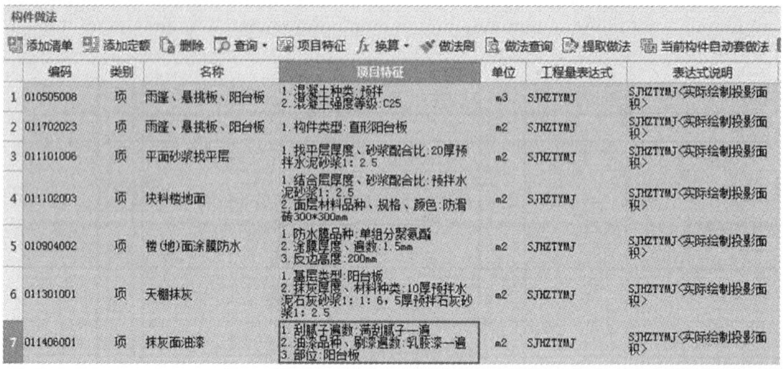

构件做法

添加清单 添加定额 删除 查询 项目特征 换算 做法刷 做法查询 提取做法 当前构件自动套做法

	编码	类别	名称	项目特征	单位	工程量表达式	表达式说明
1	010505008	项	雨篷、悬挑板、阳台板	1. 混凝土种类:预拌 2. 混凝土强度等级:C25	m3	SJHZTYMJ	SJHZTYMJ<实际绘制投影面积>
2	011702023	项	雨篷、悬挑板、阳台板	1. 构件类型:直形阳台板	m2	SJHZTYMJ	SJHZTYMJ<实际绘制投影面积>
3	011101006	项	平面砂浆找平层	1. 找平层厚度、砂浆配合比:20厚预拌水泥砂浆1: 2.5	m2	SJHZTYMJ	SJHZTYMJ<实际绘制投影面积>
4	011102003	项	块料楼地面	1. 结合层厚度、砂浆配合比:预拌水泥砂浆1: 2.5 2. 面层材料品种、规格、颜色:防滑砖300*300mm	m2	SJHZTYMJ	SJHZTYMJ<实际绘制投影面积>
5	010904002	项	楼(地)面涂膜防水	1. 防水膜品种:单组分聚氨酯 2. 涂膜厚度、遍数:1.5mm 3. 反边高度:200mm	m2	SJHZTYMJ	SJHZTYMJ<实际绘制投影面积>
6	011301001	项	天棚抹灰	1. 基层类型:阳台板 2. 抹灰厚度、材料种类:10厚预拌水泥石灰砂浆1: 1: 6, 5厚预拌石灰砂浆1: 2.5	m2	SJHZTYMJ	SJHZTYMJ<实际绘制投影面积>
7	011406001	项	抹灰面油漆	1. 刮腻子遍数:满刮腻子一遍 2. 油漆品种、刷漆遍数:乳胶漆一遍 3. 部位:阳台板	m2	SJHZTYMJ	SJHZTYMJ<实际绘制投影面积>

图 16.3.12

(3)定义雨篷装饰。

双击“导航树”中的“挑檐”,根据图纸,在“构件做法”中选择雨篷装饰清单,检查清单的工程量表达式,填写项目特征,如图 16.3.13 所示。

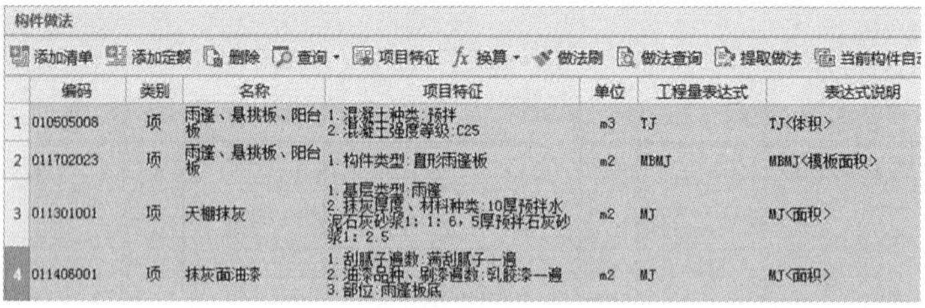

构件做法

添加清单 添加定额 删除 查询 项目特征 换算 做法刷 做法查询 提取做法 当前构件自

	编码	类别	名称	项目特征	单位	工程量表达式	表达式说明
1	010505008	项	雨篷、悬挑板、阳台板	1. 混凝土种类:预拌 2. 混凝土强度等级:C25	m3	TJ	TJ<体积>
2	011702023	项	雨篷、悬挑板、阳台板	1. 构件类型:直形雨篷板	m2	MBMJ	MBMJ<模板面积>
3	011301001	项	天棚抹灰	1. 基层类型:雨篷 2. 抹灰厚度、材料种类:10厚预拌水泥石灰砂浆1: 1: 6, 5厚预拌石灰砂浆1: 2.5	m2	MJ	MJ<面积>
4	011406001	项	抹灰面油漆	1. 刮腻子遍数:满刮腻子一遍 2. 油漆品种、刷漆遍数:乳胶漆一遍 3. 部位:雨篷板底	m2	MJ	MJ<面积>

图 16.3.13

(4)定义及绘制栏板装饰。

点击“导航树”中的“墙面”,点击“复制”,修改名称为“栏板装饰”,再修改“属性列表”中的信息,如图 16.3.14 所示。点击“构件做法”,在“查询匹配清单”中选择墙面的项目清单,检查所选清单的工程量表达式是否正确,填写项目特征,如图 16.3.15 所示。

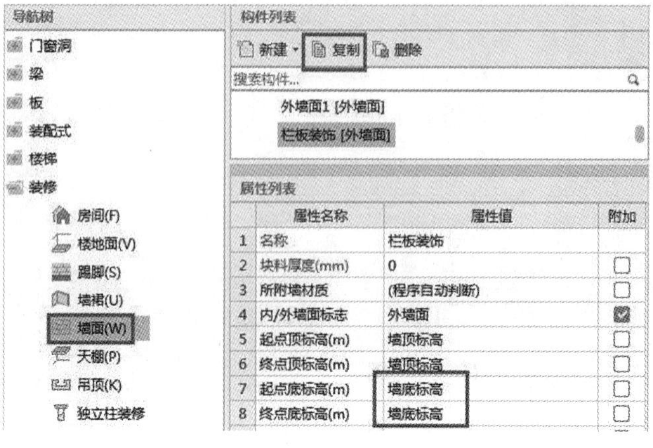

图 16.3.14

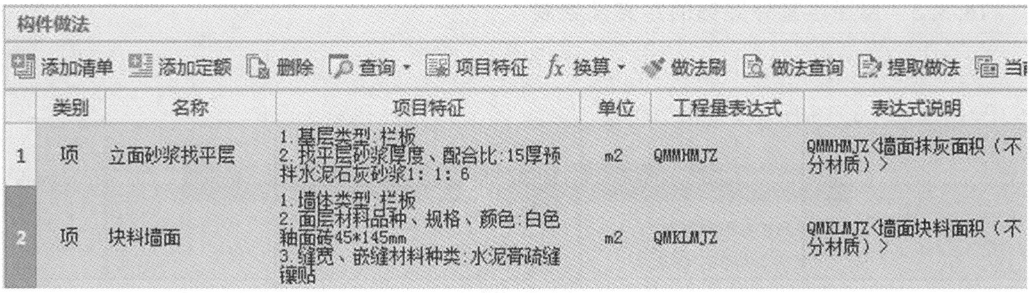

构件做法

添加清单　添加定额　删除　查询　项目特征　fx 换算　做法刷　做法查询　提取做法　当

	类别	名称	项目特征	单位	工程量表达式	表达式说明
1	项	立面砂浆找平层	1.基层类型:栏板 2.找平层砂浆厚度、配合比:15厚预拌水泥石灰砂浆1:1:6	m2	QMMHMJZ	QMMHMJZ<墙面抹灰面积(不分材质)>
2	项	块料墙面	1.墙体类型:栏板 2.面层材料品种、规格、颜色:白色釉面砖45*145mm 3.缝宽、嵌缝材料种类:水泥膏疏缝镶贴	m2	QMKLMJZ	QMKLMJZ<墙面块料面积(不分材质)>

图 16.3.15

关闭定义界面,进入绘图界面。在“构件列表”中选择“栏板装饰”,点击“绘图”面板中的“点”命令,再点击阳台栏板内外边线绘制阳台栏板装饰,如图 16.3.16 所示。

图 16.3.16

在“构件列表”中选择“栏板装饰”,点击“绘图”面板中的“点”命令,再点击雨篷栏板内外边线绘制雨篷栏板装饰,如图 16.3.17 所示。

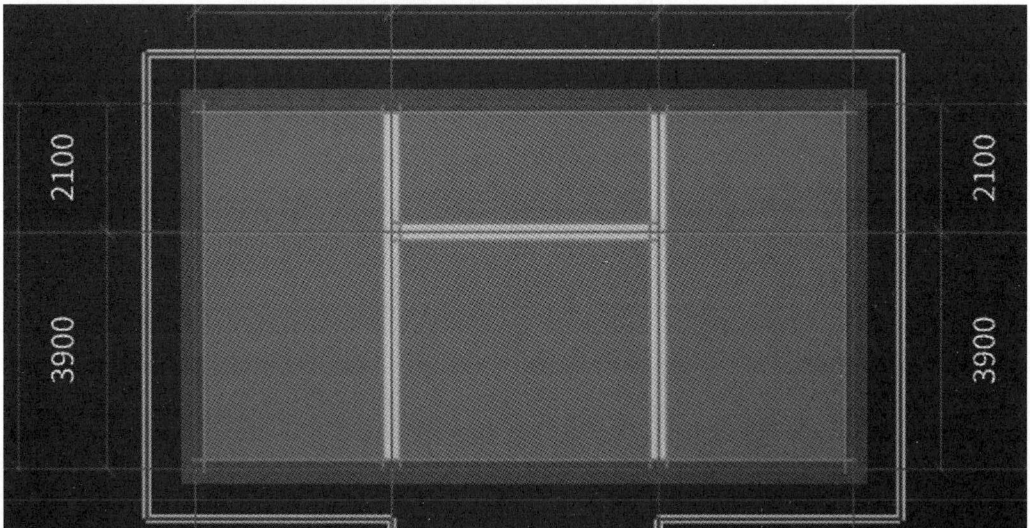

图 16.3.17

16.3.3 屋面层室外装饰的定义及绘制

将楼层改成“屋面层”,点击“导航树”中的“墙面”,选择“层间复制”,复制二层“外墙面 1”,如图 16.3.18 所示,点击“确定”。

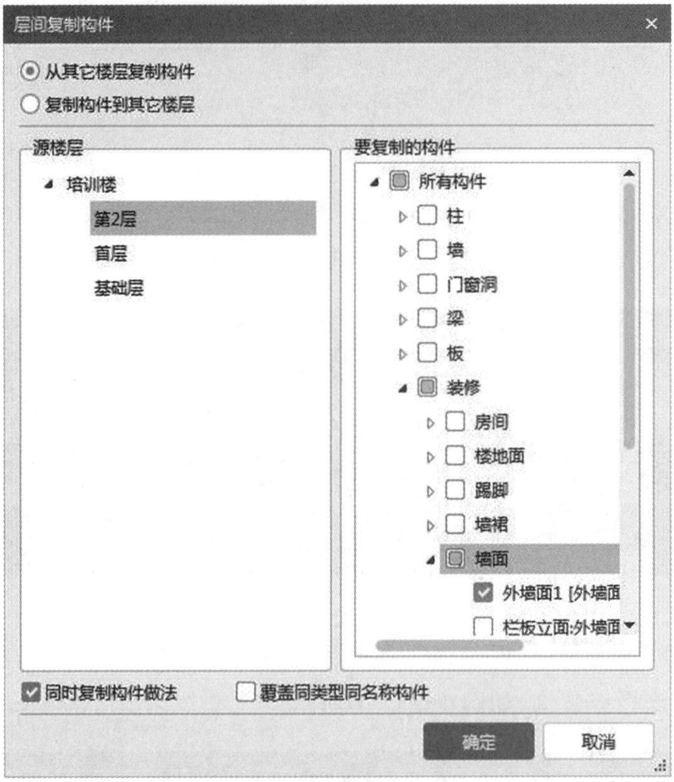

图 16.3.18

关闭定义界面,进入绘图界面。在“构件列表”中选择“外墙面 1”,点击“绘图”面板中的“点”命令,点击女儿墙内外边线绘制女儿墙墙面,如图 16.3.19 所示。

图 16.3.19

任务 17　工程清单计价

能力目标

(1)能按向导新建清单计价单位工程；

(2)能正确导入广联达算量工程文件并整理清单；

(3)能用软件编制工程造价文件；

(4)能按要求适当调整人材机单价，检查各项费用的合理性；

(5)能按要求导出表格。

知识目标

(1)掌握按向导新建清单计价单位工程的操作；

(2)掌握导入广联达算量工程文件及整理所导入清单的操作；

(3)掌握添加钢筋工程量清单项并进行组价的操作；

(4)掌握各清单项目组价、人材机单价调整的操作；

(5)掌握导出表格的操作。

17.1 工程清单计价

17.1.1 广联达计价软件启动

左键双击广联达云计价平台 GCCP6.0 图标打开“登录”界面，填写账号与密码，可登录平台；也可以直接离线使用。

点击“新建预算”，如图 17.1.1 所示。进入“新建预算”界面，选择“招标项目”，填写项目名称等，如图 17.1.2 所示。

图 17.1.1

图 17.1.2

点击“立即新建”，进入广联达云计价平台 GCCP6.0，将鼠标移至“单位工程”，鼠标右键单击,选择“新建单位工程”,如图 17.1.3 所示。

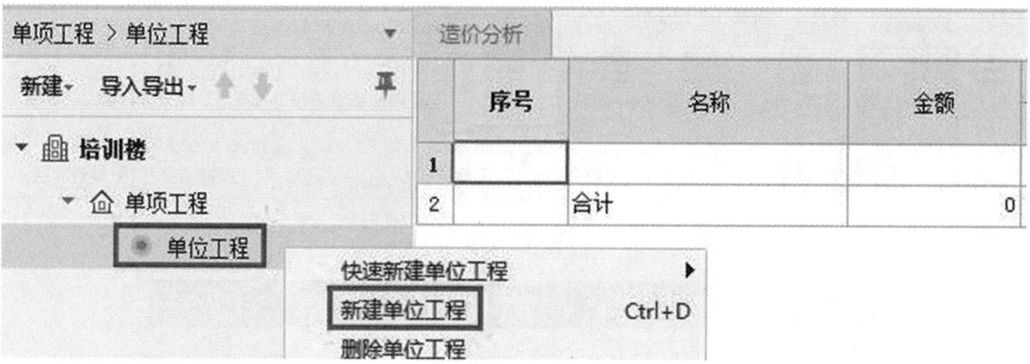

图 17.1.3

在弹出的“新建单位工程”中,填写工程名称,检查清单库等信息是否正确,如图 17.1.4 所示。

图 17.1.4

点击“量价一体化”,选择“导入算量文件”,如图 17.1.5 所示。选择培训楼算量文件,点击“导入”,在弹出的“选择导入算量区域”中,选择“培训楼”,如图 17.1.6 所示。在“选择规则库”中点击“确定”,如图 17.1.7 所示。在“算量工程文件导入”中点击“导入”,如图 17.1.8 所示。

图 17.1.5

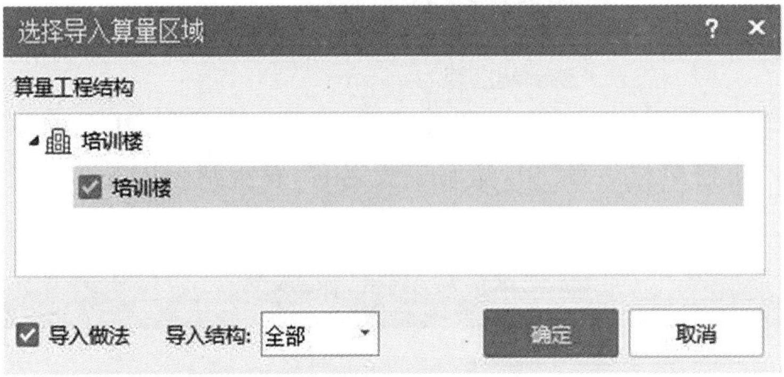

图 17.1.6

图 17.1.7

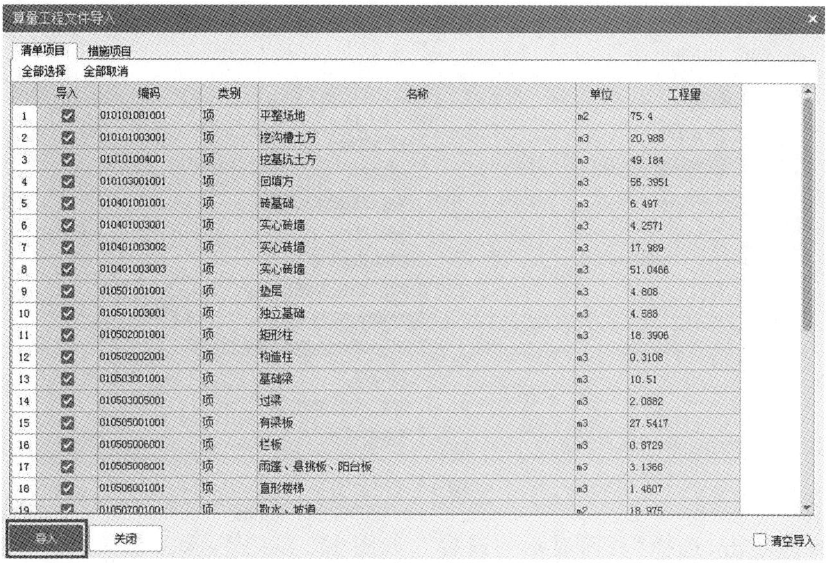

图 17.1.8

17.1.2　分部分项计算

点击“整理清单”，选择“分部整理”，如图 17.1.9 所示。在弹出的“分布整理”窗口中勾选“需要专业分部标题”“需要章分部标题”，如图 17.1.10 所示，点击“确定”。生成标题栏，如图 17.1.11 所示。

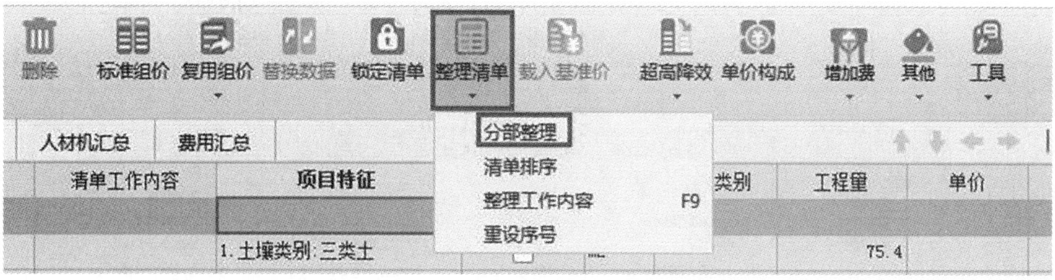

图 17.1.9

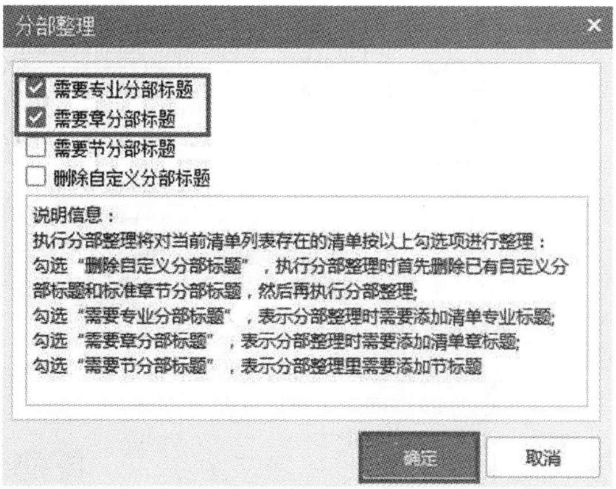

图 17.1.10

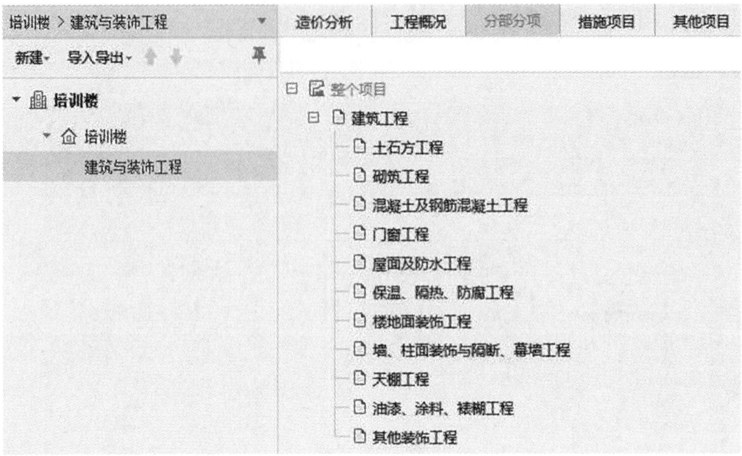

图 17.1.11

鼠标右键单击,选择“页面显示列设置”,如图 17.1.12 所示。在弹出的“页面显示列设置”窗口中,修改显示列设置,如图 17.1.13 所示。

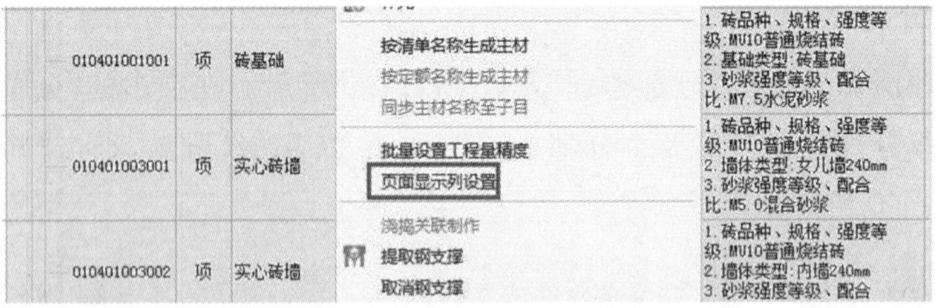

图 17.1.12

图 17.1.13

鼠标右键单击，选择“批量设置工程量精度”，如图 17.1.14 所示。在弹出的“批量设置工程量精度”窗口中，修改清单精度，如图 17.1.15 所示，点击“确定”。

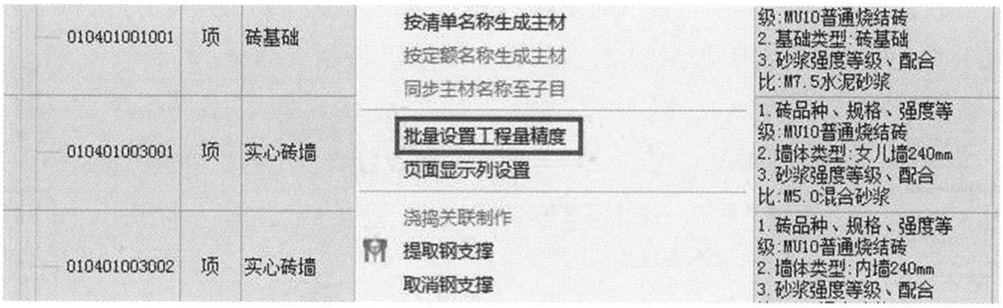

图 17.1.14

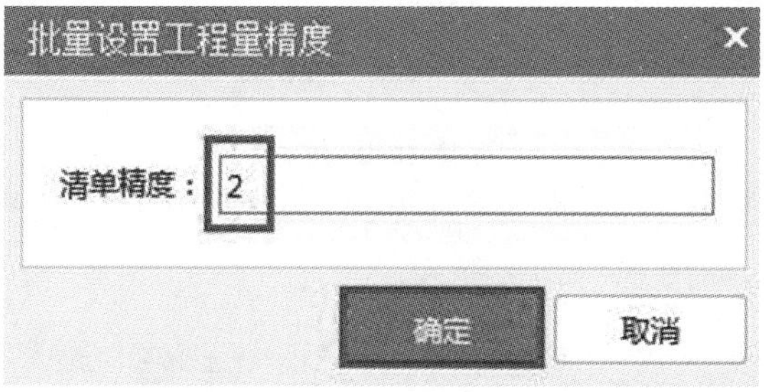

图 17.1.15

点击“平整场地”清单项，选择“查询”中的“查询清单指引”，如图 17.1.16 所示。在弹出的“查询”窗口中选择“平整场地”定额，点击“插入子目”，如图 17.1.17 所示。

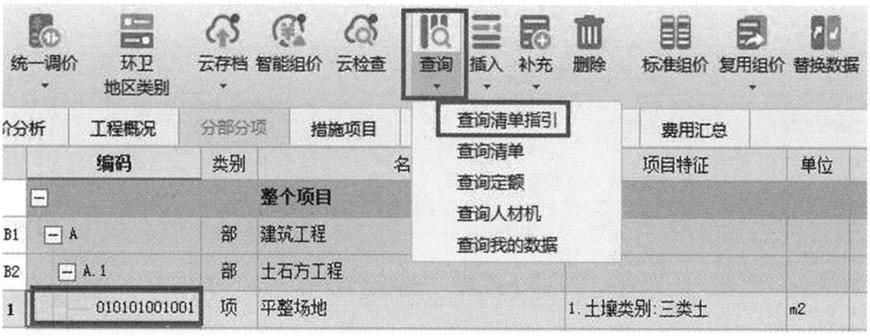

图 17.1.16

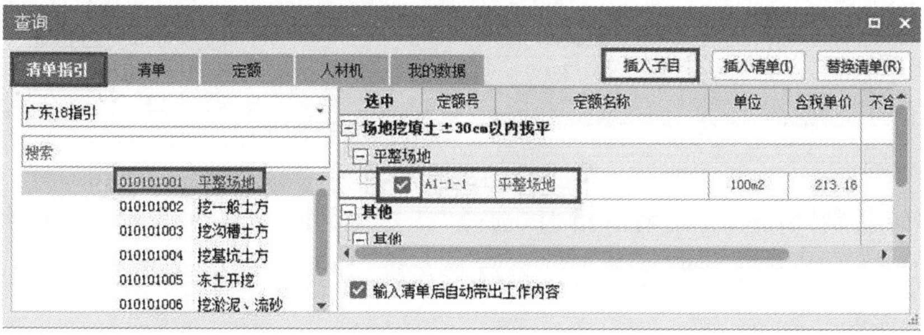

图 17.1.17

根据规则,机械挖土方需人工辅助开挖,应按施工组织设计的规定分别计算机械、人工挖土工程;施工组织设计无规定的,按机械挖 95%土方、人工挖 5%土方计算。本工程挖沟槽土方及挖基坑土方清单套用的定额为机械开挖和人工开挖,其中,机械开挖占工程量的 95%,人工开挖占工程量的 5%,如图 17.1.18 所示。

⊟ 010101003001	项	挖沟槽土方	1. 土壤类别:三类土 2. 挖土深度:600 3. 弃土运距:3km	m3	20.99
A1-1-21	定	人工挖沟槽土方 三类土 深度在2m内		100m3	0.0105
A1-1-42	定	挖掘机挖沟槽、基坑土方 三类土		1000m3	0.0199
⊟ 010101004001	项	挖基坑土方	1. 土壤类别:三类土 2. 挖土深度:1450 3. 弃土运距:3km	m3	49.18
A1-1-12	定	人工挖基坑土方 三类土 深度在2m内		100m3	0.0246
A1-1-42	定	挖掘机挖沟槽、基坑土方 三类土		1000m3	0.0467

图 17.1.18

点击“插入清单”,插入“余方弃置”清单项,选择定额,在“工程量明细”中计算工程量,即挖土方减回填方,如图 17.1.19 所示。

2	⊟ 010101003001	项	挖沟槽土方	1. 土壤类别:三类土 2. 挖土深度:600 3. 弃土运距:3km	m3	20.99
	A1-1-21	定	人工挖沟槽土方 三类土 深度在2m内		100m3	0.0105
	A1-1-42	定	挖掘机挖沟槽、基坑土方 三类土		1000m3	0.0199
3	⊟ 010101004001	项	挖基坑土方	1. 土壤类别:三类土 2. 挖土深度:1450 3. 弃土运距:3km	m3	49.18
	A1-1-12	定	人工挖基坑土方 三类土 深度在2m内		100m3	0.0246
	A1-1-42	定	挖掘机挖沟槽、基坑土方 三类土		1000m3	0.0467
4	⊟ 010103001001	项	回填方	1. 密实度要求:夯填 2. 填方材料品种:素土 3. 填方来源、运距:以挖作填	m3	58.69
	A1-1-129	定	回填土 夯实机夯实 槽、坑		100m3	0.5869
5	⊟ 010103002001	项	余方弃置		m3	11.48
	A1-1-35	定	人工装车 土方		100m3	0.1148
	A1-1-53 + A1-1-54 * 2	换	自卸汽车运土方 运距1km内 实际运距(km):3		1000m3	0.01148

工料机显示 | 单价构成 | 标准换算 | 换算信息 | 特征及内容 | 工程量明细 | 反查图形工程量 | 说明信息 | 企

	内容说明	计算式	结果	累加标识	引用代码
0	计算结果		11.48		
1		49.18+20.99-58.69	11.48	☑	

图 17.1.19

点击“砖基础”清单,查询清单指引,选择“砖基础”定额,关闭弹出的“未计价材料砂浆”窗口,点击“工料机显示”,检查未计价材料名称、规格及型号是否与项目特征一致,如图 17.1.20 所示。

6	010401001001	项	砖基础	1. 砖品种、规格、强度等级:MU10普通烧结砖 2. 基础类型:砖基础 3. 砂浆强度等级、配合比:M7.5水泥砂浆	m3	6.50
	A1-4-1	定	砖基础		10m3	0.6500
	80010680	主	预拌水泥砂浆		m3	1.534

工料机显示 | 单价构成 | 标准换算 | 换算信息 | 特征及内容 | 工程量明细 | 反查图形工程量 | 说明信息

	编码	类别	名称	规格及型号	单位	损耗率	含量	数量	不含税预算价	不含税市场价
1	80010680	主	预拌水泥砂浆	M7.5	m3	0	2.36	1.534	620	620
2	00010010	人	人工费		元		1,555…	1010.893	1	1
3	04130001	材	标准砖	240×115…	千块		5.236	3.4034	310.92	310.92
4	34110010	材	水		m3		1.05	0.6825	4.58	4.58
5	99450760	材	其他材料费		元		18.77	12.2005	1	1
6	GLF	管	管理费		元		235.46	153.049	1	1

图 17.1.20

混凝土清单项目套用混凝土定额与混凝土泵送定额，点击定额项，根据项目特征，在“工料机显示”中填写未计价材料混凝土的规格及型号，如图 17.1.21 所示。

11	010501001001	项	垫层	1. 混凝土种类:预拌 2. 混凝土强度等级:C15	m3	4.81
	A1-5-78	定	混凝土垫层		10m3	0.4810
	80210674	主	预拌混凝土		m3	4.8822
	A1-5-51	定	泵送混凝土至建筑部位 高度50m以内(含±0.00以下)		10m3	0.4810
	80210674	主	预拌混凝土		m3	0.0241

工料机显示 | 单价构成 | 标准换算 | 换算信息 | 特征及内容 | 工程量明细 | 反查图形工程量 | 说明信息

	编码	类别	名称	规格及型号	单位	损耗率	含量	数量	不含税预算价	不含税市场价
1	80210674	主	预拌混凝土	C15	m3	0	10.15	4.8822	569	569
2	00010010	人	人工费		元		578.36	278.1912	1	1
3	34110010	材	水		m3		1.72	0.8273	4.58	4.58
4	GLF	管	管理费		元		166.28	79.9807	1	1

图 17.1.21

广联达 BIM 土建计量平台 GTJ2021 导出的“钢筋定额表”“接头定额表”如图 17.1.22 所示。根据表格，套用钢筋的清单及定额，输入钢筋工程量，填写项目特征，如图 17.1.23 所示。

报表
设置报表范围 报表反查 导出 打印预览 搜索报表
钢筋报表量 土建报表量 装配式报表量
定额指标
工程技术经济指标
钢筋定额表
接头定额表
明细表
钢筋明细表

	定额号	定额项目	单位	钢筋量
1	A1-5-82	桩钢筋笼制作安装	t	
2	A1-5-101	圆钢制安 现浇构件圆钢 Φ4以内	t	
3	A1-5-102	圆钢制安 现浇构件圆钢 Φ10以内	t	1.217
4	A1-5-103	圆钢制安 现浇构件圆钢 Φ25以内	t	1.157
5	A1-5-104	圆钢制安 现浇构件圆钢 Φ25以外	t	
6	A1-5-105	热轧带肋钢筋制安 现浇构件带肋钢筋 二级 Φ10以内	t	0.05
7	A1-5-105-1	热轧带肋钢筋制安 现浇构件带肋钢筋 三级 Φ10以内	t	
8	A1-5-106	热轧带肋钢筋制安 现浇构件带肋钢筋 二级 Φ25以内	t	12.938

图 17.1.22

24	010515001001	项	现浇构件钢筋	1.钢筋种类、规格:圆钢制安 现浇构件圆钢 Φ10以内	t	1.217
	A1-5-102	定	现浇构件圆钢 φ10内		t	1.217
25	010515001002	项	现浇构件钢筋	1.钢筋种类、规格:圆钢制安 现浇构件圆钢 Φ25以内	t	1.157
	A1-5-103	定	现浇构件圆钢 φ25内		t	1.157
26	010515001003	项	现浇构件钢筋	1.钢筋种类、规格:热轧带肋钢筋制安 现浇构件带肋钢筋 二级 Φ10以内	t	0.05
	A1-5-105	定	现浇构件带肋钢筋 φ10以内		t	0.05
27	010515001004	项	现浇构件钢筋	1.钢筋种类、规格:热轧带肋钢筋制安 现浇构件带肋钢筋 二级 Φ25以内	t	12.938
	A1-5-106	定	现浇构件带肋钢筋 φ25以内		t	12.938
28	010515001005	项	现浇构件钢筋	1.钢筋种类、规格:箍筋制安 现浇构件箍筋 圆钢 Φ10以内	t	3.024
	A1-5-111	定	现浇构件箍筋 圆钢 φ10以内		t	3.024
29	010515001006	项	现浇构件钢筋	1.钢筋种类、规格:箍筋制安 现浇构件箍筋 圆钢 Φ10以外	t	1.548
	A1-5-112	定	现浇构件箍筋 圆钢 φ10以外		t	1.548
30	010516003001	项	机械连接	1.连接方式:套筒冷挤压接头 φ32以内	个	328
	A1-5-140	定	套筒冷挤压接头 φ32以内		10个…	32.8

图 17.1.23

点击"增加费",选择"面积增加费",如图 17.1.24 所示。在弹出的"建筑面积 500 m^2 以下的调整"窗口中点击"确定",如图 17.1.25 所示。

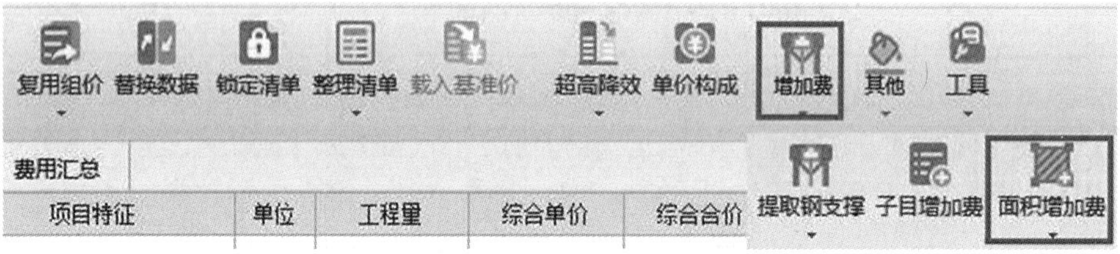

图 17.1.24

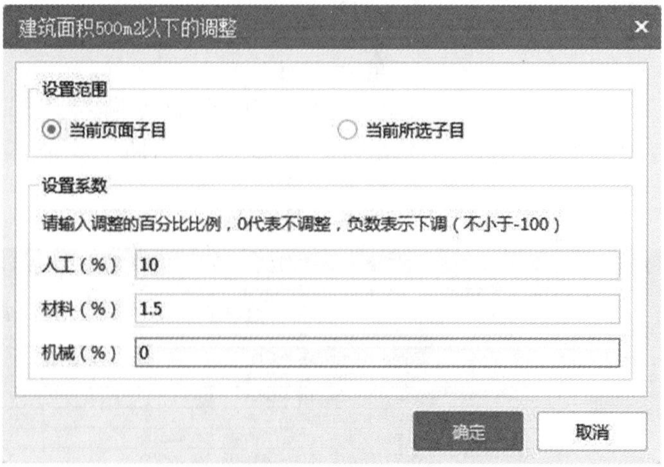

图 17.1.25

点击“环卫地区类别”，如图 17.1.26 所示。在弹出的“统一调整地区类别”窗口中选择“一类地区”，点击“确定”，如图 17.1.27 所示。

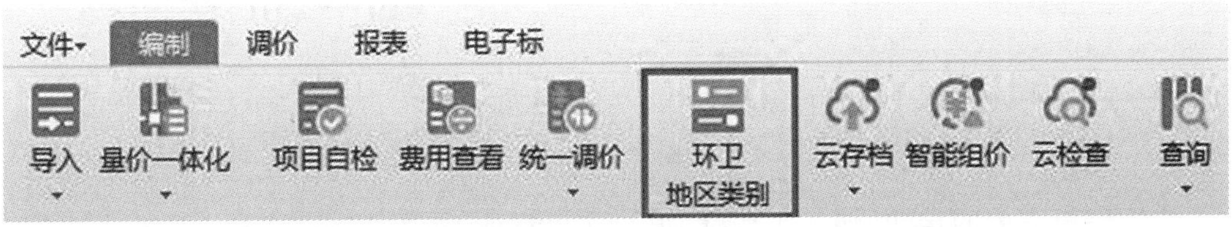

图 17.1.26

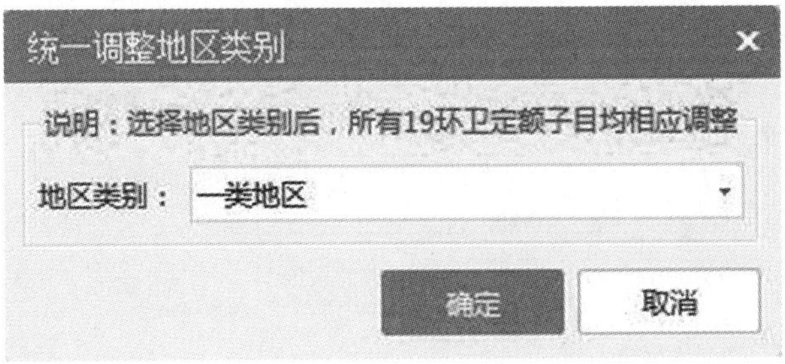

图 17.1.27

17.1.3　措施项目计算

点击“措施项目”，选择脚手架清单、定额，输入工程量，填写项目特征，如图 17.1.28 所示。将所有模板清单(编码 42 至 63)选中，鼠标右键单击，选择“剪切”，如图 17.1.29 所示。点击“模板工程”下方的单元格，鼠标右键单击，选择“粘贴”，如图 17.1.30 所示。

	编码	类别	名称	单位	项目特征	组价方式	计算基数	费率(%)	工程量	综合单价
			措施项目							
	1		绿色施工安全防护措施费							
1	1.1		综合脚手架	项		清单组价			1	9688.01
2	粤011701008001		综合钢脚手架	m2	1.搭设高度:8.25m	可计量清单			318.45	22.79
	A1-21-2	定	综合钢脚手架搭拆 高度(m以内) 12.5	100m2					3.1845	2279.31
		定							0	0
3	粤011701011001		里脚手架	m2	1.搭设高度:3.6m	可计量清单			153.54	15.83
	A1-21-31	定	里脚手架(钢管) 民用建筑 基本层3.6m	100m2					1.5354	1583.24

图 17.1.28

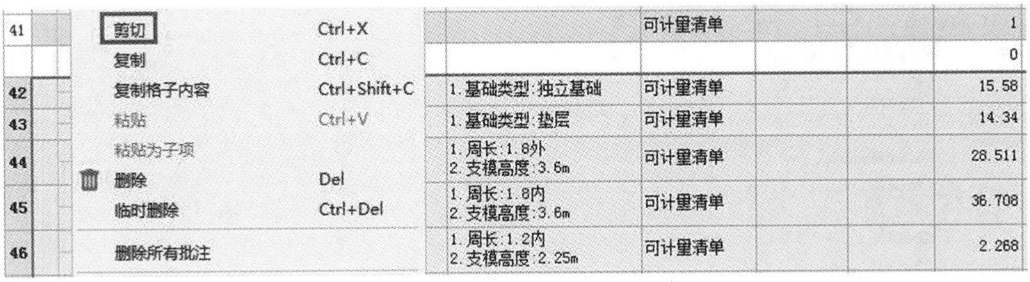

图 17.1.29

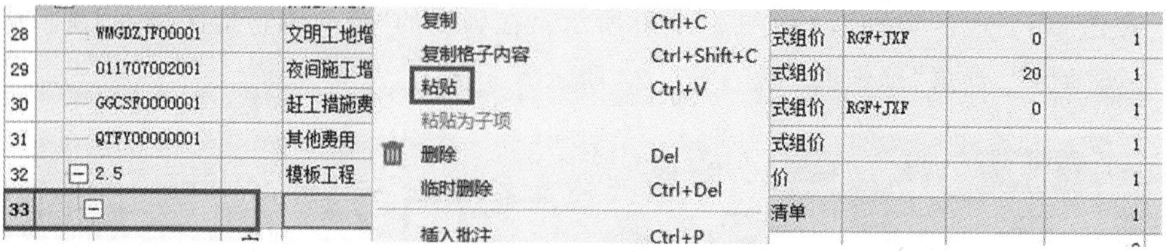

图 17.1.30

选择模板清单的定额,输入工程量,填写项目特征,如图 17.1.31 所示。

33	2.5		模板工程	项		清单组价			1
34	011702001001		基础	m2	1.基础类型:独立基础	可计量清单			15.58
	A1-20-3	定	独立基础模板	100m2					0.1558
35	011702001002		基础	m2	1.基础类型:垫层	可计量清单			14.34
	A1-20-12	定	基础垫层模板	100m2					0.1434
36	011702002001		矩形柱	m2	1.周长:1.8外 2.支模高度:3.6m	可计量清单			28.511
	A1-20-16	定	矩形柱模板(周长m) 支模高度 3.6m内 1.8外	100m2					0.28511
37	011702002002		矩形柱	m2	1.周长:1.8内 2.支模高度:3.6m	可计量清单			36.708
	A1-20-15	定	矩形柱模板(周长m) 支模高度 3.6m内 1.8内	100m2					0.36708

图 17.1.31

在"垂直运输工程"项目中选择"垂直运输"清单及定额,填写工程量(与建筑面积一致),填写项目特征,如图 17.1.32 所示。

56	2.6		垂直运输工程	项		清单组价			1
57	011703001001		垂直运输	m2	1.建筑物建筑类型及结构形式:现浇框架结构 2.建筑物檐口高度、层数:8.25m,两层	可计量清单			153.54
	A1-22-2	定	建筑物20m以内的垂直运输 现浇框架结构	100m2					1.5354

图 17.1.32

17.1.4 其他项目计算

点击"其他项目",选择"预算包干费",点击"费率(%)",如图 17.1.33 所示。选择"广东省房屋建筑与装饰工程综合定额(2018)"定额库,在"其他项目费用"中选择"预算包干费",双击费率单元格,输入"7",如图 17.1.34 所示。

图 17.1.33

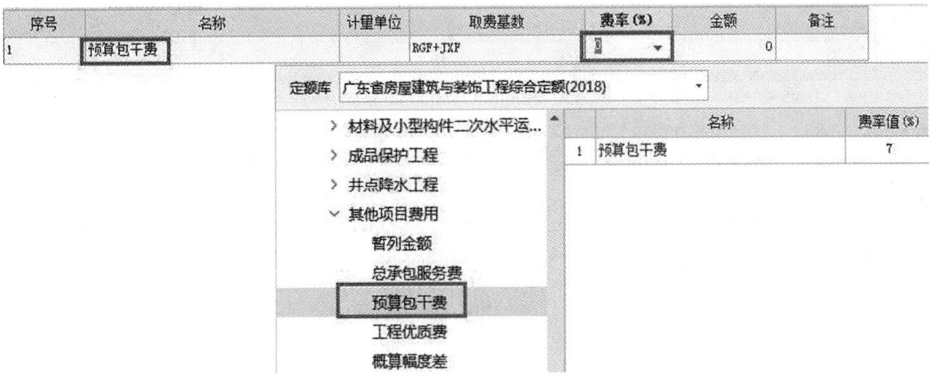

图 17.1.34

17.1.5　人材机汇总

点击“人材机汇总”，选择“载价”中的“批量载价”，如图 17.1.35 所示。选择“广州”“2021 年 03 月”，点击“下一步”，再点击“下一步”，最后点击“完成”，如图 17.1.36 至图 17.1.38 所示。

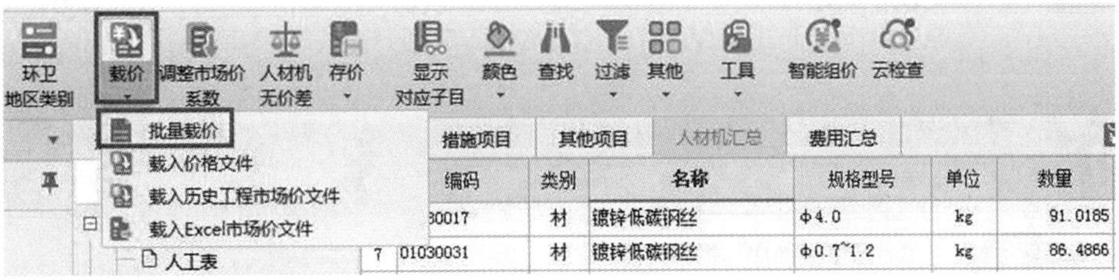

图 17.1.35

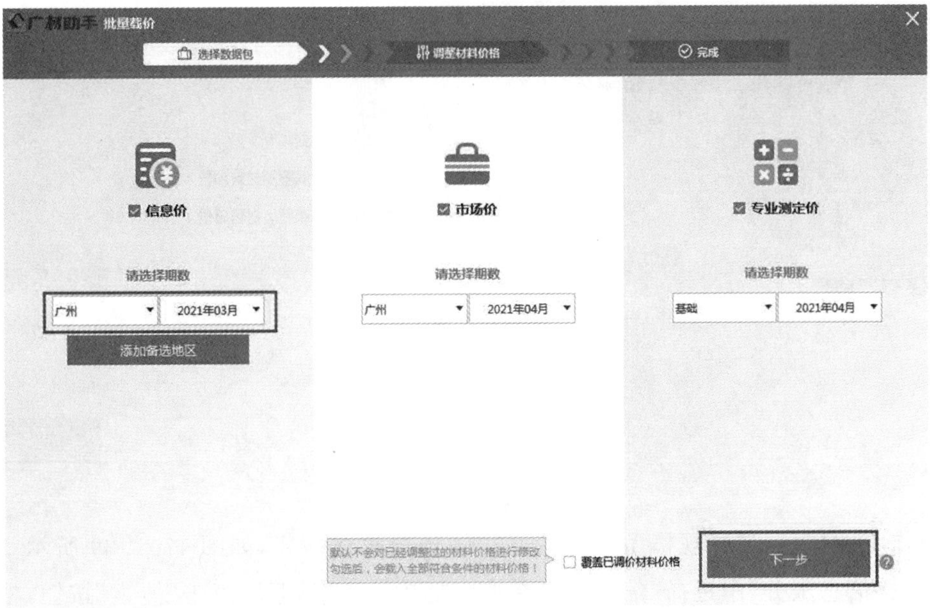

图 17.1.36

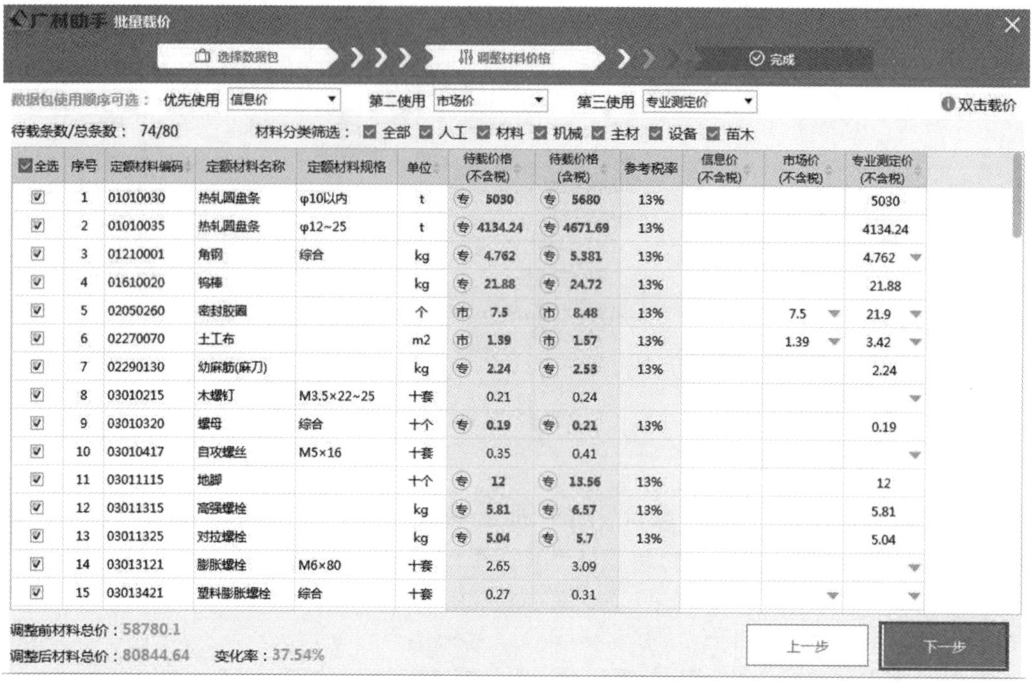

图 17.1.37

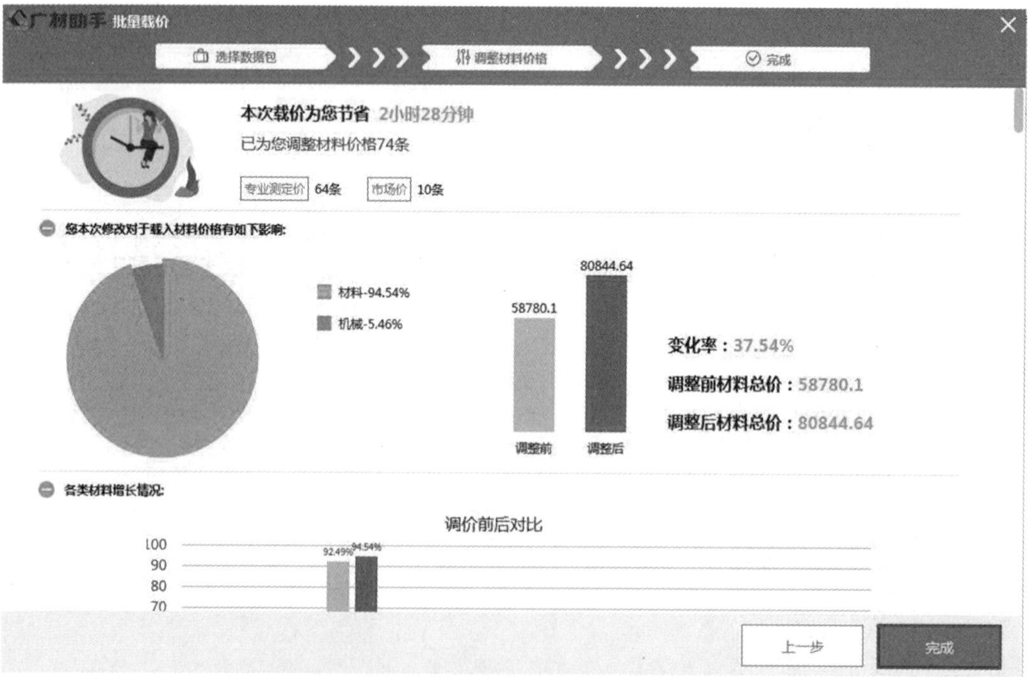

图 17.1.38

点击“主材表”，选择规格型号为“1∶2”的预拌水泥砂浆，如图 17.1.39 所示。在下方的“广材信息服务”中选择“信息价”，在搜索框中输入“砂浆”，点击“搜索”按钮，根据预拌砂浆与传统砂浆换算表(见表 17.1.1)，传统砂浆中的 1∶2 水泥砂浆应换算为 M20 预拌地面砂浆，在搜索结果中找到相应砂浆，双击其所在行，自动选入未计价砂浆中，如图 17.1.40 所示。选择“信息价”，可查看价格来源，如图 17.1.41 所示。

图 17.1.39

表 17.1.1 预拌砂浆与传统砂浆换算表

品种	预拌砂浆	传统砂浆
砌筑砂浆	DM M5、WM5	M5 混合砂浆、M5 水泥砂浆
	DM M7.5、WM7.5	M7.5 混合砂浆、M7.5 水泥砂浆
	DM M10、WM10	M10 混合砂浆、M10 水泥砂浆
	DM M15、WM15	M15 水泥砂浆
	DM M20、WM20	M20 水泥砂浆
抹灰砂浆	DP M5、WP5	1∶1∶6 混合砂浆
	DP M10、WP10	1∶1∶4 混合砂浆
	DP M15、WP15	1∶3 水泥砂浆
	DP M20、WP20	1∶2 水泥砂浆、1∶2.5 水泥砂浆、1∶1∶2 混合砂浆
地面砂浆	DS M15、WS15	1∶3 水泥砂浆
	DS M20、WS20	1∶2 水泥砂浆

备注：其他砂浆可根据强度和性能要求，选用相应的预拌砂浆。

图 17.1.40

	编码	类别	名称	规格型号	单位	不含税市场价	含税市场价	税率	不含税市场价合计	含税市场价合计	价格来源
1	80010630	主	预拌水泥砂浆	1:2	m3	655	740.15	13	2585.35	2921.45	广州信息价(2021年03月)
2	80010640	主	预拌水泥砂浆	1:2.5	m3	655	740.15	13	133.88	151.29	广州信息价(2021年03月)

图 17.1.41

17.2 导出招标控制价表格

点击“报表”，选择“招标控制价”，点击“批量导出 Excel”，如图 17.2.1 所示。在弹出的窗口中，报表类型为“招标控制价”，选择要导出的表格，如图 17.2.2 所示，点击“导出选择表”，导出的单位工程招标控制价汇总表见表 17.2.1。

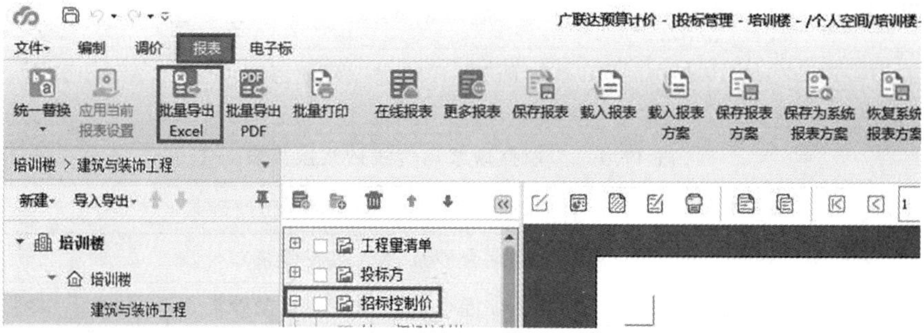

图 17.2.1

图 17.2.2

表 17.2.1 单位工程招标控制价汇总表

工程名称:建筑与装饰工程　　　　第 1 页　共 1 页

序号	汇总内容	金额(元)	其中:暂估价(元)
1	分部分项合计	396344.27	
1.1	A 建筑工程	396344.27	
2	措施合计	72355.03	
2.1	绿色施工安全防护措施费	25733.26	
2.2	其他措施费	46621.77	
3	其他项目合计	5861.19	—
3.1	暂列金额		
3.2	专业工程暂估价		
3.3	计日工费用		
3.4	总承包服务费		
3.5	预算包干费	5861.19	
3.6	工程优质费		
3.7	概算幅度差		
3.8	索赔费用		
3.9	现场签证费用		
3.10	其他费用		
4	税前工程造价	474560.49	
5	增值税销项税额	42710.44	—
6	总造价	517270.93	
7	人工费	104985.12	
招标控制价合计=分部分项合计+措施合计+其他项目合计+增值税销项税额		517 270.93	0.00

注:本表适用于单位工程招标控制价或投标报价的汇总,如无单位工程划分,单项工程也可使用本表汇总。